建筑信息模型BIM应用丛书

BIM技术
与工程应用

刘云平　张　驰　范占军　主编

U0300889

第二版

化学工业出版社

·北京·

内容简介

《BIM 技术与工程应用（第二版）》主要讲述 BIM 技术在工程中的实施，以及全专业 BIM 模型的创建和模型应用等内容。从 BIM 技术及其价值、BIM 在国内的发展及趋势入手，循序渐进，分别讲解了 BIM 实施策划和计划的制订，全专业 BIM 模型的创建和工作流程，BIM 在结构设计中的应用，以及 BIM 模型算量应用等，并具体介绍了 BIM 模型应用，如审阅、漫游、碰撞检查、施工模拟、计价、动画渲染等。

本书可作为大中专院校土建相关专业的 BIM 课程教材，也可作为 BIM 从业人员的学习用书及工具用书。

图书在版编目（CIP）数据

BIM 技术与工程应用 / 刘云平，张驰，范占军主编. -- 2 版. --北京：化学工业出版社，2024.3
（建筑信息模型 BIM 应用丛书）
ISBN 978-7-122-44739-5

Ⅰ. ①B… Ⅱ. ①刘… ②张… ③范… Ⅲ. ①建筑设计—计算机辅助设计—应用软件 Ⅳ. ①TU201.4

中国国家版本馆 CIP 数据核字（2024）第 062176 号

责任编辑：孙梅戈		文字编辑：冯国庆	
责任校对：刘 一		装帧设计：刘丽华	

出版发行：化学工业出版社
　　　　　（北京市东城区青年湖南街 13 号　邮政编码 100011）
印　　刷：北京云浩印刷有限责任公司
装　　订：三河市振勇印装有限公司
787mm×1092mm　1/16　印张 16½　字数 426 千字
2024 年 8 月北京第 2 版第 1 次印刷

购书咨询：010-64518888　　售后服务：010-64518899
网　　址：http://www.cip.com.cn
凡购买本书，如有缺损质量问题，本社销售中心负责调换。

定　　价：65.00 元

编 写 人 员

主　编：
　　　　刘云平　南通大学
　　　　张　驰　南通大学
　　　　范占军　南通大学

副主编：
　　　　杨　帆　南通大学
　　　　相　琳　南通大学
　　　　陆松岩　南通大学
　　　　费建峰　通州建总集团有限公司

参编人员：
　　　　张　涛　南通大学
　　　　钱王苹　南通大学
　　　　王思瑶　南通大学
　　　　高　远　南通大学
　　　　费宇轩　河海大学
　　　　张天宇　通州建总集团装饰有限公司
　　　　李砾砾　南通市测绘院有限公司
　　　　袁春东　南通市测绘院有限公司
　　　　马思宇　南通市测绘院有限公司
　　　　齐志飞　南通市测绘院有限公司

参编单位：
　　　　通大飞扬 BIM 研究工作室
　　　　南通飞扬工程技术咨询有限公司

基金支持：
南通市课题"基于三维城市模型的通用室内人群疏散场景建模方法研究"（编号 JC2020174）
　　"地理学视角下的室内三维场景日照分析模型研究"（基金号 41501422）

前言

　　BIM 技术经国家多年推广，在国内已经得到了较为普遍的应用，但也应看到，当前 BIM 技术在行业内的应用仍不够深入。随着近两年经济形势和国家政策的调整，建筑行业也发生了变化，而应对这种变化，可以通过引进新技术改变产业高消耗、高浪费的现状。信息化和高效的管理，准确快速的工程量计算和成本估计与核算，无疑能在一定程度上解决这一问题。BIM 作为应用于工程各阶段的信息化技术，就担起这一重任，因此 BIM 相关软件也成为本行业从业人员必须掌握的工具。通大飞扬团队秉持"用心专注，专业坚持"的理念，自 2014 年起从事 BIM 技术的教学及项目应用研究，不断总结教学和项目应用的经验，取得了一些成果。《BIM 技术与工程应用》自 2020 年出版后，被多所学校选为教材，使用效果良好，基于此，我们修订编写了第二版。第二版的主要调整如下。

　　① 对章节进行了重新划分，由原来的四章，调整为八章。

　　② 增加了第 3 章 BIM 正向结构设计的内容。

　　③ 原第 3 章内容，拆分到第 4～8 章中。

　　④ 第 4 章在原内容上增加了钢筋算量的相关内容。

　　本书的付梓是本书编委和写作团队集体智慧的结晶。感谢家人、同事和相关学生在我学习、研究 BIM 和编写本书过程中给予的无私帮助。

　　由于水平所限，此次修订还会存在疏漏之处，恳请广大读者多提宝贵意见，以便我们继续改进。

刘云平

2024 年 1 月 26 日

第一版前言

BIM（building information modeling，建筑信息模型）技术，是一项应用于设施全生命周期的 3D 数字化技术，它以一个贯穿其生命周期都通用的数据格式，创建、收集与该设施所有相关的信息并建立起信息协调的信息化模型作为项目决策的基础和共享信息的资源。随着经济全球化和建设行业技术的迅速发展，BIM 的发展和应用引起了业界的广泛关注，BIM 技术具有操作的可视化、信息的完备性、信息的协调性、信息的互用性等特点，国内 BIM 技术从单纯的理论研究、建模的初级应用，发展到规划、设计、建造和运营等各阶段的深入应用，BIM 技术已被明确写入建筑业发展"十二五"规划，并列入住房和城乡建设部、科技部"十三五"规划。

在全国建筑之乡的南通，南通大学的老师立足本校，服务地方，于 2013 年开始筹建通大飞扬 BIM 研究工作室，以"报效祖国，培养人才"为使命，秉持用心专注、专业坚持的理念，进行 BIM 技术落地应用的研究、教学和推广。2016 年由通大飞扬工作室牵头组织编写"建筑信息模型（BIM）应用丛书"，丛书涉及 BIM 基础知识、软件操作和 BIM 技术在工程各阶段（设计、成本控制、施工和运维）的应用。《BIM 软件之 Revit 2018 基础操作教程》于 2018 年出版，使用效果很好，印刷已达 5000 册，经过几年努力，《BIM 技术与工程应用》也最终完稿。

本书主要特色如下。

① 内容的全面性和实用性：这是本书的重心。

② 知识的系统性：本书的内容是一个循序渐进的过程，按照 BIM 实施准备、模型创建和模型应用的流程编写。

③ 编写人员的针对性：参编人员从事 BIM 及相关专业课的教学、培训、施工现场管理、设计工作，经验丰富。

④ 书中具体操作步骤配有大量图片，由浅入深，易于理解。

⑤ 本书采用 Revit、Navisworks、建模大师、新点 BIM5D 算量、新点计价和 5D 管理平台软件，结合具体案例，介绍软件的基本操作方法和工程应用，内容结构严谨，分析讲解透彻。

本书的付梓是本书编委和写作团队集体智慧的结晶。在编写过程中，得到了多方面的支持和帮助，感谢父母、岳父母及家人刘效堂、闫秀英、相永平、张永杰、相琳的帮助；感谢南通大学樊晓东副校长；感谢交通与土木工程学院施佺院长、包华老师、张莉莉书记、张志刚副书记、蒋泉副院长；杏林学院刘时方副书记，原建工学院孙汉中副书记（现机械学院），基建处秦保军处长和鞠银山副处长、陈可、黄慧彬、陆松岩等同志，现教中心薛虹副主任、刘国民、张晓荣、章志国等同志，南通大学陆凯君、成伟、龚响元、董健、何志良、杨彬、戴明旭、陈润波、黄烨、张龙威、赵睿函、覃新瑞、张诺、吴涛等同学，在笔者学习、研究 BIM 以及编写本书过程中给予的无私帮助。

鉴于我们的水平，书中不当之处在所难免，衷心希望各位读者给予批评指正。

刘云平

2019 年 8 月 26 日

目　　录

0 概述

0.1 BIM 的诞生

在 20 世纪 60 年代，计算机图形学的诞生，推动了计算机辅助设计（computer-aided design，CAD）的蓬勃发展。在建筑界也开展了计算机辅助建筑设计（computer-aided architectural design，CAAD）的研究。20 世纪 70 年代，CAAD 系统已进入实用阶段，在设计沙特阿拉伯吉达航空港和其他地方一些高层建筑中获得了成功。

在 CAAD 发展的过程中，有一位在 CAAD 发展史上具有重要地位的先驱人物查克·伊斯曼发现了 CAAD 的不足。1974 年 9 月，他与其合作者在其研究报告《建筑描述系统概要》中指出：

① 建筑图纸是高度冗余的，一栋建筑至少用两张图纸进行描述，一个尺寸至少被描绘两次，设计变更需要花费大量的努力使不同图纸保持一致；

② 在任何时刻，至少会有一些图中所表示的信息不是当前的或者是不一致的；

③ 大多数分析需要的信息必须由人工从施工图纸上摘录下来，数据准备这种最初的一步在任何建筑分析中都是主要的成本。

他在随后的研究——"数据库技术建立建筑描述系统"（building description system，BDS）中提出了解决方法，于 1975 年 3 月发表《在建筑设计中应用计算机而不是图纸》，提出了解决了方案。

① 应用计算机进行建筑设计是在空间中安排 3D 元素的集合，元素包括梁、柱、板、墙或一个房间。

② 设计必须包含相互作用且具有明确定义的元素，可以从相同描述的元素中获得平面图、立面图、剖面图、轴测图或透视图等；对任何设计上的改变，在图形上的更新必须一致，因为所有的图形都取之于相同的元素，因此可以一致性地进行资料更新。

③ 计算机提供一个单一的集成数据库用作视觉分析及量化分析，测试空间冲突与制图等功用。

④ 大型项目承包商可能会发现这种表达方法便于调度（管理）和材料的订购。

1977 年，查克·伊斯曼启动项目 GLIDE（graphical language for interactive design，互动设计的图形语言）展现了现代 BIM 平台的特点。

1999 年，在专著《建筑产品模型：支撑设计和施工的计算机环境》中提出了 STEP 标准和 IFC 标准，IFC 标准已成为 BIM 软件的通用标准。

虽然查克·伊斯曼没有提出 BIM 一词，但他提出的问题解决方案已具有 BIM 平台的特点，被尊称为 BIM 之父。

直到 2002 年，时任美国 Autodesk 公司副总裁的菲利普·伯恩斯坦才首次在世界上提出：building information modeling——BIM，BIM 技术也很快在全世界受到广泛关注，其应用由建筑设计迅速发展到造价、施工和运维阶段，范围也由建筑延伸到设备。

0.2　BIM 技术及其价值

0.2.1　BIM 技术及其特点

BIM 的核心价值是信息，就像糖葫芦的那根竹签，把项目的全生命周期的各阶段贯穿起来。

BIM 技术是一项应用于设施全生命周期的 3D 数字化技术，它以一个贯串其生命周期都通用的数据格式，创建、收集该设施所有相关的信息并建立起信息协调的信息化模型作为项目决策的基础和共享信息的资源。BIM 技术具有四大特点。

（1）操作的可视化　可视化是 BIM 技术最显而易见的特点。BIM 技术的一切操作都是在可视化环境下完成的，在可视化环境下进行建筑设计、碰撞检测、施工模拟、避灾路线分析等一系列操作。传统 CAD 技术只能提交 2D 图纸，虽然配以效果图实现三维可视化的视觉效果，但这种可视化手段仅仅限于展示设计的效果，却不能进行节能模拟，不能进行碰撞检测，不能进行施工仿真，总之一句话，不能帮助项目团队进行工作分析以提高整个工程的质量。那么这种只能用于展示的可视化手段对整个工程究竟有多大的意义呢？究其原因，是这些传统方法缺乏信息的支持。

（2）信息的完备性　BIM 是设施的物理和功能特性的数字化表达，BIM 模型包含了设施的全面信息，除了对设施进行 3D 几何信息和拓扑关系的描述外，还包括完整的工程信息的描述，如对象名称、结构类型、建筑材料、工程性能等设计信息；施工工序、进度、成本、质量以及人力、机械、材料资源等施工信息；工程安全性能、材料耐久性能等维护信息；对象之间的逻辑关系等。

信息的完备性还体现在创建信息模型行为的过程，在这个过程中，设施的前期策划、设计、施工、运营维护各个阶段都连接起来，把各阶段产生的信息都存储进 BIM 模型中，使得 BIM 模型的信息来自单一的工程数据源，包含设施的所有信息。BIM 模型内的所有信息均以数字化形式保存在数据库中，以便更新和共享。

信息的完备性使得 BIM 模型能够具有良好的基础条件，支持可视化操作、优化分析、模拟仿真等功能，为在可视化条件下进行各种优化分析（体量分析、空间分析、采光分析、能耗分析、成本分析等）和模拟仿真（碰撞检测、虚拟施工、紧急疏散模拟等）提供了方便的条件。

（3）信息的协调性　协调性体现在两个方面：一是在数据之间创建实时的、一致性的关联，对数据库中数据的任何更改，都马上可以在其他关联的地方反映出来；二是在各构件实体之间实现关联显示、智能互动。

这个技术特点很重要。对设计师来说，设计建立起的信息化建筑模型就是设计的成果，至于各种平、立、剖 2D 图纸以及门窗表等图表都可以根据模型随时生成。而且在任何视图（平、立、剖面图）上对模型的任何修改，都视同为对数据库的修改，会马上在其他视图或图表上关联的地方反映出来，同时这种关联变化是实时的，从而提高了项目的工作效率，消除了不同视图之间的不一致现象，保证项目的工程质量。这种关联变化还表现在各构件实体之间可以实现关联显示、智能互动，如模型中的屋顶是和墙相连的，如果把屋顶升高，墙的高度就会随即跟着变高。

这种关联显示、智能互动表明了 BIM 技术能够支持对模型的信息进行计算和分析，并生成相应的图形及文档。这种协调性为建设工程带来了极大的方便，如在设计阶段，不同专业的设计人员可以通过应用 BIM 技术发现彼此不协调甚至引起冲突的地方，及早修正设计，避免造成返工与浪费。在施工阶段，可以通过应用 BIM 技术合理地安排施工计划，保证整个施工阶段衔接紧密、合理，使施工能够高效进行。

（4）信息的互用性　互用性就是 BIM 模型中所有数据只需要一次性采集或输入，就可以在整个设施的全生命周期中实现信息的共享、交换与流动，使 BIM 模型能够自动演化，避免了信息不一致的错误。在建设项目不同阶段免除对数据的重复输入，可以大大降低成本、节省时间、减少错误、提高效率。

0.2.2　不属于 BIM 技术的模型

目前，由于 BIM 技术应用越来越广泛，许多软件开发商都声称自己开发的软件采用了 BIM 技术。到底这些软件是不是使用了 BIM 技术？

对 BIM 技术进行过深入研究的查克·伊斯曼教授等在《BIM 手册》中列举了以下 4 种建模不属于 BIM 技术。

（1）只包含 3D 数据而没有（或很少）对象属性的模型　这些模型确实可用于可视化，但其对象级别不具备智能化。它们的可视化做得较好，但对数据集成和设计分析只有很少的支持，甚至没有支持。如非常流行的 SketchUp，它在快速设计造型上显得很优秀，但缺少构件各阶段信息的录入，这是因为在它的建模过程中没有知识的注入，成为一个信息完备性欠缺的模型，因而不算是 BIM 技术建立的模型。它的模型只能算是可视化的 3D 模型，而不是包含丰富属性信息的信息化模型。

（2）不支持行为的模型　这些模型定义了对象，但因为它们没有使用参数化的智能设计，所以不能调节其位置和比例。带来的后果是需要大量的人力进行调整，并且可导致其创建出不一致或不准确的模型视图。

不支持行为的模型，其模型信息不具有互用性，无法进行数据共享与交换，不属于用 BIM 技术建立的模型，因此这种建模技术难以支持各种模拟行为。

（3）由多个定义建筑物的 2D 的 CAD 参考文件组成的模型　由于该模型的组成基础是 2D 图形，这可能确保所得到的 3D 模型是一个切实可行的、协调一致的、可计算的模型，因此该模型包含的对象也不可能实现关联显示、智能互动。

（4）在一个视图上更改尺寸不会自动反映在其他视图上的模型　这说明该视图与模型欠缺关联，反映出模型里面的信息协调性差，这样就会使模型中的错误非常难以发现。一个信息协调性差的模型，则不能算是应用 BIM 技术建立的模型。

目前确有一些号称应用 BIM 技术的软件使用了上述不属于 BIM 技术的建模技术，这些软件能支持某个阶段计算和分析的需要，但由于其本身的缺陷，可能会导致某些信息的丢失从而影响到信息的共享、交换和流动，难以支持在设施全生命周期中的应用。

0.2.3　BIM 技术的价值体现

BIM 技术的应用能够更好地控制成本和进度，减少浪费，提高项目的生产能力、效率以及后期高效的运维，体现在四个方面，见表 0.1。

表 0.1　BIM 技术的四大价值

应 用 面	应 用 点
沟通	可视化的建筑设计 更好地理解设计意图 多方更好地沟通和交流
成本	碰撞检查和减少返工 费用控制和费用可预见性
质量	施工质量控制 控制项目整个过程 更好的设计项目和性能更好的建筑物
运维	工程数据中心 维修保养提醒 运维状况监控

0.3　BIM 在中国的发展

2004 年，Autodesk 公司实施"长城计划"，在中国首次系统介绍 BIM 技术，引起国内学术界的广泛关注。2009 年，清华大学成立课题组开展中国 BIM 标准应用研究，2011 年结题，出版专著《设计企业 BIM 实施标准指南》和《中国建筑信息模型标准框架研究》。2011 年至今，国家和地方颁布系列政策，推动和支持 BIM 的应用，并且列入国家"十二五"发展规划和"十三五"发展规划。

0.3.1　使用 BIM 技术的原因

BIM 技术能够提高效率、节约成本，提高企业的管理水平，通过虚拟建造，预知施工难点、现场危险源等，从而提前采取预案，协助现场管理，加强现场的安全。下面从三个方面简述应用 BIM 技术的原因。

0.3.1.1　行业的需要

建筑行业的特点是粗犷式管理，高消耗、高浪费，相关机构统计如下。

- 建筑行业消耗了地球上 50%的能源、42%的水资源、50%的材料和 48%的耕地。中国建筑业的能耗占社会总能耗的 30%，有些城市甚至高达 70%。
- 现有模式建造成本差不多是应该花费的 2 倍。
- 72%的项目超预算。
- 70%的项目超工期。
- 75%不能按时完工的项目至少超出初始合同价格的 50%。
- 建筑工人的死亡威胁是其他行业的 2.5 倍。

在 2007 年，美国斯坦福大学设施集成工作中心（center for integrated facility engineering，CIFE)就建设项目使用 BIM 技术以后有何优势的问题对 32 个使用 BIM 的项目进行了调查研究，得出如下调研结果。

- 消除多达 40%的预算外更改。
- 造价估算精确度在 3%以内。
- 最多可减少 80%耗费在造价估算上的时间。
- 通过冲突检测可节省多达 10%的合同价格。
- 项目工期缩短 70%。

据美国 Autodesk 公司的统计，利用 BIM 技术可改善项目产出和团队合作 79%，3D 可视化更便于沟通，提高企业竞争力 66%，减少 50%～70%的信息请求，缩短 5%～10%的施工周期，减少 20%～25%的各专业协调时间。

在我国，北京环球金融中心的项目中，负责建设该项目的恒基集团通过应用 BIM 技术发现了 7753 个错误，及时改正后挽回超过 1000 万元的损失以及 3 个月的返工期。

在国家电网上海容灾中心的建设过程中，由于采用了 BIM 技术，在施工前通过 BIM 模型发现并消除的碰撞错误 2014 个，避免因设备、管线拆改造成的预计损失约 363 万元，同时避免了工程管理费用增加约 105 万元。

在上海中心项目中，由于应用了 BIM 技术，大大减少了施工返工造成的浪费，据保守估计，因此能节约至少 1 亿元。

建筑业在应用 BIM 技术以后确实大大改变了其浪费严重、工期拖沓、效率低下的落后面貌，是行业发展的需要。

0.3.1.2 国家发展规划的需要

国家发展规划中与建筑相关的部分内容见表0.2，自2011年起国家与地方政府对BIM的发文及部分内容见表0.3和表0.4。

表0.2 国家发展规划中与建筑相关的部分内容

规　划	内　容
"六五"规划至"七五"规划	解决以结构计算为主要内容的工程计算问题（CAE）
"八五"规划至"九五"规划	解决计算机辅助绘图问题（CAD）
"十五"规划至"十一五"规划	解决计算机辅助管理问题，电子政务、企业管理信息化
"十二五"规划	加快建筑信息模型（BIM）、基于网络的协同工作等新技术在工程中的应用，推动信息化标准建设
"十三五"规划	推动装配式建筑与信息化深度融合，推进建筑信息模型（BIM）、基于网络的协同工作信息技术应用

表0.3 2011年以来中华人民共和国住房和城乡建设部BIM政策汇总（部分）

序　号	时　间	发布信息	具体内容
1	2011年5月	《2011～2015年建筑业信息化发展纲要》	"十二五"期间，基本实现建筑企业信息系统的普及应用，加快建筑信息模型（BIM）、基于网络的协同工作等新技术在工程中的应用，推动信息化标准建设，促进具有自主知识产权软件的产业化，形成一批信息技术应用达到国际先进水平的建筑企业
2	2013年8月	《关于征求关于推荐BIM技术在建筑领域应用的指导意见(征求意见稿)意见的函》	（1）2016年以前政府投资的2万平方米以上大型公共建筑以及申报绿色建筑项目的设计、施工采用BIM技术 （2）截至2020年，完善BIM技术应用标准、实施指南，形成BIM技术应用标准和政策体系；在有关奖项，如全国优秀工程勘察设计奖、鲁班奖（国家优质工程奖）及各行业、各地区勘察设计奖和工程质量最高的评审中，设计应用BIM技术的条件
3	2014年7月	《关于推进建筑业发展和改革的若干意见》	推进建筑信息模型（BIM）等信息技术在工程设计、施工和运行维护全过程的应用，提高综合效益，推广建筑工程减隔震技术，探索开展白图代替蓝图、数字化审图等工作
4	2015年6月	《关于推进建筑业发展和改革的若干意见》	（1）到2020年年末，建筑行业甲级勘察、设计单位以及特级、一级房屋建筑工程施工企业应掌握并实现BIM与企业管理系统和其他信息技术的一体化集成应用 （2）到2020年年末，以下新立项项目勘察设计、施工、运营维护中，集成应用BIM技术的项目比例达到90%：以国有资金投资为主的大中型建筑；申报绿色建筑的公共建筑和绿色生态示范小区
5	2016年9月	《2016～2020年建筑业信息化发展纲要》	（1）推进基于BIM技术进行数值模拟、空间分析和可视化表达，研究构建支持异构数据和多种采集方式的工程勘察信息数据库，实现工程勘察信息的有效传递和共享 （2）推广基于BIM技术的协同设计，开展多专业间的数据共享和协同，优化设计流程，提高设计质量和效率 （3）大力推进BIM、GIS等技术在综合管廊建设中的应用，建立综合管廊集成管理信息系统，逐步形成智能化城市综合管廊运营服务能力 （4）在"海绵城市"建设中积极应用BIM、虚拟刺穿等技术开展规划、设计，探索基于云计算、大数据等的运营管理并示范应用 （5）加快BIM技术在城市轨道交通工程设计、施工中的应用，推动各参建方共享多维建筑信息模型进行工程管理

表0.4 2014年以来全国地方政府BIM政策汇总（部分）

序　号	发布单位	时　间	发布信息	政策要点
1	上海市人民政府办公厅	2014年10月	《关于在本市推进建筑信息模型技术应用的指导意见》	（1）通过分阶段、分步骤推进BIM技术试点和推广应用，到2016年年底，基本形成满足BIM技术应用的配套政策、标准和市场环境，本市主要设计、施工、咨询服务和物业管理等单位普遍具备BIM技术应用能力 （2）到2017年，本市规模以上政府投资工程全部应用BIM技术，规模以上社会投资工程普遍应用BIM技术，应用和管理水平走在全国前列

序 号	发布单位	时 间	发布信息	政 策 要 点
1	上海市人民政府办公厅	2017年10月	《关于促进本市建筑业持续健康发展的实施意见》	到2020年，上海市政府投资工程全面应用BIM（建筑信息模型）技术，实现政府投资项目成本下降10%以上，项目建设周期缩短5%以上，全市主要设计、施工、咨询服务等企业普遍具备BIM技术应用能力，新建政府投资项目在规划设计施工阶段应用比例不低于60%
2	上海市城乡建设和管理委员会	2015年6月	《上海市建筑信息模型技术应用指南（2015年版）》	（1）指导本市建设、设计、施工、运营和咨询等单位在政府投资工程中开展BIM技术应用，实现BIM应用的统一和可检验；作为BIM应用方案制定、项目招标、合同签订、项目管理等工作的参考依据 （2）指导本市开展BIM技术应用试点项目申请和评价依据 （3）为起步开展BIM技术应用试点或没有制定项目BIM技术应用标准的企业提供指导和参考 （4）为相关机构和企业制定BIM技术标准提供参考
		2016年9月	《关于进一步加强上海市建筑信息模型技术推广应用的通知》	（1）自2017年10月1日起，一定规模以上新建、改建和扩建的政府及国有企业投资的工程项目全部应用BIM技术 （2）由建设单位牵头组织实施BIM技术应用的项目，在设计、施工阶段应用BIM技术的，每平方米补贴20元，最高不超过300万元 （3）在设计、施工、运营阶段全部应用BIM技术的，每平方米补贴30元，最高不超过500万元
3	北京市质量技术监督局/北京市规划委员会	2014年5月	《民用建筑信息模型设计标准》	提出BIM的资源要求、模型深度要求、交付要求是在BIM的实施过程中规范民用建筑BIM设计的基本内容，该标准于2014年9月1日正式实施
4	广东省住房和城乡建设厅	2014年9月	《关于开展建筑信息模型BIM技术推广应用工作的通知》	（1）到2014年年底，启动10项以上BIM技术推广项目建设 （2）到2015年年底，基本建立广东省BIM技术推广应用的标准体系及技术共享平台 （3）到2016年年底，政府投资的2万平方米以上的大型公共建筑，以及申请绿色建筑项目的设计、施工应当采用BIM技术，省级优良样板工程、省级新技术示范工程、省级优秀勘察设计项目在设计、施工、运营管理等环节普遍应用BIM技术 （4）到2020年年底，广东全省建筑面积2万平方米及以上的工程普遍应用BIM技术
5	陕西省住房和城乡建设厅	2014年10月	《陕西省级财政助推建筑产业化》	提出重点推广应用BIM（建筑模型信息）施工组织信息化管理技术
6	深圳市建筑工务署	2015年5月	《深圳市建筑工务署政府公共工程BIM应用实施纲要》《深圳市建筑工务署BIM实施管理标准》	（1）通过从国家战略需求、智慧城市建设需求、市建筑工务署自身发展需求等方面，论证了BIM在政府工程项目中实施的必要性，并提出BIM应用实施的主要内容是BIM应用实施标准建设、BIM应用管理平台建设、基于BIM的信息化基础建设、政府工程信息安全保障建设等 （2）实施纲要中还提出了市建筑工务署BIM应用的阶段性目标，至2017年，实现在其所负责的工程项目建设和管理中全面开展BIM应用，并使市建筑工务署的BIM技术应用达到国内外先进水平
7	湖南省人民政府办公厅	2016年1月	《关于开展建筑信息模型应用工作的指导意见》	（1）2018年年底前，制定BIM技术应用推进的政策、标准，建立基础数据库，改革建设项目监管方式，形成较为成熟的BIM技术应用市场。政府投资的医院、学校、文化、体育设施、保障性住房、交通设施、水利设施、标准厂房、市政设施等项目采用BIM技术，社会资本投资额在6千万元以上（或2万平方米以上）的建设项目采用BIM技术，设计、施工、房地产开发、咨询服务、运维管理等企业基本掌握BIM技术 （2）2020年年底，建立完善的BIM技术的政策法规、标准体系，90%以上的新建项目采用BIM技术，设计、施工、房地产开发、咨询服务、运维管理等企业全面普及BIM技术，应用和管理水平进入全国先进行列

序 号	发布单位	时 间	发布信息	政策要点
8	重庆市城乡建设委员会	2016年4月	《关于加快推进建筑信息模型（BIM）技术应用的意见》	（1）到2017年底，建立勘察设计行业BIM技术应用的技术标准，明确主要的应用软件，重庆市部分骨干勘察、设计、施工单位和施工图审查机构具备BIM技术应用能力 （2）到2020年年底形成建筑工程BIM技术应用的政策和技术体系，在重庆市承接工程的工程设计综合甲级企业，工程勘察甲级企业，建筑工程设计甲级企业，市政行业道路、桥梁、城市隧道工程设计甲级企业，施工图审查机构，特级、一级房屋建筑工程施工企业，特级、一级公用工程施工总承包企业掌握BIM技术，并实现与企业管理系统和其他信息技术一体化集成应用
9	浙江省住房和城乡建设厅	2016年4月	《浙江省建筑信息模型（BIM）技术应用导则》	为指导和规范浙江建设工程中建设信息模型技术应用，推动工程建设信息化技术发展，保障建设工程质量安全，提升投资效益，特制定本导则。本导则适用于浙江省范围内建设工程BIM技术的应用
10	南通市人民政府	2015年6月	《市政府关于印发加快推进建筑产业现代化促进建筑产业转型升级的实施意见》	（1）2015～2017年：建筑产业现代化示范项目应采用建筑信息模型（BIM）等信息化技术进行设计建造 （2）2018～2020年：全市大中型以上项目应采用建筑信息模型（BIM）等信息化技术进行设计和建造 （3）2021～2023年：普及应用期，到2023年底，南通市建筑产业现代化建造方式成为主要建造方式，工程建设中普遍采用建筑信息模型（BIM）等信息化技术
11	湖南省住房和城乡建设厅	2017年1月	《湖南省城乡建设领域BIM技术应用"十三五"发展规划》	到2020年年底，建立BIM技术应用的相关政策、技术标准和应用服务标准；湖南省城乡建设领域建设工程项目全面应用BIM技术
12	浙江省人民政府办公厅	2017年8月	《关于加快建筑业改革与发展的实施意见》	积极推广应用建筑信息模型（BIM）技术，政府投资项目应当率先应用BIM技术
13	广西壮族自治区住房和城乡建设厅	2017年7月	《广西推进建筑信息模型技术应用"十三五"行动计划（2017～2020年）征求意见稿》	主要目标是实现"BIM+设计、施工与运维"全生命期新建造模式，全面实现工程行业的信息化生产能级，到2020年基本达到国内BIM技术综合应用同步水平。"十三五"行动计划将分为试点培育、推广应用和全面应用三个阶段
14	贵州省住房和城乡建设厅	2017年3月	《贵州省关于推进建筑信息模型（BIM）技术应用的指导意见》	计划到2020年，贵州省基本实现BIM技术全覆盖后，或将实现无人工地

注：辽宁省住房和城乡建设厅、沈阳市城乡建设委员会、黑龙江省住房和城乡建设厅、云南省住房和城乡建设厅以及武汉市（2017年9月）、合肥市（2017年5月）等也进行了相关发文，限于篇幅，不一一罗列。

0.3.1.3 应用BIM的原始动力

行业的需要和国家的推广，促进了BIM在中国的发展。应用BIM的原始动力是提高效率，节约成本。BIM技术改变了信息传递的方式，使信息传递更高效，如图0.1所示。BIM技术能使建筑结果前置，以可视化的方式进行施工预演，提前发现问题，制定预案，从而减少浪费，节约成本，降低风险。

0.3.2 BIM政策与规范汇总

从行业的发展到国家的发展规划，都需要BIM技术的应用。但自2004年BIM的引入，到2011年国家发文推广，BIM并没有遍地开花，像人们预想的那样广泛地被应用与接受。因为BIM的应用不仅需要软件、硬件、标准的支持，还具有社会性。有了统一的BIM标准，才能在建筑全生命周期的技术及管理工作中有效地利用 BIM 技术,才便于有关的技术或管理人员更好地进行信息共享。

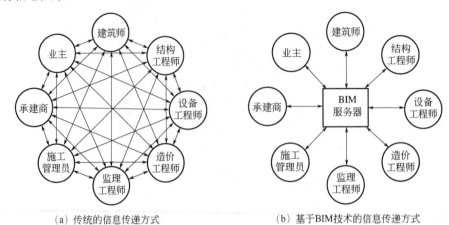

(a) 传统的信息传递方式　　　　　　　(b) 基于BIM技术的信息传递方式

图 0.1　传统的信息传递方式与基于 BIM 技术的信息传递方式

BIM 标准可分为三类,即分类编码标准、数据模型标准以及过程标准。分类编码标准直接规定建筑信息的分类,一是用于在计算机中保存非数值信息将其代码化,二是有序地管理大量的建筑信息;数据模型标准规定 BIM 数据交换格式,如建筑师在利用软件建立模型时,是将信息保存为某种应用软件提供的格式,还是保存为某种标准化的中性格式;过程标准规定用于交换的 BIM 数据的内容,规定在什么阶段产生什么信息,如建筑师最开始应该产生什么信息,分发给结构工程师。本小节摘录了 2019 年 6 月前国家颁布的相关 BIM 标准,见表 0.5。

表 0.5　BIM 标准汇总

序　号	名称/标准号	发布/执行时间
1	《建筑信息模型应用统一标准》(GB/T 51212—2016)	2017 年 7 月 1 日实施
2	《建筑信息模型分类和编码标准》(GB/T 51269—2017)	2018 年 5 月 1 日实施
3	《建筑信息模型存储标准》	GB/T 51447—2021
4	《建筑信息模型设计交付标准》(GB/T 51301—2018)	2019 年 6 月 1 日实施
5	《制造工业工程设计信息模型应用标准》(GB/T 51362—2019)	2019 年 10 月 1 日实施
6	《建筑信息模型施工应用标准》(GB/T 51235—2017)	2018 年 1 月 1 日实施
7	《建筑幕墙工程 BIM 实施标准》(T/CBDA 7—2016)	2017 年 3 月 15 日实施
8	《建筑机电工程 BIM 构件库技术标准》(CIAS11001—2015)	2015 年 7 月 8 日实施
9	《建筑装饰装修工程 BIM 实施标准》(T/CBDA 3—2016)	2016 年 12 月 1 日实施

0.4　家国情怀——国产 BIM 软件的发展

随着 BIM 的发展,我国也一直在努力实现 BIM 软件的自主开发,其中有代表性的包括PKPM-BIM、广联达、鲁班、橄榄山、天正、理正等。

PKPM-BIM 软件(简称 PKPM)主要侧重 BIM 设计,覆盖建筑、结构、装配、设备、节能、机电等多个领域。它采用统一的数据交换标准,解决了不同专业设计软件之间的数据交换问题,可以与多种国产软件(天正、广联达等)进行数据交互,实现平台开放性,是一款集建筑、结构、设备(给排水、采暖、通风空调、电气)设计一体化的软件,由中国建筑科学研究院研发。PKPM 的特点包括:

① 与国内现行建筑节能设计规范紧密结合,适应大体量工程信息的存储;

② 在设计时能够合理得出能耗分析与经济指标之间的平衡点，对工程实践有很强的指导意义；

③ 除了建筑、结构、设备（给排水、采暖、通风空调、电气）设计于一体的集成化 CAD 系统以外，目前 PKPM 还有建筑概预算系列软件（钢筋计算、工程量计算、工程计价）、施工系列软件（投标系列、安全计算系列、施工技术系列）、施工企业信息化系列软件（目前全国很多特级资质的企业都在用 PKPM 的信息化系统）；

④ 结构分析功能强大，预处理功能强大，后期文字查看简单。所有功能板块均按照最新版本规范进行编程，可以达到现行规范对于设计的各种限制要求。静力弹性分析、动力时程分析板块操作简单、计算准确，在实际工程中的可操作性强。

广联达软件在建筑行业应用广泛，经过近二十年的发展，产品已从单一的预算软件扩展到工程造价、工程施工、工程信息、产业金融等多个业务板块近百款产品，覆盖项目全生命周期，涵盖工具类、解决方案类、电子商务、大数据、移动互联网、云、智能硬件设备、产业金融服务等业务形态。它拥有丰富的功能模块，包括工程量清单、造价分析、投标报价、合同管理、成本控制等，满足工程建设的各个阶段的需求，提高工程计价的效率和准确性。软件采用了直观、简洁的操作界面，用户可以通过鼠标点击、拖拽等方式快速完成各种操作。同时，软件还提供了多种数据可视化展示方式，方便用户进行数据分析和决策。广联达的工程造价模块在实施效率、使用适应性、用户方便性等各个方面明显优于国内外同类软件产品。

鲁班软件主要侧重算量、机电等功能，涵盖土建装饰等模块。它的一套图纸可以套用全国不同地方的计算规则进行计算，同时适合工程量清单计量。它可以利用 CAD 强大的绘图功能进行精确的三维扣减计算，是手工计算和自主开发平台软件所无法达到的。除此以外还具备以下特点。

① 多专业互导。充分利用 BIM 模型实现分工合作，实现全专业的数据互导。将做好的钢筋工程导入到土建软件中，可省去翻看结构图的步骤，直接进行建筑部分的建模和计算，提高了效率，节省了时间。

② 用户模板调用。对于一个工程已经建好的构件属性，通过存取，可以在不同工程中间调用，省去了繁杂的构件定义过程。

③ 云模型检查：汇集了数百位专家的知识和经验，可动态更新数据库，为你的工程实时把脉，避免因少算、漏算、错算带来损失和风险。

④ 强大的定位编辑功能。该软件拥有强大的定位和编辑功能，能够灵活布置和修改构件，甚至能够自动识别平法施工图。

橄榄山系列软件侧重设计、施工、翻模、算量等功能，包括快模、土建、机电等模块。它最大的特点是强大的翻模功能。它能够把 CAD 里提取的图元信息导入 Revit 并生成实体三维模型，比用纯 Revit 命令建模快 3~5 倍。同时，橄榄山还加强了原有 Revit 建模命令，提供了快速楼层轴网工具、快速生成构件以及模型批量修改工具等功能。该软件操作便捷，集成了大量贴近用户需求的工具，如智能翻弯、桥架翻模、两管相接等，这些功能可以帮助用户在空间密集区域提高建模效率。橄榄山软件不仅适用于建筑、结构专业的建模，还兼顾了水暖电等专业的需求。这使得用户可以更加方便地进行多专业协同建模。橄榄山系列软件通过提供强大的翻模功能、便捷的操作、广泛的应用场景、与其他软件的良好配合、多样的版本选择以及持续的版本更新，为用户提供了高效、准确的建模体验。

天正 TR-BIM 软件与理正软件类似，侧重设计，覆盖建筑、电气、暖通、给排水等领域。从设计师的角度出发，充分考虑了设计工程师的使用习惯，旨在提供易学易用的操作体验。有效地降低了设计人员采用 BIM 平台进行设计的难度，显著提升了设计效率。它拥有专业电气设计与计算工具以及丰富的专业族库，实现了天正 CAD 与 Revit 之间的转换，并且在其他工具中提供族库管理、升级，批量创建标高、视图、图纸等功能。针对 BIM 出图，天正 TR 系列定制了上百种"标注族""符号注释族"。支持管线和立管的绘制，并可多管绘制、沿墙绘制；支持风管异径管件的连接；支持风口、阀门附件、散热器、风机盘管等暖通常用设备的布置；支持多联机室内外机布置、冷媒管绘制、多联机与管线连接自动生成分歧管、系统计算、标注等功能。支持设备连管、散干/立连接、管线互连；支持对既有设备、管线的参数、位置关系进行编辑；支持建筑负荷计算、风系统水系统的水力计算等。

由此可见，我国的 BIM 行业经过多年发展，已经形成了较为完整的 BIM 软件体系。能够从设计、建模、翻模、施工管理到运维等建筑全生命周期对建筑物进行管理。

国产 BIM 软件的蓬勃发展说明了几个重要的问题。

① 技术进步：BIM 技术是一种数字化工具，用于表示建筑、基础设施和设备的物理和功能特性。随着计算机技术和软件工程的发展，国产 BIM 软件在技术上取得了长足的进步，能够为建筑行业提供更高质量的服务。

② 市场需求：随着中国城市化进程的加速，建筑行业对高效、精细化的管理需求越来越迫切。BIM 技术作为一种新型的信息化管理手段，受到了市场的广泛认可。在这种背景下，国产 BIM 软件凭借其本地化优势和定制化服务，赢得了越来越多的客户。

③ 政策支持：中国政府一直在推动建筑行业的信息化和智能化发展。近年来，政府出台了一系列政策，鼓励建筑行业采用 BIM 技术，并将其作为工程设计和施工的重要标准。这些政策的实施为国产 BIM 软件的发展提供了有力支持。

④ 创新活力：与国际知名 BIM 软件相比，国产 BIM 软件在市场应用、技术创新等方面具有一定的竞争优势。国内企业和研究机构在 BIM 技术的研发和应用方面不断创新，推动了 BIM 技术的普及和发展。

总之，国产 BIM 软件的蓬勃发展是中国建筑行业信息化和智能化发展的必然结果。它不仅体现了中国在技术领域的进步，也为建筑行业提供了更加高效、智能的管理手段，有助于推动行业的可持续发展。从之前的 AutoDesk 系列软件一家独大到现在的国产软件百花齐放，是我国经济腾飞的一个缩影。在今后的建筑全生命周期管理方面，我国相关行业将不再受到国外软件的制约。

0.5　BIM 在工程中的应用

2019 年人力资源和社会保障部把建筑信息模型技术员作为一个新的职业进行发布，并对这个职业所从事的主要工作给予了定义，具体如下。

建筑信息模型技术员是指利用计算机软件进行工程实践过程中的模拟建造，以改进其全过程中工程工序的技术人员。

主要工作任务如下。

① 负责项目中建筑、结构、暖通、给排水、电气专业等 BIM 模型的搭建、复核、维护管理工作。

② 协同其他专业建模，并做碰撞检查。

③ BIM 可视化设计：室内外渲染、虚拟漫游、建筑动画、虚拟施工周期等。

④ 施工管理及后期运维。

可以看出，BIM 的主要工作是全专业模型的创建，和结合专业在不同工作阶段 BIM 模型的应用，如碰撞检查，做管线综合；BIM 可视化设计，进行施工组织和最优施工方案的选择等。

1 BIM 实施规划

规划是指个人或组织制定的比较全面长远的发展计划，是对未来整体性、长期性、基本性问题的思考和考量。BIM 技术改变了人们的思维习惯、工作方式、协作流程等，是技术的改变，甚至引起公司体系的变革，企业级别的 BIM 应用，实施前要做长远的规划。本章从整体与局部两个方面来阐述 BIM 的实施。

1.1 BIM 实施策划

策划主要指带有创造性思维的规划，并根据这种创造性思维制订实现该想法的计划。BIM 发展的三要素或主要驱动力是商业、技术和人。人是 BIM 实施最关键的因素，因为人的问题（如人的思维方式、心态和态度）是 BIM 技术广泛应用及实施的主要障碍。

1.1.1 应用目标

应用 BIM 的目的是提高效率、节约成本和减少浪费，即 BIM 应用的商业价值，也是 BIM 应用的主要驱动力。编写 BIM 策划的第一步，也是最重要步骤，就是确定 BIM 应用的实施目标，以此明确 BIM 应用为项目带来的潜在价值。

BIM 实施目标即在建设项目中将要实施的主要价值和相应的 BIM 应用（任务）。目标必须是具体的、可衡量的，以及能够促进建设项目的规划、设计、施工和运营成功进行的。BIM 目标可分为两大类。

第一类为项目目标，分为两种：①与项目的整体表现有关，如缩短项目工期、降低工程造价、提升项目质量等；②与具体任务有关，如利用 BIM 模型提高出图效率、根据 BIM 模型快速统计工程量进行概预算等。

第二类为公司目标，包括业主通过样板项目描述设计、施工、运营之间的信息交换，设计机构获取高效使用数字化工具的经验等。

没有明确的 BIM 目标而盲目发展 BIM 技术，可能会达不到预期目的或出现在弱势技术领域中过度投入，而产生不必要的资源浪费，只有结合自身建立有切实意义的服务目标，才能提升技术实力。

1.1.1.1 BIM 技术应用点

BIM 技术的应用价值主要体现在四个方面，见表 0.1。

BuildingSMART 的 "BIM project execution planning guide" 通过专家访谈、案例分析、文献综述等方式，总结了 BIM 典型应用点和全生命期典型 BIM 应用，如表 1.1 和图 1.1 所示。

表 1.1 BIM 典型应用点

序 号	BIM 应用	英 文
1	建筑维护计划	building（preventative）maintenance scheduling
2	建筑系统分析	building system analysis
3	资产管理	asset management
4	空间管理和追踪	space management/tracking
5	灾害计划	disaster planning
6	记录模型	record modeling
7	场地使用规划	site utilization planning

序　号	BIM 应用	英　文
8	施工系统设计	construction system design
9	数字化加工	digital fabrication
10	3D 控制和规划	3D control and planning
11	3D 协调	3D coordination
12	设计建模	design authoring
13	能量分析	energy authoring
14	结构分析	structural analysis
15	LEED 评估	sustainability（LEED）evaluation
16	规范验证	code validation
17	规划文件编制	programming
18	场地分析	site analysis
19	设计方案论证	design reviews
20	4D 建模	4D modeling
21	成本预算	cost estimation
22	现状建模	existing conditions modelling
23	工程分析	engineering analysis

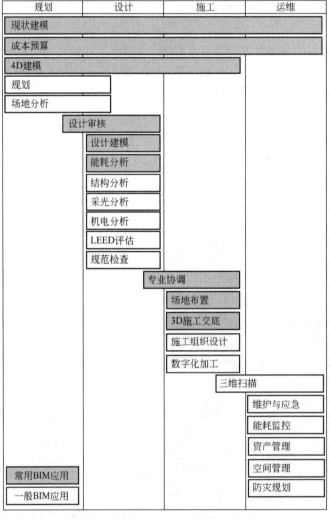

图 1.1　建筑全生命期典型 BIM 应用

1.1.1.2 确定项目的 BIM 应用点

确定 BIM 应用目标后，要筛选必要的 BIM 应用点，例如：能耗分析、日照分析、成本预算、专业协调等。BIM 应用点要切合工程实际并综合考虑 BIM 团队的技术实力及软硬件配置情况，不要盲目求全求高，也不要"拍脑门"确定，通常由项目经理组织各专业负责人讨论确定，一般过程如下。

① 罗列备选 BIM 应用点。项目团队应认真筛选可能的 BIM 应用点，并将其罗列出来，在罗列 BIM 应用点时，要注意其与 BIM 应用目标的关系。

② 确定每项备选 BIM 应用点的责任方。为每项 BIM 应用点确定至少一个责任方，主要负责主体放在第一行。

③ 标示每项 BIM 应用点各责任方需要具备的条件。确定责任方应用 BIM 所需的条件，一般的条件包括人员、软件、软件培训、硬件、IT 支持等。如果已有条件不足，需要额外补充时，应详细说明，例如需要购买软件、硬件等。确定责任方应用 BIM 所需的能力水平。项目团队需要知道 BIM 应用的细节，及其在特定项目中实施的方法。如果已有能力不足，需要额外培训时，应详细说明。确定责任方是否具备应用 BIM 所需的经验。团队经验对于 BIM 应用的成功与否至关重要，如已有经验不足，需要额外技术支持时，应详细说明。

④ 标示每项 BIM 应用的额外应用点价值和风险。项目团队在清楚每项 BIM 应用点价值的同时，也要清楚可能产生的额外项目风险。这些额外应用价值和风险应该在表格的"备注"中说明。

⑤ 决定是否应用 BIM。项目团队应该详细讨论每项 BIM 应用的可能性，确定某项 BIM 是否适合项目和团队的特点。这需要项目团队确定潜在价值或效益的同时，均衡考虑需要投入成本。项目团队也需要考虑应用或不应用某项 BIM 对应的风险。例如应用一些 BIM 会显著降低项目总体风险，然而它们也可能将风险从一方转移到另一方；另外，应用 BIM 可能会增加个别团队完成本职工作任务的风险。在考虑所有因素之后，项目团队需要做出是否应用各项备选 BIM 的决定。当项目团队决定应用某项 BIM 时，判断是否应用其他 BIM 就变得很容易，因为项目团队成员可以利用已有的信息。例如，如果决定完成建筑、结构、机电的 BIM 建模，那么实现专业协调就变得简单。

项目团队可以用优先级（高中低）的形式标示每个 BIM 应用的价值，可参考模板（表 1.2）完成 BIM 筛选。这个模板中包括是否应用 BIM 的筛选列表，以及对应的应用价值、责任单位、对责任单位的价值、所需的条件、需要额外的资源，最后是对是否采用的判定。

表 1.2　BIM 筛选示例

BIM	应用价值（高、中、低）	责任单位	对负责单位的价值（高、中、低）	需要的条件（高、中、低）			需要额外的资源	备注	是否采用
				资源	能力	经验			
建筑建模	中	建筑师	中	中	低	低			是
钢结构建模	高	结构工程师	高	高	中	中	需要购买专门的钢结构建模软件	在设计阶段对业主价值很大	否
机电建模	高	暖通工程师	高	高	高	高			是
		给排水工程师	高	低	高	高	需要培训		是
		电气工程师	中	中	高	高			是
专业协调	高	建筑师	高	中	中	中	需购买软件	由总建筑师负责	是
		结构工程师	高	中	中	低			是
		MEP 工程师	中	中	中	低			是

在确定将要应用的 BIM 应用点时，要强调模型信息的全生命期应用，也就是 BIM 策划要从头开始就要为信息模型的潜在用户标示出 BIM 的应用方法。所以，项目团队应首先考虑什么信息对项目的后期施工（也包括竣工和运维）是有价值的，然后逆向（运维、施工、设计、规划）标示下游所需信息应由哪些上游阶段来支持，如图 1.2 所示。通过先识别下游 BIM 应用点，项目团队可以专注于可重用的信息，以及重要的信息交换过程。

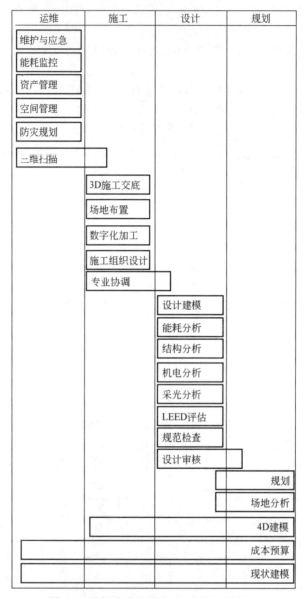

图 1.2　建筑全生命期 BIM 应用（逆向）

BIM 成功应用的关键是项目团队成员要清晰认识和理解他们建立的模型信息的用途。例如，当建筑师在建筑模型里增加一堵墙时，这堵墙可以附带有关资料信息、结构性能信息和其他数据信息，建筑师应该知道这些信息将来是否会用到，如果用到会怎么用。未来这些信息的使用方式会影响（或决定）当前的建模方法，也会影响依赖这些信息的工程任务的工作质量和准确性。

需要注意的是，BIM 应用目标与 BIM 应用之间没有严格的一一对应关系。如某项目采用混凝土预制构件提升项目现场的生产效率、缩短工期，应用 BIM 多专业协调技术，在施工前解决构件尺寸冲突问题。有些时候，BIM 应用目标与 BIM 之间关联密切。例如，为提升项目效益，采用专业协调等 BIM 应用。如表 1.3 所示为某项目最终确定的 BIM 应用目标和技术，并基于项目实际情况给出了优先级。

表 1.3　某项目最终确定的 BIM 应用目标和技术

优　先　级	BIM 应用目标	应用的 BIM 技术
高	控制成本	5D 建模和分析
高	审核建造过程	4D 过程
中	提高工作效率	设计审核、专业协调
中	消除专业冲突	专业协调

1.1.2　技术选择

技术选择的内容主要包括 BIM 应用软件及选择和 BIM 应用硬件和网络。

1.1.2.1　BIM 应用软件及选择

（1）BIM 软件的选择　BIM 软件的选择是企业 BIM 应用的首要环节。在选用过程中，应采取相应的方法和程序，以保证正确选用企业需要的 BIM 软件。基本步骤和主要工作内容如下。

① 调研和初步筛选。全面考察和调研市场上现有的国内外 BIM 软件及应用情况。结合本企业的业务需求、企业规模，从中筛选出可能适用的 BIM 软件工具集。筛选条件可包括：BIM 软件功能、本地化程度、市场占有率、数据交换能力、二次开发扩展能力、软件性价比及技术支持能力。

② 分析及评估。对初选的每个 BIM 工具软件进行分析和评估。分析评估考虑的主要因素包括：是否符合企业的整体发展战略规划；是否可为企业业务带来收益；软件部署实施的成本和投资回报率估算；设计人员接受的意愿和学习难度等。

③ 测试及试点应用。抽调人员，对选定的 BIM 软件进行试用测试，测试的内容包括：在适合企业自身业务需求的情况下，与现有资源的兼容情况；软件系统的稳定性和成熟度；易于理解、易于学习、易于操作等易用性；软件系统的性能及所需硬件资源；是否易于维护和故障分析，配置变更是否方便等可维护性；本地技术服务质量和能力；支持二次开发的可扩展性。如条件允许，建议在试点工程中全面测试，使测试工作更加完整和可靠。

④ 审核批准及正式应用。基于 BIM 软件调研、分析和测试，形成备选软件方案，由企业决策部门审核批准最终 BIM 软件方案，并全面部署。

（2）常用软件　目前 BIM 建模平台主流的有 4 家：Autodesk 公司、Bently 公司、图软件公司、达索公司。各家平台软件及主要应用领域见表 1.4。

表 1.4　各家平台软件及主要应用领域

公　司　名　称	平　台　软　件	主要应用领域
Autodesk 公司	Revit 建筑、结构和设备系列	民用建筑
Bently 公司	Bentley 建筑、结构和设备系列	工业建筑、基础设施
图软件公司	ArchiCAD	民用建筑
达索公司	DP 软件	异形建筑

Autodesk 公司的 Revit 建模平台，在全世界民用建筑领域中用户量最大，在中国的普及率最高，使用人数最多，本书选用 Autodesk 公司的 Revit 产品，及国内基于 Revit 二次开发的产品为例进行讲解。算量造价类软件应首选国内软件开发商开发的软件以及符合中国计价规范的软件，如广联达、鲁班、国泰新点、品茗等软件公司的产品。对于平台类软件，国内近年也出现多家开发商，如广联达、鲁班、上海毕埃幕、国泰新点、品茗等软件公司。

1.1.2.2　BIM 应用硬件和网络

BIM 硬件环境包括：客户端（台式、笔记本等个人计算机，也包括平板电脑等移动终端）、服务器、网络及存储设备等。BIM 应用硬件和网络在企业 BIM 应用初期的资金投入相对集中，对后期的整体应用效果影响较大。

鉴于 IT 技术的快速发展，硬件资源的生命周期越来越短。在 BIM 硬件环境建设中，既要考虑 BIM 对硬件资源的要求，也要将企业未来发展与现实需求结合考虑；既不能盲目求高求大，也不能过于保守，以避免企业资金投入过大带来的浪费或因资金投入不够带来的内部资源应用不平衡等问题。

（1）个人计算机配置方案　BIM 应用对个人计算机性能要求较高，主要包括：数据运算能力、图形显示能力、信息处理数量等几个方面。以 Revit 为例，此款软件对计算机性能要求较高——具体是 CPU 主频要高，内存 8G 以上，显卡为游戏卡。因计算机硬件更新较快，企业在采购时，应考虑当时的主流硬件价格，就目前计算机硬件情况，中（高）端配置能满足中大型项目的需求，性价比高的 AMD 锐龙 CPU 系列，1060 及以上显卡，8G 内存，能应对常规项目，操作系统选微软 Windows7、Windows8.1 或 Windows10 都可。

（2）数据服务器方案　数据服务器用于实现企业 BIM 资源的集中存储与共享。数据服务器及配套设施一般由数据服务器、存储设备等主要设备，以及安全保障、无故障运行、灾备等辅助设备组成。

企业在选择数据服务器及配套设施时，应根据需求进行综合规划，包括：数据存储容量、并发用户数量、使用频率、数据吞吐能力、系统安全性、运行稳定性等。在明确规划后，可据此（或借助系统集成商的服务能力）提出具体设备类型、参数指标及实施方案。

（3）云存储方案　云计算技术是一个整体的 IT 解决方案，也是企业未来 IT 基础架构的发展方向。其总体思想是：应用程序通过网络从云端按需获取所要的计算资源及服务。对大型企业而言，这种方式能够充分整合原有的计算资源，降低企业新的硬件资源投入、节约资金、减少浪费。

随着云计算应用的快速普及，必将实现对 BIM 应用的良好支持，成为企业在 BIM 实施中可以优化选择的 IT 基础架构。但企业私有云技术 IT 基础架构，在搭建过程中仍要选择和购买云硬件设备及云软件系统，同时也需要专业的云技术服务才能完成，企业需要相当数量的资金投入，这本身没有充分发挥云计算技术的核心价值。随着公有云、混合云等模式的技术完善和服务环境的改变，企业未来基于云的 IT 基础架构将会有更多的选择，当然也会有更多的诸如信息安全等问题需要配套解决。

1.1.3　BIM 社会性——人

BIM 发展的三要素（驱动力）：商业（利益）、技术和人，如图 1.3 所示。人是推动 BIM 发展的关键与核心。

BIM 对人们的改变不仅是工具软件的更换和硬件的更新，而且改变了信息传递方式，如图 0.1 所示，BIM 也改变了协作方式，如图 1.4 所示，BIM 还改变了人们的思维方式。

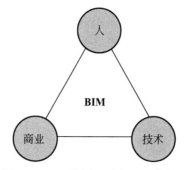

图 1.3　BIM 发展三要素（驱动力）

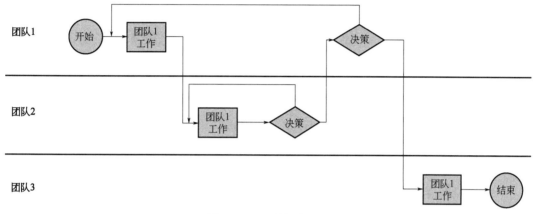

图 1.4　BIM 的协作方式

团队的组建离不开人，团队成员的主动性、相互尊重和信任、所有权和著作权、工作进程的顺畅程度、工作流程、专业技术对设计的影响、工作习惯、个人偏好、职责、价格、传统、合作和交流等，这些因素都会影响 BIM 的工作效率和效果。BIM 团队的组建关键是统一心态、思维方式和工作习惯，可能要求成员放弃习惯的做法，而坚持一种新的做法。

1.1.4　BIM 工作流程

BIM 是一个使用三维技术来更好地完成项目的过程。与传统工作流程大不相同的是，BIM 是一个注重流程或过程型的新应用。为发挥使用 BIM 方法的全部潜力，需要把项目工作流程标准化并严格遵守。

设计、开发、建造和维护一个工程项目需要项目利益相关方（或参与方）遵守多个工作流程和审批步骤。各参与方在正确时间进行清楚的信息沟通交流是一个工程项目成功的关键。很重要的一项工作是开发、测试和流水线化各阶段的各种工作流程，包括信息交换、审批步骤、质量检查等。

对于各种工作流程，要制作相应的流程图。流程图是对某种工作流程涉及所有工作的图像化表示。流程图应该清楚地记录执行某任务所需要的各种信息，并保证预期结果和正确格式。流程图将作为一份为所有业主和工作组成员准备的指南，按照所需方法执行任务，有效地取得高质量的成果。

流程图所包含的组成部分一般如下。

- 背景：该流程的目的。
- 任务：流程中所执行的任务列表。

- 输入：执行任务所需要的支持信息列表（文档、表格、清单等）。
- 资源：流程中记录的每个任务的负责方。
- 工序：流程中所有任务和应急方案的顺序表现。
- 开发、测试和优化工作流程是应用流程中的主要任务之一。

一个 BIM 工程通常要开发如下重要流程图。

- 针对不同 BIM 任务的建模流程图。
- BIM 多方协作流程图。
- BIM 模型审阅和质检流程图。
- BIM 执行计划流程图。
- 信息交流和电子文件共享流程图。

流程图中常用图标如图 1.5 所示，其布局样例如图 1.6～图 1.9 所示。

图 1.5　流程图中常用图标

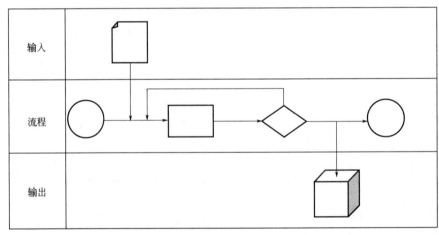

图 1.6　定义工作流程的布局

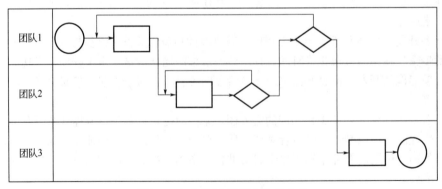

图 1.7　定义沟通/数据交换的布局

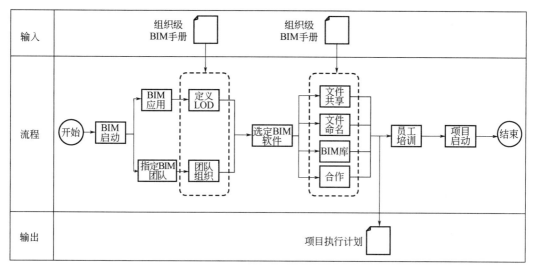

图 1.8 BIM 执行流程样例

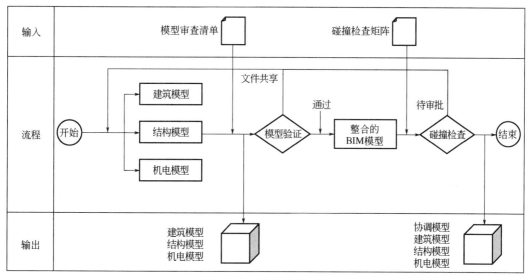

图 1.9 3D 协调流程样例

1.1.5 BIM 标准

《标准化工作指南 第 1 部分：标准化和相关活动的通用术语》（GB/T 20000.1—2014）、《标准化基本术语 第一部分》（GB/T 3935.1—83）、《标准化和有关领域的通用术语 第 1 部分：基本术语》（GB/T 3935.1—1996）、国际标准化组织（ISO）的国家标准化管理委员会（STACO）都给出了标准的定义，表述不完全一致，概括为：标准是由一个公认的机构制定和批准的文件。它对活动或活动的结果规定了规则、导则或特殊值，供共同和反复使用，以实现在预定领域内最佳秩序的效果。

制定 BIM 标准前，先制定一套涉及 CAD 图层和出图规则的标准。BIM 项目中，会涉及多方利益，提前制定大家共同遵守的标准，可以减少信息流失，增强信息的复用性，使信息交换更加流畅。BIM 标准汇总见表 0.5，其中关键的四项还没有颁布，一些企业和 BIM 咨询机构，根据自身情况借鉴国外的标准，制定了一些自己的标准。

企业在制定自己的标准时，首先要考虑清楚模型的最终用途和目标，这样做是为了避免建模工作半途而废、过度建模或事后大量的模型清理工作。BIM 是项目全生命期的应用，它牵涉项目参与的各方，制定标准时项目各参与方都应参与，如果只是用在项目的某个阶段，则不需各参与方参与。通常一个典型的项目生命周期会用到如下关键 BIM 标准：

- BIM 设计标准（建模标准）；
- 协作标准；
- 算量标准；
- 施工计划标准；
- 施工文档标准；
- 模板标准。

1.1.5.1 BIM 设计标准（建模标准）

在项目开始前就要把 BIM 模型的建立流程和所需信息要求标准化。BIM 建模标准需要考虑如下方面。

（1）BIM 建模软件 这是建模标准的第一步，理解 BIM 的用途和确定恰当的软件是至关重要的。理想情况是各类别的模型都用同一系列、同一版本的软件开发，以便于协作。如无法实现时，应保证 BIM 建模工具的交互操作功能可以实现所有建模工具之间的数据转换，才能为接下来的 BIM 工作带来便利，如模型协调、算量等。

（2）BIM 模型细节等级矩阵（LOD matrix） 对于建模标准，第一件要标准化的事便是模型的开发细节等级。LOD 矩阵应清楚地记录 BIM 模型中所有构件所需要包含的 3D 和 2D 信息范围。需要包含的参数和信息应用 LOD 矩阵组织好。LOD 矩阵样例见表 1.5 和表 1.6。

（3）文件分解结构 虽然概念上的 BIM 是一个统一的三维环境，但通常不会把整个项目建成一个单一的文件。为了能够更好地管理文件，也为了能够更好地做小范围的协同调整，一个良好的文件分解结构是必须的。通常把每个类别或行业的模型建成一个单独的文件，然后根据项目的范围，模型可以进一步分解为中等模块组合模型，如核心筒模型、地下室模型等。

（4）文件和构件命名 当项目涉及多行业、多模型时，命名规则是非常重要的。定义恰当的前缀来代表项目和恰当的后缀来代表行业是一种不错的方法，如项目_代码_中等模块组合_名字_专业代码。

（5）项目专有标准 在所有专业中把一些特定的事项进行标准化是很关键的。这些事项包括：

- 项目名称和代码；
- 地点和坐标系统；
- 测量和单位系统；
- 项目统一标高和轴网。

表 1.5　LOD 矩阵样例（一）

建筑元素	概念设计						深化设计					
	100	200	300	400	500	责任方	100	200	300	400	500	责任方
墙	■					建筑师						建筑师
门	■					建筑师			■			建筑师
窗	■					建筑师			■			建筑师
地板	■					建筑师						建筑师
家具	■					建筑师						建筑师
水暖管						建筑师						建筑师

建筑元素	概念设计						深化设计					
	100	200	300	400	500	责任方	100	200	300	400	500	责任方
基础	■					工程师			■			工程师
框架	■					工程师			■			工程师
板	■					工程师			■			工程师
结构墙	■					工程师			■			工程师

表 1.6　LOD 矩阵样例（二）

施工文档						施工						运维管理					
100	200	300	400	500	责任方	100	200	300	400	500	责任方	100	200	300	400	500	责任方
	■				建筑师			■			承包商					■	建筑师
		■			建筑师			■			承包商					■	运维咨询方
		■			建筑师			■			承包商					■	运维咨询方
	■				建筑师			■			承包商					■	建筑师
		■			建筑师			■			承包商					■	运维咨询方
		■			建筑师			■			承包商					■	运维咨询方
	■				工程师			■			承包商					■	工程师
	■				工程师			■			承包商					■	工程师
	■				工程师			■			承包商					■	工程师
	■				工程师			■			承包商					■	工程师

1.1.5.2　协作标准

在 BIM 建模标准合适的基础上，制定针对 BIM 协作的标准将使流程变得快速、有效。遵守 BIM 协作标准将确保工作流程有组织性并便于监控发现的各种设计问题。协作标准主要考虑如下方面。

（1）协作软件　BIM 协作所要求的软件功能与建模所需的大不相同。所选软件应该能与建模工具无缝交流，如果有一个链接用于进行实时更新则会更为理想。通过确定合适的协作软件把各行业模型集成到一个三维 BIM 模型中，发现和记录各种项目中的设计问题。

（2）模型转换标准　BIM 设计协作是一个不断循环的迭代过程，需要反复进行协同检查。定义和记录转换协同 BIM 模型的过程和格式将有助于避免每次迭代时产生混淆。

（3）文件共享标准　向所有项目参与方公开分享信息是成功实施 BIM 项目的关键步骤。一个提高合作效率的办法是组织一个分配了合理权限的云端文件夹结构（如 FTP、云平台等），为所有团队成员在项目期间共享模型。同时，模型共享频率应保持良好的记录，保证所有团队成员同时使用统一且正确的模型版本。

（4）满足进度要求　BIM 协作是一项真实的合作，需要团队成员们面对面或在网上"聚在一起"来开展协作。通常项目协作会议可以每两星期举行一次，保证能够在早期发现重大问题。如果能够提前一天把模型开放给与会者，则可以帮助团队准备所需的文件。

（5）问题事项优先级/碰撞检测　很多项目在早期协调工作中都会发现一些问题（碰撞冲突），这些问题也会逐渐变得严重而难以管理。进行碰撞检测前要先对碰撞进行分类（表 1.7），制作有优先级的碰撞检测矩阵（表 1.8），从而有效地把工作分解成几个工作流程，并避免冲突越来越多而产生涟漪扩散效应。常见的处理方法是识别那些尺寸比较大的和灵活性比较低的建筑构件之间的冲突相关性的问题事项，如结构构件与重力管道进行碰撞冲突检测等。

表 1.7　碰撞冲突报告分类（参考）

编　号	专　业　1	专　业　2	容忍误差/mm
C1	建筑	建筑	0
C2	建筑	结构	10
C3	建筑	暖通	10
C4	建筑	电气	10
C5	建筑	给排水	10
C6	结构	结构	0
C7	结构	暖通	10
C8	结构	电气	10
C9	结构	给排水	10
C10	暖通	暖通	0
C11	暖通	电气	10
C12	暖通	给排水	10
C13	电气	电气	10
C14	电气	给排水	10
C15	给排水	给排水	0

表 1.8　碰撞冲突检查矩阵样例

C2优先级：高		建　筑			
		外墙（A1）	内墙（A2）	门/窗（A3）	家具和固定装置（A4）
结构	基础（S1）	S1-A1	S1-A2	S1-A3	S1-A4
	框架（S2）	S2-A1	S2-A2	S2-A3	S2-A4
	地面和屋顶（S3）	S3-A1	S3-A2	S3-A3	S3-A4
	结构墙（S4）	S4-A1	S4-A2	S4-A3	S4-A4

（6）问题事项的记录文档和后续跟进　在不同的会议上记录发现的各种问题是很重要的工作，这将帮助团队理解已有的进度和监控每个单独问题事项的状态（问题已解决、待解决等），也会帮助各方面负责人员来相应地定义后续工作。如碰撞报告，要记录图片、项目名称、项目编号、项目分类、报告日期、优先级、下一步更新时间、冲突编号、状态、问题描述、注释/解决方案、责任方等，可参照表 1.9。

表 1.9　冲突报告样例

项目名称：样例名称			项目编号：00000	
冲突分类：建筑与结构间的冲突	报告时间：2018 年 9 月 10 日	冲突总数：50 个已解决的数量：22 个待解决的数量：28 个	下次更新时间：2018 年 9 月 17 日	
冲突编号：C2-001	状态：待审核	分配给（责任方）：建筑师		
问题描述（用清晰简洁的语言描述问题）：			图片	
解决方案（用清晰简洁的语言描述解决方案）：				
冲突编号：	状态：	分配给（责任方）：		
问题描述（用清晰简洁的语言描述问题）：			图片	
解决方案（用清晰简洁的语言描述解决方案）：				

1.1.5.3　算量标准

在项目早期进行全部建筑构件的准确算量是一个巨大的优势。为算量而开发的模型需要遵守特定的建模步骤来保证其准确性，把这些记录作为标准并共享给所有设计团队将避免后期重新建模。

（1）算量阶段　把 BIM 模型集成到算量工作中，可分为以下两个阶段。

- 概念设计算量。概念设计阶段的算量是一个对 BIM 模型中包含的部件在数量、长度、面积、体积等方面的简单计算。大多数 BIM 建模软件工具自带算量功能，能帮助准确计算模型中的三维部件。然而，要成功地使用 BIM 模型算量，模型需要按照特定的建模规则来开发。若在该阶段模型文件内部有设定的算量模板，将能够保证该工作的效率。

- 详图设计算量。当设计进入深化和招标阶段时，造价所需的信息细节同样会增加。本阶段的算量会更详细，并用特定的格式记录下来。

（2）细度等级矩阵（LOD 矩阵）　算量模型除了结构符合特定标准外，还需要携带算量专有的信息来保证无缝的信息流通。在开始建模前，达到构件级的信息需求应在 LOD 矩阵中进行标准化。

（3）算量软件　常用的 BIM 建模软件无法完成项目所需的详细算量工作。对于算量软件来说，除了能够从建模软件中导入三维模型外，还需要有特定的功能来帮助准确地量化三维模型和以造价所需的格式来组织信息。

（4）信息共享标准　从模型到工程量清单的准确信息共享定义了造价的准确程度。信息共享标准应基于当地特定的工程量计算规则制定。拥有 BIM 模型和算量工具的双向集成，将保证工程量准确并根据 BIM 模型更新；反之亦然。

（5）工程量清单　计价标准与方法涉及把工程量针对计价所需信息按照一个特定的格式记录下来。传统的工程量清单模板是手动更新的。然而，将工程量清单模板在早期就标准化非常重要，这样可以帮助设计团队按照既定目标工作。

1.1.5.4　施工计划标准

从早期设计阶段全面使用 BIM 模型为项目制订施工计划和发现潜在工序问题，是一项繁复的工作。要想从中获益，选择有排工序功能和标准的软件工具是非常重要的。

通过集成 BIM 模型于项目进度计划中来把施工任务进行排序有许多好处。然而要成功地开展施工进度计划工作、发现和解决制订进度计划时的所有问题，除了需要大量的耐心外，还要解决下面两个关键问题。

（1）施工模拟软件　要能够模拟建筑构件级的施工进度，所用软件应该有特定的基本功能。除了要有针对建模工具的交互操作性来准备集成的 BIM 模型外，该软件还应有能力无缝地集成模型构件和传统项目进度计划，如微软 Project 等软件。选择合适的软件和在流程一开始就把模型转换步骤标准化是很重要的。

（2）项目进度计划（数据包）　根据现场工作开发初步项目计划的一个标准步骤是应该保证其与 BIM 建模的层级分解结构一致。这将保证模拟软件能自动辨识模型的建筑构件对象，并获取来自项目进度数据包的时间参数。然而，如果在建模阶段无法取得该信息，那么在后来的 BIM 模型中应重新组织，从而满足项目进度数据的要求。

该工作所需的一些其他重要标准与协作流程类似，有如下内容：

- BIM 建模标准；
- 文件共享标准；
- 进度计划协调会；
- 问题事项优先级/碰撞检查矩阵；

- 问题事项的文档记录和跟进流程。

1.1.5.5 施工文档标准

虽然 BIM 工作流程在整个项目生命周期中使用三维模型，但二维图纸仍然是必需的。二维图纸作为支持模型的文件，可以提供更多的细节资料和文字注释。文档标准在维护一致性和澄清二维图纸提供的信息方面是很重要的。

（1）二维图档　与传统工作流程类似，一个典型的项目在各阶段都需要许多二维图纸，一些关键图纸类型有：设计图、招标图、协调过的机电图、预制加工图。

（2）施工文档标准　为了维护一致性，各行业都应标准化以下事项：序号、计量体系、填充样式、命名、细度等级、图例说明、比例尺、针对所有比例尺的线宽和线色标准、房间空间命名规则、图纸大小、线类型、剖面线和符号、图纸列表、尺寸标准设置、立面图标记、标准细节、箭头类型、图签栏、出图标准。

1.1.5.6 模板标准

模板一般用于指导建模团队，是为了保证在执行相应工作之前，就能够把大多数标准化的信息预置到项目文件中。在模板文件中包含某些 BIM 标准的做法可使工作流程更加有效率，并有助于一个组织的多个项目的信息的一致性。项目全生命周期的各项 BIM 相关工序都可通过使用适当的模板文件而获益。

BIM 团队需要在项目生命周期中开发各类 BIM 用途的模板文件。

（1）BIM 建模模板　对各专业提前建立项目模板文件有助于保持项目团队所期望达到的信息一致性。下面列出建模模板所需包含的一些关键问题：

- 项目信息；
- 项目所在地点及指北针；
- 单位及计量体系；
- 模型构件对象库及其命名；
- 空间命名规范；
- 符号及标注样式；
- 线宽、填充及其他样式；
- 概念设计阶段工程量清单相关表格。

（2）管综协调模板　使用 BIM 进行多专业协调，要求把项目中各专业模型整合到一个三维环境中。在多专业协调工作过程中，该模板应考虑的因素包括：

- 不同专业所使用的颜色；
- 碰撞检查矩阵模板；
- 碰撞问题报告模板。

（3）工程量清单模板　BIM 模型的模板文件通常包含概念设计阶段工程量清单相关表格。而对详细的工程量提取工作来说，使标准的 BOQ 表单样式包含所选定的算量模板文件是十分重要的。

（4）施工模拟模板　施工模拟模板要求项目初始工期计划的制订达到一定的详细程度，从而能有效地将时间参数与 BIM 模型元素相映射。标准化的进度模板对这个工作过程是必需的。

1.2 BIM 实施计划

BIM 实施计划内容主要涉及：确定 BIM 目标、时间计划、技术路线、团队架构、构件库、数据管理等。

本书中的 BIM 软件主要选择 Autodesk 开发的系列软件（如 Revit、Navisworks、CAD 及基于其开发的插件）进行讲解，下面对各部分主要内容做简要介绍。

1.2.1　BIM 应用目标和时间计划

根据项目特点和团队能力，确定项目的 BIM 应用目标，列出 BIM 的应用点和 BIM 模型能实现的应用和功能，可为下一步工作提供清晰的方向，BIM 应用点的列出有助于理解完成这些应用所需的时间、资源和技术。

根据 BIM 应用点，结合项目特点，制定 BIM 应用点完成的时间节点。BIM 工作流程是在施工前完成项目的关键决策，与传统工作流相比，前期的时间比较长（如设计阶段）。

1.2.2　BIM 技术路线

BIM 技术路线是指对要达到项目目标准备采取的技术手段、具体步骤及解决关键性问题的方法等在内的研究途径。在明确了 BIM 应用需要实现的业务目标以及 BIM 应用点以后，才能选择相应的 BIM 技术路线，而使用什么 BIM 软件则是 BIM 技术路线的核心内容。

下面以施工企业土建安装和商务成本控制两类典型部门的 BIM 应用情况为例，介绍目前常用的技术路线。

技术路线 1：商务部门根据 CAD 施工图，利用广联达、鲁班及斯维尔和品茗等算量软件建模，计算工程量，进行成本估算。技术部门根据 CAD 图，利用 Revit、Tekla 等建模，进行深化设计、施工模拟、进度管理及质量管理等。

技术路线 2：技术部门根据 CAD 图，利用 Revit（HiBIM）和 Tekla 等建模，进行深化设计、施工模拟、进度管理及质量管理等。商务部门根据技术部门所建的模型进行工程量计算及成本估算。

技术路线 3：商务部门根据 CAD 施工图，利用广联达、鲁班及斯维尔等算量软件建模，进行工程量及成本估算。而技术部门根据商务部门的算量模型进行深化设计、施工过程模拟、施工进度及质量管理等。

技术路线 4：商务部门或技术部门根据 CAD 图，利用 BIM 平台进行快速翻模/建模、优化、算量、出图，进行深化设计、施工模拟、进度和质量控制、成本管理。

各技术路线的优缺点及趋势如下。

技术路线 1 的不足：技术部门和商务部门需要根据各自的业务需求创建两次模型，技术模型和算量模型之间的信息互用还没有成熟到普及应用的程度，此技术路线是目前常用的做法。

技术路线 2 是一个模型从技术部门到商务部门的应用，减少重复建模的工作量，目前已有多例成功案例，也是 BIM 发展的趋势。

技术路线 3 虽然也减少了重复建模，从算量模型到技术应用，目前还没有类似的尝试，无论从技术上还是业务流程上，其合理性和可行性都值得商榷。

技术路线 4 是 BIM 应用的趋势：一次建模，数据一次录入，各阶段可用。如目前在民用建筑领域广泛应用的 Revit 平台可避免模型互导，提高工作效率。

1.2.3　BIM 团队组建

组建 BIM 团队，并给予 BIM 团队以特定的角色，并令其承担起责任，对于实现组织级和项目级的 BIM 实施是很有必要的。此处给出 BIM 团队所需基本人员及基本架构，如图 1.10 所示，企业可根据实际情况进行调整。

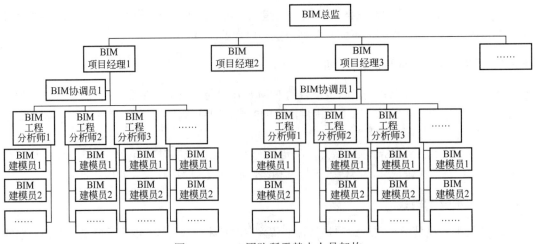

图 1.10 BIM 团队所需基本人员架构

（1）BIM 总监 BIM 总监属于企业级管理层角色，是领导所有 BIM 发展方向的领导型角色。这个角色在其他管理团队和专职于 BIM 的员工之间搭建起沟通的桥梁，指导 BIM 经理来保证公司对其 BIM 远景展望进行规划并完成。

BIM 总监不需要有关于软件的细节技术知识，但这个角色应该对 BIM 的深度有所了解，掌握企业资源。BIM 总监应该对市面上不同的 BIM 工具有大体的了解，帮助组织挑选产品，确定合适的 BIM 技术。

一个有经验的 BIM 总监的关键职责包括但不限于如下。

- 向管理层传授、灌输 BIM 理念，让领导对 BIM 进行投资和支持 BIM 实施。
- 组建 BIM 团队，包含内部成员和外部成员。
- 鼓励团队研究和学习新技术，组织培训。
- 领导 BIM 应用工作，包括标准和方法的开发。
- 通过管理新试点项目来测试新方法，并在必要时协调员工间的工作。
- 与软件销售商和代理商保持联系，了解 BIM 软件发展动向。
- 在各种活动和客户见面会上通过演讲和报告的形式为组织的 BIM 能力做市场宣传。
- 开发 BIM 的市场宣传策略并协调 BIM 所需资源。
- 与市场总监合作，保证组织良好的市场形象。

（2）BIM 项目经理 作为组织内一切 BIM 事项的单一联络人，BIM 经理需要有深度的技术和管理能力，这个角色是发起、管理和维护 BIM 实施过程的关键。

在组织层级上，BIM 经理应该按照既定方针和远景规划指导核心应用团队。BIM 经理应监控 BIM 实施的所有阶段并及时领导团队完成计划目标。在特定项目的层级上，BIM 经理应当具有专家级的技术水平，来指导协调员和 BIM 工程师在正确的方向上完成项目任务。BIM 经理应能够在所有项目上进行设定并推行一致的标准，然后定期检查模型的质量。

一个有经验的 BIM 经理的关键责任如下。

- 开发和汇报针对 BIM 实施的组织级的 BIM 路线图。
- 指导 BIM 实施团队向既定的 BIM 目标前进。
- 记录、汇报 BIM 实施的状态。
- 开发组织级的 BIM 工作流程和标准来给所有项目使用。
- 开发一个组织层面的知识分享平台来支持团队间更好的交流。
- 与 BIM 总监紧密合作来保证工作团队清楚地了解管理层的展望和规划。

- 根据实施计划为所有员工提供培训。
- 根据项目团队的人员技能管理项目专有的培训需求。
- 与 BIM 总监紧密合作开发项目专有的 BIM 标准。
- 在全项目上指导团队理解一致并使用相应的 BIM 标准。
- 保证模型质量，监控项目信息。
- 通过管理 BIM 协调员来支持内、外部合作。
- 致力于组织层级的改变，使工作步骤更有效、更有可持续性。

（3）BIM 协调员　在 BIM 经理负责组织项目层级 BIM 工作的同时，BIM 协调员常致力于一个或多个项目的 BIM 工作。因为管理项目专有 BIM 具体工作通常耗时并且时间要求紧迫，BIM 协调员是同时进行多个 BIM 项目的重要角色之一。

BIM 协调员应具有优秀的交流能力，同时还应具备关于软件方面的较高的技术水平，在组织层面上能够参与 BIM 系统的制定。除了有与 BIM 相关的工作经验之外，还需要对一个多方参与的施工项目的所有专业都有大体的了解，来帮助协调项目各方。

BIM 协调员的关键责任如下。
- 支持 BIM 经理的工作，协助组织级 BIM 系统、模板和标准的开发。
- 为选定的 BIM 项目编辑和管理项目执行计划。
- 以实现最佳工作实践和完成最佳 BIM 标准来管理、监控项目 BIM 建模、BIM 应用分析团队。
- 开发项目 BIM 专有构件库，该构件库应符合企业级 BIM 构件库的标准。
- 管理与其他各方和项目业主的 BIM 协调工作。
- 管理所有项目利益干系人的文件分享流程，确保格式正确。
- 定期对挑选的项目和文档做质量分析及质量检查。
- 在完成项目任务的过程中发现 BIM 方法的问题并向 BIM 经理提出解决方案。
- 为内、外部各方做项目专有 BIM 问题的单一联络人。

（4）BIM 工程分析师　此类为项目级 BIM 人员，要掌握专业知识及精通 BIM 软件，结合 BIM 软件和专业知识完成各种专业分析，如日照节能、结构分析、施工模拟、工程量计算及成本分析等。

BIM 工程分析师的关键职责如下。
- 掌握相关的专业知识，并精通所需的 BIM 软件，具备两者结合应用的能力。
- 检查 BIM 建模员提交的模型能否满足专业应用的需求。
- 应用 BIM 软件进行相关的专业分析，如结构分析、日照节能分析、施工模拟、工程量计算和成本分析等。
- 按制图标准，根据 BIM 模型生成准确的二维文档。
- 对存在的问题提出解决方案并在 BIM 模型中进行测试和分析。
- 根据 BIM 标准，为各方特定的 BIM 需求准备协同模型。
- 多方协作时对 BIM 协调员进行支持。

（5）BIM 建模员　在传统意义上，BIM 建模员与 CAD 画图人员是同义词，但前者要学习除建模和审图工具外的更多内容。

BIM 建模人员的关键责任如下。
- 根据企业或项目 BIM 标准，准确创建表达设计意图的 BIM 模型。
- 理解各类办公文档的提交标准和要求。
- 为 BIM 分析师记录和汇报建模过程中发现的问题。

- 协助 BIM 分析师进行 BIM 模型的修改和调整。

组建好 BIM 团队,并对其进行培养,还要能留住人员。因为目前 BIM 人才缺乏,培养和招聘成本高,人员流动过快,不利于团队的稳定。

团队人员的选择,要从基层开始,挑选忠于公司的员工进行培养和发展。组建后要确保团队成员通过定期学习和体验新技术而不断成长来避免其在团队中产生停滞不前的感觉。要实现这一目标,可定期组织知识分享活动和鼓励团队参加建筑行业活动、讲座。

为团队找出合适的 BIM 经理,BIM 总监能管理工作组和管理团队间的交流,而 BIM 经理则在保证 BIM 团队完整性上起到关键作用。一个优秀的 BIM 经理可以通过使用更加快速、有效的工作方法来减轻协调员和建模员的负担。

1.2.4 BIM 构件库

BIM 模型以三维为基础,把建筑构件按性质进行分类,要想快速地建模,就要有建模所需的 BIM 构件库。制定并维护一个可用于本企业内全部项目的并且有计划、有条理的 3D 及 2D 构件对象库,同时不断根据发展进行编制和更新,是非常必要的。

BIM 构件库可分为公司通用构件库和项目构件库。将 BIM 构件库标准化,以及维持该构件库的过程是一个花时间的流程。最好采用渐进、分步骤的方法从最常用的构件开始对构件对象库进行开发。

利用公司通用构件库对所需构件进行开发,还要创建相应的标准。
- 根据建筑构件对象类型(如墙、门等)建立的 Revit 族目录。
- 根据 BIM 工作范围(阶段)制定针对构件库的 LOD 标准。
- 全部构件的标准化建构过程。
- 构件全部类型的基本尺寸信息列表。
- 构件、类型及全部参数信息的命名标准。
- 构件库的维护和审核规范。

实际项目构件是丰富和多样的,很难用通用构件库内的构件完全建立起项目模型(除非通用构件库足够大)。每个项目可根据该项目的设计及当地设计规范建立起一套特殊适用的构件对象库元素。项目构件创建时最好符合通用构件库的标准,以便后期进一步开发后合并入通用构件库。

典型的 BIM 构件应包含如下元素。
- 该构件的三维几何信息。
- 智能化的参数,用以控制项目的大小和可见性等几何属性。
- 包含如产品编号、制造商数据、材质等定义构件特征的信息。

最好以云平台的方式进行管理和共享,也可从网上下载,按企业构件库标准进行编辑,使其达到企业构件库标准后方可加入企业通用构件库。即全公司范围通用的 BIM 构件库的建立和维护要求 BIM 团队按照建模标准、信息标准和审核协议等标准化流程执行。

建立和维护 BIM 构件库的关键因素包括(但不限于)如下几个方面。
- 根据目标的 LOD 标准及项目工作范围(阶段)内的总的 BIM 应用定义 BIM 建模标准。
- 为全部构件类型做好信息和对数矩阵的准备。
- 为全部构件提供一个综合性的材质库以保证一致性。
- 从网上下载已有的 BIM 相关资源作为初始 BIM 模型的出发点。
- 制定从项目专用构件库到企业通过标准构件库的转化流程。
- 保证全部不需要的三维信息和参数都被清理掉,以保证构件库内的构件都没有冗余信息并且是可管理的。

- 经常性维护企业通用 BIM 构件库，以与现存的产品目录相匹配。
- 培训专门人员对企业及项目专用的 BIM 构件库进行开发和维护。

1.2.5 BIM 数据管理

对包含大量项目信息的 BIM 模型的管理是一项至关重要的工作。这要求 BIM 团队对项目的 BIM 应用目标有深入的理解，并据此开发一套组织级数据管理策略。下面主要从数据分类、数据质量、数据安全性、数据交换、命名规则、BIM 文件分解、模型版本、文件夹结构等几个方面来进行讲解。

1.2.5.1 数据分类

数据分类是一个将信息分组管理的过程，信息按照用途和格式属性来分组。所有项目都采用一个标准的数据分类来组织信息，有助于企业级的信息维护。典型的建筑项目要求对多种类型的数据进行管理，如 3D 模型、2D 图纸、技术规范、电子邮件、各种发文等。数据的分类方法有多种，因 BIM 是对随时间而变化的信息进行管理,在此推荐根据时间和要求分为以下四类，如图 1.11 所示。

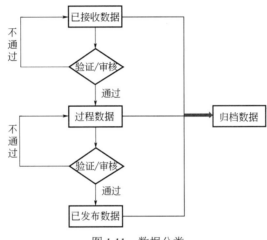

图 1.11　数据分类

（1）过程数据　过程数据是指项目人员为某一项目所制作开发的一组数据（包括模型、图纸、文件等）。此类文件通常仅用于项目团队内部成员交流，且此类信息通常被认为仅为草稿。

（2）已发布数据　已发布数据是指那些总部以外的机构如设计咨询公司、分公司等，完成分享或即将分享信息。过程数据应在合适的审阅、质量检查和审批程序后考虑是否适合对外发布。已发布数据管理的关键在于确保所要求的各方能够获取这些信息。

（3）已接收数据　当在有多方合作的环境里工作时，每一方的公司总部都会作为一个组织从不同参与方获得不同格式的信息。这些被接收的信息应该根据其发出方及信息类型（模型、图纸等）进行分类。对此类已接收信息进行有条理的管理的重要之处在于，此类信息将被用于创建前述的过程数据文件。

（4）归档数据　归档管理项目全部里程碑节点的信息对每个项目来说都是很重要的。设计流程经常会要求设计团队退回到过去的版本进行参考，甚至整个设计都回到旧版本。对项目的信息进行归档，则为项目提供了好的文件记录历史。

1.2.5.2 数据质量

需要经常性地检查数据的信息质量，并确保各项制定的标准得到合理使用。根据制定的标准，将检查项制成表格，定期对数据进行检查。主要考虑如下方面。

（1）过程质量　BIM 过程管理要求团队对所使用的流程进行测试，以确保其与 BIM 应用和组织目标相一致。对任何 BIM 过程质量的考评都需要一系列定量的指标。

进行过程质量检查时要考虑的重要方面如下。

- 团队成员对新工作流程的适应能力。
- 在交付过程和沟通方面客户的满意度。
- 生产率和效率的损失与增长对比。

（2）模型质量　在项目中，对模型质量的检查是质量检查活动中最为重要的一项。对 BIM 模型的三维信息进行检查，这些信息检查大致分为四类：视觉检查、碰撞检查、合规性检查以及模型检查。

检查过程中应重点考虑如下问题。

- 对三维几何信息的准确性以及建模做法进行检查，目的是避免在模型中出现构件碰撞或重复构件。
- 对项目所用模板是否正确以及工作集组织结构是否符合标准进行检查。
- 对包含命名规则以及二维图形标准如字体、线宽等的 BIM 标准的准确性进行检查。
- 对包含在三维元素中的非几何信息进行基于 LOD 检查清单和应遵循系列标准的检查，看是否符合其目标。

通常 BIM 建模工具自带检查模型质量的功能，如 Autodesk Revit 中的模型警告。目前市场上也有一些特定的模型审阅软件，带有对多种模型构件对象进行碰撞检查和基于设定规则进行设计检查等功能，如 Solibri Model Checker、Autodesk Navisworks 等。

（3）质量控制方法　项目团队应该明确 BIM 应用的总体质量控制方法，确保每个阶段信息交换前的模型质量，应在 BIM 应用流程中加入模型质量控制的判定节点。每个 BIM 模型在创建之前，都应该预先计划模型创建的内容和详细程度、模型文件格式，以及模型更新的责任方和模型分发的范围。建模员及 BIM 分析师应对其提交的模型质量负责，在提交模型前检查模型和信息是否满足模型详细程度要求。每次模型质量控制检查都要有确认文档，记录做过的检查项目以及检查结果，这将作为 BIM 应用报告的一部分存档。项目经理对每个修正后再版的模型质量负责。可参考以下质量控制方法。

- 模型与工程项目的符合性检查。
- 不同模型元素之间的相互关系检查。
- 模型与相应标准规定的符合性检查。
- 模型信息的准确性和完整性检查。

1.2.5.3 数据安全性

在 BIM 应用中，安全性是指当要求相关人员对三维模型及模型中的信息进行管理时保障其安全的方式。主要从以下三个方面来考虑信息安全。

（1）数据所有权和追责　自从 BIM 这种更具有协作性的建筑项目管理方式被引入以来，关于项目生命周期中所创建的各个 BIM 模型由谁所有的争论经常发生。

但是，保证模型的质量却是所有建模各方都应有的责任。在公司内部环境中，对项目团队成员的角色、职责进行清楚的定义，以及支持员工按照标准流程执行，将有助于项目成员对其所产出的模型及信息负责。

（2）归档　归档不应与备份相混淆。经常性对模型进行归档，并在项目每个重要里程碑进行归档有助于项目团队对全部的模型具备一个归档的历史。在项目早期设计阶段，需要退回到一个早先的历史档案的情况很常见。

在制定归档协议时，需要考虑如下关键问题。

- 归档的频率应保证对所有重大的项目设计变更存有备份。
- 公司全员接受关于 BIM 模型文件归档政策方面的特别培训。
- 归档的文件应在项目团队要求时能够随时获取。

（3）备份　备份更多的是指对项目历史文档进行日常的永久性存储，重要文件每天都要备份。IT 经理应制定一个公司范围内的备份方案，并在公司内全部项目中实行。然而，公司全员熟知备份频率和获取备份文件的政策是非常重要的，这有助于项目团队成员在需要时，能够提出获取某组具体备份文件的需求并顺利进行。

1.2.5.4　数据交换

BIM 模型在各个团队之间（包括内部团队和外部团队）进行无缝共享是保证成功协作的关键。利用项目信息管理系统将大大提高所有 BIM 项目的应用价值。

（1）工作共享（内部）　一个公司内的多个项目成员可以在任何时间点上对同一个 BIM 模型进行读取和储存。开发一个 BIM 模型让团队成员基于工作范围来分担、共享工作量，是很重要的。

各个 BIM 建模软件各有其不同的、自带的、执行工作共享的方法（如 Autodesk Revit 的工作集）。透彻理解工作共享的概念，有助于避免信息遗失和在项目后续阶段重新组织文件。

（2）文档共享（外部）　与外部团队成员无缝共享项目信息，对于促进更好的协作是非常重要的。BIM 模型文件明显比传统二维图纸文件的尺寸更大，于是，在项目利益干系人之间共享大的数据，就要求项目团队制定针对本项目的文件共享协议。

在准备该文件共享协议时应考虑以下关键方面。

- 为项目选择正确的工具（自己运营的 FTP 或其他云平台）。
- 对项目利益干系人许可权进行规定，确保按各方工作范围来合理提供正确的信息读取和存储的权限。
- 为外部项目团队成员准备安全的用户名和密码。
- 对文件共享的频率和共享信息质量管理的协议进行设置。

（3）项目信息管理　除了对 BIM 模型在组织内部和外部项目团队间沟通进行管理外，项目中通常还需要项目团队对其他类型的数据如归档文件、文件清单、通知单等不同项目阶段的不同数据进行管理。

基于云技术的项目信息管理工具有其特殊之处，它要求在线进行信息维护，并要对文档及其安全性进行无缝管理。成熟的项目信息管理系统应具有通过浏览器直接对 BIM 模型进行可视化、审阅和评论的功能。

目前广泛使用的项目信息管理系统有 Autodesk360、Buzzsaw、NewForma 以及国内软件厂商鲁班、广联达、品茗、毕埃慕等开发管理系统。

1.2.5.5　命名规则

通常情况下 BIM 应用涉及的参与人员较多，大型项目模型进行拆分后模型文件数量也较多，因此清晰、规范的文件命名将有助于众多参与人员提高对文件名标识理解的效率和准确性。

（1）一般规则

① 文件命名以扼要描述文件内容、简短、明了为原则。

② 命名方式应有一定的规律。

③ 可用中文、英文、数字等计算机操作系统允许的字符。

④ 不要使用空格。

⑤ 可使用字母大小写方式、中划线"-"或下划线"_"来隔开单词。

> 注：推荐采用清单中的项目名称-项目特征-（部位），项目特征可取一项或多项（如厚度、材质、颜色等），部位为可选项，顺序可调整。

（2）模型文件命名　下面以 Revit 为例讲解模型文件命名规则，使用其他软件也可参考采用。

项目名称-区域-楼层或标高-专业-系统-描述-中心或本地文件-软件版本.rvt。

① 项目名称（可选）。对于大型项目，由于模型拆分后文件较多，每个模型文件都带项目名称显得累赘。

② 区域（可选）。识别模型是项目的哪个建筑、地区、阶段或分区。

③ 楼层或标高（可选）。识别模型文件是哪个楼层或标高（或一组标高）。

④ 专业。识别模型文件属于建筑、结构、给水排水、暖通空调、电气等专业，具体内容与企业原有专业类别匹配。

⑤ 系统（可选）。在各专业下细分的子系统类型，如给水排水专业的喷淋系统。

⑥ 描述（可选）。描述性字段，用于说明文件中的内容，避免与其他字段重复。此信息可用于解释前面的字段，或进一步说明所包含数据的其他方面。

⑦ 中心文件/本地文件（模型使用工作集时的强制要求）。对于使用工作集的文件，必须在文件名的末尾添加"-CENTRAL"或"-LOCAL"，以识别模型文件的本地文件或中心文件类型。

⑧ 软件（模型）版本（可选）。如果在最初规定并且所有成员都使用同一版本可不加，否则要加上。

1.2.5.6　BIM 文件分解

鉴于目前计算机软硬件的性能限制，大多数情况下整个项目都使用单一模型文件进行工作是不太可能实现的，因此必须对模型进行拆分。不同的建模软件和硬件环境对于模型的处理能力会有所不同，模型拆分也没有硬性的标准和规则，需根据实际情况灵活处理，以下是实际项目操作中比较常用的模型拆分建议。

（1）一般模型拆分原则　模型拆分的目的一是为了团队成员间更好地协同工作；二是避免由于单个模型文件过大造成的工作效率降低。通过模型拆分达到以下目的：

① 多用户访问；

② 提高大型项目的操作效率；

③ 实现不同专业间的协作。

模型拆分应遵循以下方式。

① 模型拆分时采用的方法，应尽量考虑所有相关 BIM 应用团队（包括内部和外部的团队）的需求。

② 应在 BIM 应用的早期，由具有经验的工程技术人员设定拆分方法，尽量避免在早期创建孤立的、单用户文件，然后随着模型的规模不断增大或设计团队成员不断增多，被动进行模型拆分的做法。

③ 一般按建筑、结构、水暖电专业来组织模型文件，建筑模型仅包含建筑数据（对于复杂幕墙建议单独建立幕墙模型），结构模型仅包含结构数据，水暖电专业要视使用的软件和协同工作模式而定，以 Revit 为例介绍如下。

- 使用工作集模式，则水暖电各专业都在同一模型文件里分别建模，以便于专业协调。

- 使用链接模式，则水暖电各专业分别建立各自专业的模型文件，相互通过链接的方式进行专业协调。

- 根据一般的硬件配置，一般建议单专业模型，其面积控制在 8000 m^2 以内；多专业模型（水暖电各专业都在同一模型文件里），其面积控制在 5000 m^2 以内，单文件的大小一般不超过 100MB，如计算机性能较好则可适当放宽。
- 为了避免重复或协调错误，应明确规定并记录每部分数据的责任人。
- 如果一个项目中要包含多个模型，应考虑创建一个"容器"文件，其作用就是将多个模型组合在一起，供专业协调和冲突检测时使用。

典型的模型拆分方法见表 1.10。

表 1.10　典型的模型拆分方法

专业（链接）	拆分（链接或工作集）
建筑	（1）依据建筑分区拆分 （2）依据楼号拆分 （3）依据施工缝拆分 （4）依据楼层拆分 （5）依据建筑构件拆分
幕墙（如果是独立建模）	（1）依据建筑立面拆分 （2）依据建筑分区拆分
结构	（1）依据结构分区拆分 （2）依据楼号拆分 （3）依据施工缝拆分 （4）依据楼层拆分 （5）依据结构构件拆分
机电专业	（1）依据建筑分区拆分 （2）依据楼号拆分 （3）依据施工缝拆分 （4）依据楼层拆分 （5）依据系统/子系统拆分

（2）工作集模型拆分原则　借助"工作集"机制，多个用户可以通过一个"中心文件"和多个同步的"本地"副本，同时处理一个模型文件。若合理使用，工作集机制可大幅提高大型、多用户项目的效率。工作集模型拆分原则如下。

① 应以合适的方式建立工作集，并把每个图元指定到工作集。可以逐个指定，也可以按照类别、位置、任务分配等信息进行批量指定。该部分的工作应统一由项目经理或专业负责人完成，基本操作步骤可参阅协同设计章节中心文件方式。

② 为了提高硬件性能，建议仅打开必要的工作集。

③ 建立工作集后，建议在文件名后面添加-CENTRALAK-LOCAL 后缀。

对于使用工作集的所有人员，应将原模型复制到本地硬盘来创建一份模型的"本地"副本，而不是通过打开中心文件再进行"另存为"操作。

通过"链接"机制，用户可以在模型中引用更多的几何图形和数据作为外部参照。链接的数据可以是一个项目的其他部分，也可以是来自另一专业团队或外部公司的数据。链接模型拆分原则如下。

① 可根据不同的目的使用不同的"容器"文件，每个"容器"只包含其中的一部分模型。

② 在细分模型时，应考虑到任务如何分配，尽量减少用户在不同模型之间切换。

③ 模型链接时，应采用"原点对原点"的插入机制。

④ 在跨专业的模型链接情况下，参与项目的每个专业（无论是内部还是外部团队）都应拥有自己的模型，并对该模型的内容负责。一个专业团队可链接另一个专业团队的共享模型作

为参考。

1.2.5.7　模型版本

BIM 软件（如 Revit）的高版本能打开低版本，但高版本无法保存成低版本。团队最好选择同一软件平台的同一版本，使用不同版本会造成管理的麻烦，进行多版本管理时应考虑如下几个关键问题。

- 文件名应体现软件（模型）版本，并具备单独的文件夹结构。
- 对不同的模型版本在同一归档文件中进行索引可避免出图工作半途而废。
- 如有可能，只对设计选项（与目的相匹配）所要求的信息建立特殊的研究模型。
- 在设计决策后、模型准备好要发布前，预留时间来完善所需要的如二维图纸等项目信息。
- 确保对所有模型中设计变化及所需传递的信息进行记录。

1.2.5.8　文件夹结构

以下目录结构以比较详细和实用的英国 BIM 标准为基础调整而成，采用中英文对照方式，使用时根据实际项目情况选择。

① 标准模板、图框、族和项目手册等通用数据保存在中央服务器或云平台中，并实施访问权限管理。

📁 BIM 资源（BIM_Resource）
　　📁 Revit
　　　　📁 族库（Families）　　　　　　　　　　　　【族文件】
　　　　📁 标准（Standards）　　　　　　　　　　　　【标准文档】
　　　　📁 样板（Templates）　　　　　　　　　　　　【样板文档】
　　　　📁 图框（Titleblocks）　　　　　　　　　　　【图框文件】

② 项目文件夹。项目数据也统一集中保存在中央服务器上（云平台上），采用 Revit 工作集模式时，只有"本地副本"才存放在客户端的本地硬盘上。以下中央服务器上项目文件夹的结构和命名方式可作为参照，在实际项目中还应根据项目实际情况进行调整。

项目名称（Project Name）
　　📁 01-工作文档（WIP）　　　　　　　　　　　　【工作文件夹】
　　　　📁 BIM 模型（BIM_Models）　　　　　　　　【BIM 模型文件】
　　　　📁 出图（Sheet_Files）　　　　　　　　　　【基于 BIM 模型导出的 dwg 图纸】
　　　　📁 输出（Export）　　　　　　　　　　　　　【输出给其他分析软件使用的模型】
　　　　　　📁 结构分析模型
　　　　　　📁 建筑性能分析模型
　　　　　　📁 场地分析模型
　　　　　　📁 施工模拟模型
　　　　　　📁 算量模型
　　　　📁 02-对外共享（Shared）　　　　　　　　　【给对外协作方的数据】
　　　　　　📁 BIM 模型（BIM_Models）
　　　　　　📁 CAD（Structure）
　　　　　　📁 文件、图片、视频
　　　　📁 03-发布　　　　　　　　　　　　　　　　【发布的数据】
　　　　　　📁 年.月.日_描述　　　　　　　　　　　【日期和描述】
　　　　　　📁 年.月.日_描述　　　　　　　　　　　【日期和描述】

```
      □04-存档（Archived）                 【存档数据】
         □年.月.日_描述                      【日期和描述】
         □年.月.日_描述                      【日期和描述】
      □05-接收（Incoming）                 【接收文件夹】
         □开发商（投资方）
         □施工方
         □其他
```

1.2.5.9 色彩规定

为了方便项目参与各方协同工作时易于理解模型的组成，特别是水暖电模型系统较多，通过对不同专业和系统模型赋予不同的模型颜色，将有利于直观快速识别模型。

（1）建筑专业/结构专业　各构件使用系统默认的颜色进行绘制，建模过程中，发现问题的构件使用红色进行标记。

（2）给水排水专业/暖通专业/电气专业　BIM 模型色彩颜色见表 1.11，此表参照《中国建筑股份有限公司设计勘察业务标准》的 CAD 图层标准为基础编制，以保持连续性和便于对照使用。相对于 CAD 标准，颜色一样但使用线型区分的系统，BIM 颜色略做调整，并在备注中说明。

表 1.11　BIM 模型色彩颜色

内　容	CAD 色号	线　型	CAD RGB	BIM RGB	备　注
生活给水	3	实线	0, 255, 0	0, 255, 0	
生活废水	7	虚线	255, 255, 255	155, 155, 51	调整
生活污水	7	虚线	255, 255, 255	100, 100, 51	调整
生活热水	6	实线	255, 0, 255	255, 0, 255	
通气管				0, 255, 0	
含油废水管				185, 185, 41	
雨水	2	实线	255, 255, 0	255, 255, 0	
中水	96	实线	0, 127, 0	0, 127, 0	
消火栓	1	实线	255, 0, 0	255, 0, 0	
自动喷水	40	实线	255, 191, 0	255, 191, 0	
冷却循环水	5	实线	0, 0, 255	0, 0, 255	
气体灭火	40	实线	255, 191, 0	255, 0, 0	
蒸汽	40	实线	255, 191, 0	255, 191, 0	
送风管	1	实线	255, 0, 0	255, 0, 0	
回风管	2	实线	255, 255, 0	255, 255, 0	
新风管	4	实线	0, 255, 255	0, 255, 255	
排风管	5	实线	0, 0, 255	0, 0, 255	
厨房排风管	202	实线	153, 0, 204	153, 0, 204	
厨房补风管	200	实线	191, 0, 255	191, 0, 255	
消防排烟管	3	实线	0, 255, 0	0, 255, 0	
消防补风管	6	实线	255, 0, 255	255, 0, 255	
楼梯间加压风管	60	实线	191, 255, 0	191, 255, 0	
前室加压风管	85	实线	96, 153, 76	96, 153, 76	
空调冷冻水供水管	4	实线	0, 255, 255	0, 255, 255	
空调冷冻水回水管	4	虚线	0, 255, 255	0, 153, 153	调整
空调冷凝水管	5	虚线	0, 0, 255	0, 0, 255	
空调冷却水供水管	6	实线	255, 0, 255	255, 0, 255	
空调冷却水回水管	6	虚线	255, 0, 255	153, 0, 153	调整

内　容	CAD 色号	线　型	CAD RGB	BIM RGB	备　注
采暖供水管	1	实线	255，0，0	255，0，0	
采暖回水管	1	虚线	255，0，0	153，0，0	调整
地热盘管	1	实线	255，0，0	255，0，0	
蒸汽管	4	实线	0，255，255	0，255，255	
凝结水管	5	虚线	0，0，255	0，0，255	
补给水管/膨胀水管	2	实线	255，255，0	255，255，0	
制冷剂管	6	实线	255，0，255	255，0，255	
供燃油管	4	实线	0，255，255	0，255，255	
燃气管	6	实线	255，0，255	255，0，255	
通大气/放空管道	2	实线	255，255，0	255，255，0	
压缩空气管	150	实线	0，127，255	0，127，255	
乙炔管	30	实线	255，127，0	255，127，0	
强电桥架	241	实线	255，127，159	255，0，0	
动力桥架				190，0，100	
高压桥架				200，20，200	
照明桥架				200，20，158	
强电综合桥架				28，128，180	
弱电桥架	41	实线	255，223，127	255，223，127	

2 BIM 模型创建

本章以 Autodesk Revit 及基于其开发的插件为例来讲解 BIM 模型的创建。应用 BIM 的原始动力是提高效率，建模在保证质量的前提下，也要提高效率。对于质量，要根据 BIM 需求创建企业的建模规则，可参见前述。翻模阶段，笔者建议使用 Revit 软件结合国内软件开发商基于 Revit 开发的插件，如红瓦建模大师、品茗 HiBIM、晨曦、橄榄山、鸿业等。每家插件各有特色和侧重，翻模的原理基本一样：通过读取 CAD 图层来生成相应的构件，实现批量生成构件以提高翻模效率，建模方面差异较大，主要是根据人们的操作习惯和需要开发的高效命令，即把 Revit 本身的多个命令集成到一起，类似 WORD 里的宏命令。套用专家所说的话：Revit 不能做的，插件也不能做；Revit 能做的，插件能更高效地做。

笔者建议大家先学好 Revit 本身，再去学习各种插件，事半功倍。为了便于讲述，本章以红瓦"建模大师"为例进行讲解。

"建模大师"是由"上海红瓦科技"研发的基于 Revit 的本土化快速建模软件，模块有族库大师、建模大师（通用）、建模大师（建筑）、建模大师（机电）和建模大师（施工），提供了常用模板、族来帮助提高建模效率，如图 2.1 所示。

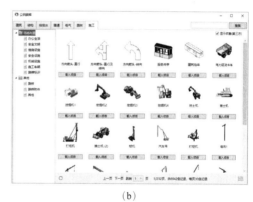

(a)   (b)

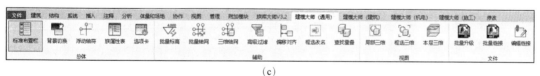

(c)

图 2.1 "建模大师"界面

2.1 项目前的准备

项目前的准备内容很多，具体可参照第 1 章所述，如确定应用目标、制定相关流程和标准、选择相关软件、组建团队等。

本节主要介绍应用 Revit 样板文件的制作。"建模大师"虽然提供了相应的样板文件，网上也能下载相关的样板文件，但作为 Revit 的使用者，还是应该掌握样板文件的制作，才能针对企业和项目的个性化需求做调整和设置，从而满足使用需求。

2.1.1 样板文件制作

项目样板的制作内容：项目浏览器组织、视图样板属性设置、族的载入、构件类型的创建、材质库创建、明细表创建等。为了避免样板文件太大，可以把不同的内容放在不同的样板文件中，应用时通过项目传递的方式传到所需要的项目中。如把墙的各种类型、构造等做在一个"墙体"的样板文件中。样板制作时不可能把所有的族都载入样板中，在此推荐使用族库大师，随时需要，随时载入。

2.1.1.1 项目浏览器组织

"项目浏览器"用于显示当前项目中所有视图、图例、明细表、图纸、族、组、Revit 链接的逻辑层次。展开和折叠各分支时，将显示下一层项目，如图 2.2（a）所示。

若要打开"项目浏览器"，请单击"视图"选项卡 ➤ "窗口"面板 ➤ "用户界面"下拉列表 ➤ "项目浏览器"，或在应用程序（视图）窗口中的任意位置单击鼠标右键，然后单击"浏览器" ➤ "项目浏览器"，如图 2.2（b）所示。

（a） （b）

图 2.2　项目浏览器

项目浏览器目前提供了对项目中所有视图、图例、明细表、图纸、族、组、Revit 链接进行组织和管理。本小节重点讲述如何创建、编辑项目浏览器，以及浏览器属性的设置。

（1）项目浏览器组织的创建　通过右键单击项目浏览器中的视图，如图 2.3（a）所示；选择打开浏览器组织，或"视图"选项卡 ➤ "窗口"面板 ➤ "用户界面"下拉列表 ➤ "浏览器组织"，如图 2.3（b）所示；打开浏览器组织界面，如图 2.3（c）所示；单击新建，在弹出的对话框"创建新的浏览器组织"中输入名称如"通大飞扬"，单击"确定"①，弹出浏览器属性设置对话框，不需要设置则单击"确定"退出，再单击如图 2.3（c）所示的"确定"②，结果如图 2.3（d）所示。

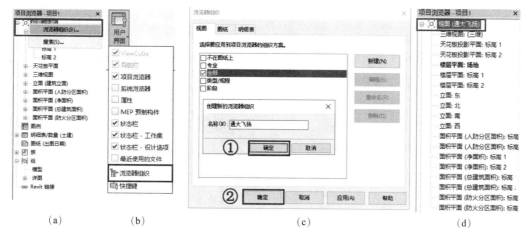

(a)　　　　　(b)　　　　　　　　　　(c)　　　　　　　　　　　　(d)

图 2.3　视图浏览器组织

（2）项目浏览器的编辑　打开浏览器组织对话框，选中刚创建的"通大飞扬"，单击"编辑"，如图 2.4（a）所示，弹出浏览器组织属性对话框，如图 2.4（b）所示。过滤器不设置，成组和排序中，成组条件选"类型"，如图 2.4（b）所示，结果如图 2.4（c）所示。

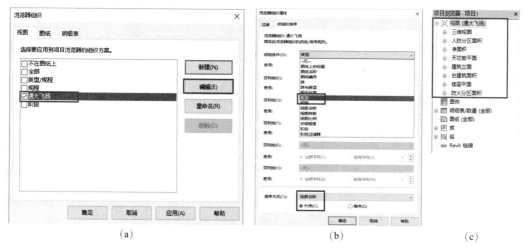

(a)　　　　　　　　　　　　(b)　　　　　　　　　　(c)

图 2.4　浏览器组织编辑

（3）项目浏览器组织的属性　浏览器组织属性目前主要为"过滤"及"成组和排序"。

① 过滤选项卡。使用"浏览器组织属性"对话框的"过滤"选项卡制定组织方案的过滤规则。使用这些规则时在"项目浏览器"中包括特定项目。不匹配规则的会从"项目浏览器"列表中排除。如仅显示与标高 1 关联的项目视图，可以按"相关标高""等于""标高 1"创建过滤器，如图 2.5（a）所示，单击"确定"，结果如图 2.5（b）所示。

> 注：最多可指定 3 个级别的过滤。对于每个过滤器，指定属性以用作过滤条件，设置操作符（等于或不等于）和值。

② 成组和排序。使用"浏览器组织属性"对话框的"成组和排序"选项卡，根据"过滤"选项卡中定义的过滤器来组织"项目浏览器"中显示的视图、图纸或明细表/数量。

如图 2.6（a）所示设置，成组条件选型如①所示，再按相关标高成组如②所示，结果如图 2.6（c）所示。

> 注：Revit2018 可以指定 6 个级别的分组，在组中将按选定属性的升序或降序进行排序。

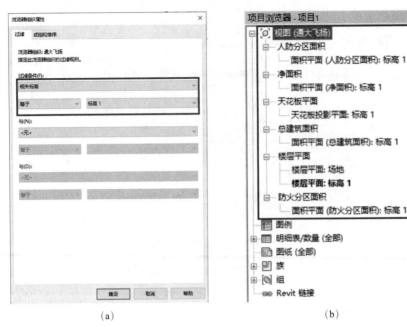

(a) (b)

图 2.5　过滤选项卡设置

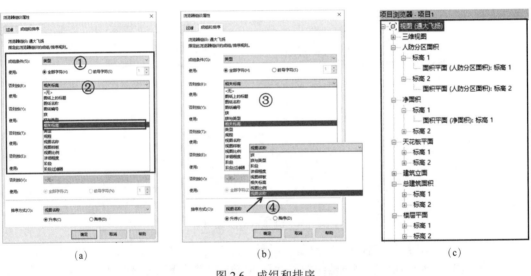

(a) (b) (c)

图 2.6　成组和排序

"成组条件""否则按"：从列表中选择一个属性以用于分组。列表会显示可用于分组的视图、图纸、明细表或数量的属性。如果创建了应用于视图、图纸和明细表类别的参数，则这些参数也会显示在列表中，如图 2.6（b）③所示。

"使用"：指示是按参数值的所有字符，还是按一个或多个前导字符对项目进行分组。

例如，假设图纸名称使用 AB-、AC-、BD-、BE-等前缀，若要根据图纸名称的首字母（A、B 等）将所有图纸分组到一起，请为"使用"选择"前导字符"，并将其设置为等于 1。

"排序方式"：从列表中选择一个属性以用于在组中进行排序。列表会显示可进行排序的视图、图纸或明细表/数量的属性，如图 2.6（b）④所示。自定义参数不适用于作为排序条件。

"升序""降序"：选择选项以表示项目是按升序还是降序进行排序。

2.1.1.2 视图样板属性设置

视图样板是一系列视图属性，例如视图比例、规程、详细程度以及可见性设置。创建视图样板的方法有三种：

- 通过复制现有的视图样板并进行必要的修改来创建新的视图样板；
- 从项目视图对话框中创建视图样板；
- 直接从"图形显示选项"对话框中创建视图样板。

下面分别介绍三种创建方法的操作。

（1）基于现有视图样板创建视图样板

① 单击"视图"选项卡 ▶ "图形"面板 ▶ "视图样板"下拉列表 ▶ "管理视图样板"，如图 2.7（e）所示。

② 在"视图样板"对话框中的"视图样板"下，使用"规程过滤器"和"视图类型过滤器"限制视图样板列表，如图 2.7（a）所示。"规程过滤器"中选项如图 2.7（b）所示，"视图类型过滤器"中选项如图 2.7（c）所示。

③ 在"名称"列表中，选择视图样板以用作新样板的起点，如图 2.7（a）所示。

④ 单击"🗐"（复制），如图 2.7（a）所示。

⑤ 在"新视图样板"对话框中输入样板的名称，然后单击"确定"，如图 2.7（d）所示。

⑥ 根据需要修改视图样板的属性值，如图 2.7（a）所示，视图属性主要参数含义请参见表 2.1。

⑦ 单击"确定"。

> 注：每个视图类型的样板都包含一组不同的视图属性，请为正在创建的样板选择适当的视图类型；如果在视图属性栏中选"包含"选项，可以选择包含在视图样板中的属性。清除"包含"选项可从样板中删除这些属性。对于未包含在视图样板中的属性，不需要指定它们的值。在应用视图样板时不会替换这些视图属性。

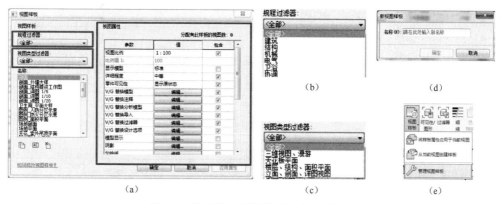

图 2.7 基于现有视图样板创建视图样板

表 2.1 视图属性主要参数含义

名　称	说　明
视图比例	指定视图的比例，如果选择"自定义"，则可以编辑"比例值"属性
比例值 1	指定来自视图比例的比率。如视图比例为 1∶100，则比例值为长宽比 100/1 或 100。选择"视图比例"属性的"自定义"时可以编辑此值
显示模型	通常情况下，"标准"设置显示所有图元，适用于所有非详图视图 （1）"不显示"设置显示详图视图专有图元，这些图元包括线、区域、尺寸标注、文字和符号，不显示模型中的图元 （2）"半色调"设置通常显示详图视图特定的所有图元，而模型图元以半色调显示

名　　称	说　　明
详细程度	将详细程度设置应用于视图中
构件可见性	指定在视图中是否显示从中创建的构件和图元
V/G 替换模型	定义模型类别的可见性/图形替换
V/G 替换注释	定义注释类别的可见性/图形替换
V/G 替换分析模型	定义分析模型类别的可见性/图形替换
V/G 替换导入	单击"编辑"可查看和修改导入类别的可见性选项
V/G 替换过滤器	定义过滤器的可见性/图形替换
V/G 替换工作集	定义工作集的可见性/图形替换
V/G 替换设计选项	定义设计选项的可见性/图形替换
模型显示	定义表面（视觉样式，如线框、隐藏线等）、透明度和轮廓的模型显示选项
背景	对于三维视图，指定要显示的背景，其中包括天空、渐变色或图像
底图方向	对于使用底图的楼层平面和天花板投影平面，指定底图是否显示相应的楼层平面或天花板投影平面 例如，对于天花板投影平面，可以将相应的楼层平面显示为底图，以利于放置照明设备
视图范围	定义平面视图的视图范围

（2）基于项目视图设置创建视图样板

① 在项目浏览器中，选择要从中创建视图样板的视图，如图 2.8（a）所示。

② 单击"视图"选项卡 ➤ "图形"面板 ➤ "视图样板"下拉列表 ➤ "从当前视图创建样板"，如图 2.8（b）所示；或单击鼠标右键并选择"通过视图创建视图样板"，如图 2.8（c）所示。

③ 在"新视图样板"对话框中，输入样板的名称，然后单击"确定"，如图 2.8（d）所示，此时显示"视图样板"对话框，如图 2.7（a）所示。

④ 根据需要修改视图样板的属性值，视图属性主要参数含义，请参见表 2.1。

⑤ 单击"确定"。

注：“包含”选项的含义见前面。

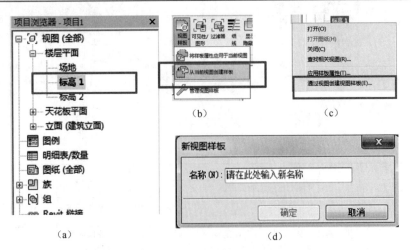

图 2.8　基于项目视图设置创建视图样板

（3）从"图形显示选项"对话框创建视图样板

① 在视图控制栏上，单击"视觉样式" ➤ "图形显示选项"，如图 2.9（a）所示。

② 在"图形显示选项"对话框中，根据需要定义选项，单击"另存为视图样板"，如图 2.9（b）所示。

③ 在"新视图样板"对话框中，输入样板的名称，然后单击"确定"，此时显示"视图样板"对话框，如图 2.9（c）所示。

④ 根据需要修改视图样板的属性值，如图 2.7（a）所示。

⑤ 单击"确定"。

注：新视图样板将反映当前视图的视图类型。

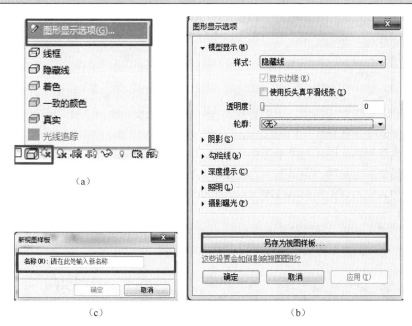

图 2.9 从"图形显示选项"对话框创建视图样板

2.1.1.3 明细表制作

在制作样板时，提前把要统计的工程量明细表做好，明细表的制作方法，参见笔者主编的《BIM 软件之 Revit2018 基础操作教程》，在此重点介绍明细表在项目浏览器中的组织。

① 单击"视图"选项卡 ➤ "窗口"面板 ➤ "用户界面"下拉列表 ➤ "浏览器组织"。

② 在"浏览器组织"对话框中，单击选项卡以获得所需的列表：视图、图纸或明细表，如图 2.10（a）①所示。

③ 单击"新建"，输入组织方案的名称，然后单击"确定"，如图 2.10（a）②、③所示，结果如图 2.10（a）④所示。

④ 在"浏览器组织属性"对话框中，单击"过滤"选项卡，为组织方案指定过滤条件，如图 2.10（b）所示，在此设置为无。

⑤ 单击"分组和排序"选项卡，为组织方案指定分组和排序规则，如图 2.10（c）所示，在此选类别。

注：过滤条件确定把明细表组织到相应组，以及如何在项目浏览器的这些组中进行排序。

⑥ 单击"确定"，结果如图 2.10（d）所示。

| (a) | (b) | (c) | (d) |

图 2.10　明细表创建和组织

2.1.1.4　族的载入

（1）构件族的载入

① 单击"插入"选项卡 ▶ "从库中载入"面板 ▶ "🔽载入族"，如图 2.11（a）所示。

② 在"载入族"对话框中，选中要载入的一个或多个族，如图 2.11（b）所示。

③ 预览类别中的任意族（RFA）。

- 要预览单个族，请从列表中选择一个族。

- 在对话框右上角的"预览"下，会显示该族的缩略图。

- 要在列表中为该类别的所有族显示一个缩略图图像，请在对话框的右上角单击"视图" ▶ "缩略图"。

④ 选择要载入的族，然后单击"打开"，它将显示在项目浏览器中"族"下的相应类别中，如图 2.11（c）所示，现在该族类型就可以放置到项目中。

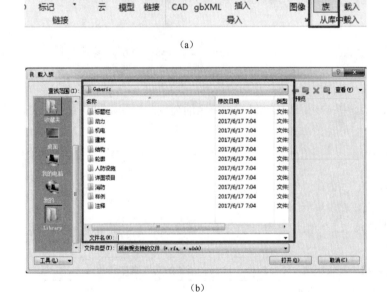

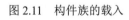

图 2.11　构件族的载入

（2）构件族的载入——传递项目标准

若系统族无法通过载入的方式加入项目中，则可以把系统族的各种设置做成项目（样板）文件，通过"传递项目标准"的方式"载入"另一个项目中。

① 打开源项目和目标项目。

② 在目标项目中，单击"管理"选项卡 ➤ "设置"面板 ➤ "⛶传递 项目标准"，如图2.12（a）所示。

③ 在"选择要复制的项目"对话框中，选择要从中复制的源项目，如图2.12（b）所示。

④ 选择所需的项目标准。要选择所有项目标准，请单击"选择全部（A）"，如图2.12（b）所示。

⑤ 单击"确定"。

> 注：如果显示"重复类型"对话框，选择以下选项之一。
> - 覆盖：传递所有新项目标准，并覆盖复制类型。
> - 仅传递新类型：传递所有新项目标准，并忽略复制类型。
> - 取消：取消操作。

(a)

(b)

图2.12 传递项目标准

（3）族的管理——族库大师

Revit 的灵魂是族，有建模时所需的族，则会极大提高效率。企业所需的族很多，对族的管理和共享也要引起重视。单纯族下载插件较多，如族库大师、品茗 HiBIM 云族库、橄榄山族管家等。要对族进行管理、加密等权限设置，在此推荐红瓦科技的族库大师（图 2.13），其产品主要特色如下。

- 族多：提供七大专业，近万个免费族，是真正云族库，实时在线更新，如图 2.13（a）所示。
- 不仅有普通族还有系统族，按照国标图集制作。

- 按中国设计师习惯分类，无需下载即可查询预览，一键载入，简单方便。
- 支持个人族上传，发布收费。
- 企业族库加密，族文件标记，使用权限分配（浏览、载入、上传和另存），族属性及图形加密。
- 插件端+见面端+管理端：支持各种类型，各种规模 BIM 团队应用。

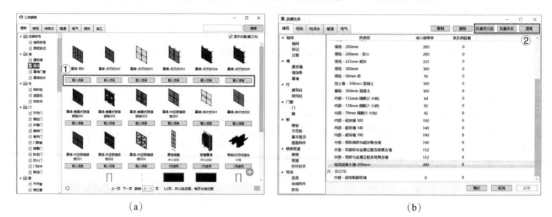

    （a）   （b）

图 2.13 族库大师（族库）

  安装好建模大师后，在选项栏单击"建模大师（通用）" ➤ "标准布置栏"，如图 2.14 所示，可在项目中方便地对族进行管理。单击" 云族库 "，打开族库大师的族库，单击如图 2.13（a）①所示的"载入项目"，则自动添加到相应分类。单击图 2.14 中的"管理"，打开族库大师的族属性表，如图 2.13（b）所示，可对族进行复制、删除、批量改分类、批量改名和清理，如图 2.13（b）②所示。

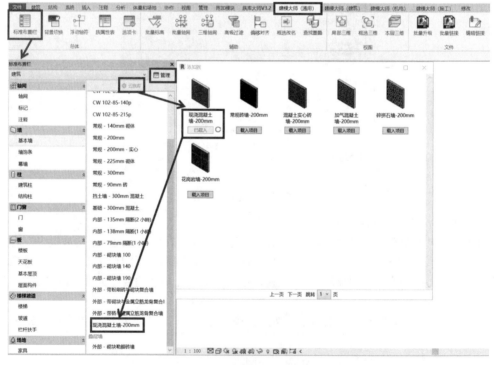

图 2.14 族库大师标准布置栏

2.1.1.5 其他设置

管理选项卡的内容主要有：设置、项目位置、设计选项、管理项目、阶段化、选择、查询、宏。样板制作时，主要是设置选项卡中的材质、对象样式、项目单位、MEP 设置、其他设置等。

（1）材质与对象样式设置 Revit 产品中的材质代表实际的材质，例如混凝土、木材和玻璃。为对象提供真实的外观和行为及物理特性（例如屈服强度和热传导率）支持工程分析。在进行样板制作时要设置好自己的材质库及相应材料外观、物理特性等。可通过管理选项卡，单击"材质"打开材质浏览器，可通过左下角三个按钮来建材质库" "，新建和复制材质" "，打开材质资源浏览器" "，选择相应的材质添加到材质浏览器中，如图 2.15（a）所示，材质库的创建管理，可参照笔者主编的《Revit 操作教程从入门到精通》。

"对象样式"工具可为项目中不同类别和子类别的模型对象、注释对象和导入对象指定线宽、线颜色、线型图案和材质，影响模型、视图的显示以及最后的出图。可通过单击"管理"选项卡 ➤ "设置"面板 ➤ （对象样式），打开对象设置对话框，如图 2.15（b）所示。

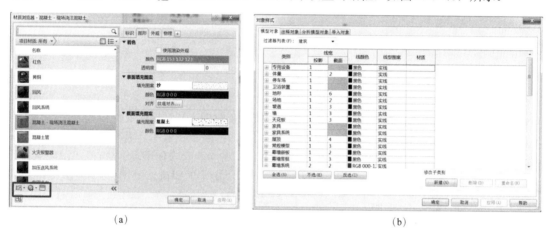

(a)   (b)

图 2.15　材质与对象样式设置

（2）项目单位 可以对项目的单位提前进行设置，如长度、面积、体积、角度、坡度、货币、质量密度，如图 2.16（a）所示，点击要设置的内容，出现格式设置对话框，如图 2.16（b）所示，进行相应的设置即可。

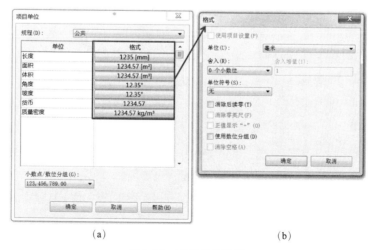

(a)   (b)

图 2.16　项目单位设置

（3）MEP 设置与其他设置 对机电安装则要进行 MEP 的设置，如图 2.17（a）所示，点击"机械设置"对风管、管道的角度、尺寸等进行设置，如图 2.17（b）所示。

为了更好表现，还要在其他设置中对填充样式、材质资源、线样式、线宽、详图索引标记、立面标记、剖面标记、箭头、临时尺寸标注、详细程度等按要求设置，如图 2.17（c）所示。

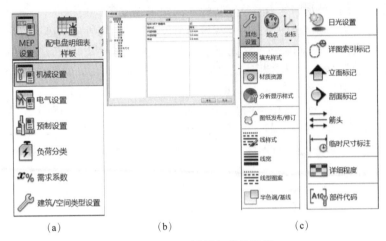

图 2.17 MEP 设置与其他设置

（4）清除未使用项 按要求（制图、个人习惯、企业规定）对样板文件设置好后，对于有些不需要的内容，可以清除，以减小样板文件的大小，提高查找效率。需要用到清理未使用项选项时，通过单击"管理"选项卡 ▶ "设置"面板 ▶ ▊▊（清除未使用项），打开"清除未使用项"对话框，如图 2.18 所示，选择要清理的项，点击"确定"即可。

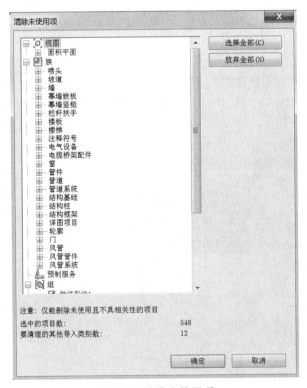

图 2.18 清除未使用项

2.1.2 地点与坐标

单击"管理"选项卡 ➤ "项目位置"面板 ➤ "🌐地点",如图 2.19（a）所示，从而在地图上指定项目的实际位置，如街道地址、距离最近的主要城市或经纬度来指定地理位置，如图 2.19（b）所示。Revit 使用 2 个坐标系：测量坐标系和项目坐标系，如图 2.19（c）所示。

（a）　　　　　　　　　　　　　　（b）　　　　　　　　　　　　　　（c）

图 2.19　地点与坐标

2.1.2.1　Revit 中的坐标系

（1）测量坐标系　测量坐标系为建筑模型提供真实世界的关联环境，旨在描述地球表面上的位置。如图 2.19（c）中①所示，"△"表示测量点，主要用于在多个链接的 Revit 或 CAD 文件中创建共享坐标系统，这意味着它的位置在导出和导入文件时最有用，通常用于标明位置关系或项目的绝对坐标点。

（2）项目坐标系　在 Revit 中，项目坐标系的原点即项目基点"⊗"，项目基点作为单个项目的原点，相当于局部坐标系的原点或项目的原点，如图 2.19（c）中②所示。常用于参照建筑物放置位置，还可用于设置"正北"和"项目北"之间的角度差。

（3）内部原点　内部原点是内部坐标系的起点，为在模型中定位所有图元提供了基础。创建新项目时，在默认情况下，项目基点"⊗"和测量点"△"均放置在内部原点上，如图 2.20（a）所示。

> 注：内部原点的位置绝不会移动。

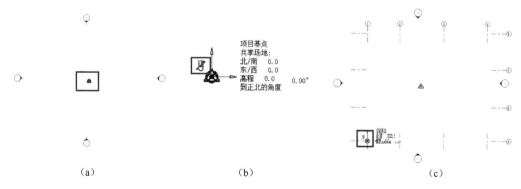

（a）　　　　　　　　　　　　　　（b）　　　　　　　　　　　　　　（c）

图 2.20　项目基点和测量点

● 若要建立项目坐标系，请将项目基点从内部原点位置移动到相应位置，如建筑的一角。选中项目基点，单击项目基点旁边的剪裁符号"⚫"（表示基点的剪裁状态），使其变为"⚫"（未被剪裁状态），如图 2.20（b）所示，将该项目基点拖放到所需位置，并改为剪裁状态，如图 2.20（c）所示。

> 注：如果以后需要将项目基点移回至内部原点，请取消剪裁项目基点并对其单击鼠标右键，然后单击"移动到起动位置"。

● 若要建立测量坐标系，请将测量点从内部原点移动到已知的真实世界位置。

2.1.2.2　地点设置

如图 2.19（b）所示，设置项目的实际位置，步骤如下。

① 单击"管理"选项卡 ➤ "项目位置"面板 ➤ 🌐（位置）。

② 在"位置"选项卡中，在"定义位置依据"下，选择以下选项之一。

● 默认城市列表：允许从列表中选择主要城市，或输入经纬度。

● 互联网地图服务：允许使用交互式地图选择位置，或输入地址（需要互联网连接）。

③ 单击"确定"。

2.1.2.3　共享坐标设置

Revit 坐标在做大型项目中会给人们带来方便。如某综合项目中有两个单体，若在一个文件中做所有项目，比较不方便，随项目增大，对计算机要求也在增加。可分别做单体项目，链接进来。为了定位方便，可采用 Revit 中的坐标进行定位，步骤如下。

① 在总项目（场地项目）中，通过参照平面进行定位。

② 两个单体项目的轴网建好，链接进总项目中，通过对齐和旋转调整到相应的位置，如图 2.21（a）所示。

③ 单击"管理"选项卡 ➤ "项目位置"面板 ➤ "坐标"下拉列表 ➤ 📐（发布坐标），将光标放置在链接模型实例上并单击，弹出对话框如图 2.21（b）所示。

④ 默认共享坐标名称是"内部（当前）"，按图 2.21（b）①～④步骤可实现重命名。

⑤ 分别在"项目 2A.rvt"和"项目 2B.rvt"中单独完成项目的创建。

⑥ 单击"插入"选项卡 ➤ "链接"面板 ➤ 🔗（链接 Revit），定位选择"自动-通过共享坐标"，即可。

⑦ 软件自动定位到前面设置的位置。

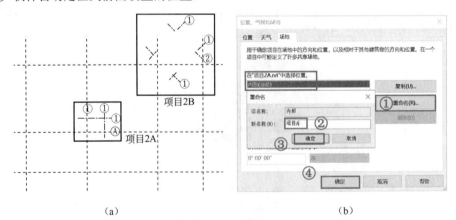

（a）　　　　　　　　　　　　　　　（b）

图 2.21　共享坐标设置

2.1.3 CAD 图的处理

本小节所介绍的主要是针对翻模而言。此时已拿到项目的施工图，通常设计院会把多张 CAD 图放到一个 DWG 文件中，如图 2.22（b）所示，这样链接到 Revit 会很卡还不便操作，因此要先分割为一个文件一张图。分割的方法：一是用 CAD 本身的写块操作；二是利用"品茗图纸分割"工具。笔者推荐用"品茗图纸分割"工具，如图 2.22 所示，本插件无须安装，直接打开，默认在品茗 HiBIM 安装目录下进行图纸分割，可直接把相关文件夹复制到其计算机上，直接使用即可，如图 2.22（a）所示。图纸分割工具使用步骤如下：

① 打开" 图纸分割 "，点击"品茗 CAD 版本选择"，选择需要运行 CAD 的平台，如图 2.22（a）所示，因本机只装 CAD2014，故只有一个选项；

② 点击" 品茗图纸分割.exe "启动功能，进入 CAD 界面，如图 2.22（c）所示，然后打开 CAD 图纸；

③ 点击" 品茗CAD工具 "，单击功能区面板" 分割图纸 "，弹出如图 2.22（e）所示"图纸分割"对话框；

④ 单击图 2.22（e）中的①，设置图纸保存文件夹，单击②添加，进入 CAD 绘图域，框选要分割成单个文件的 CAD 图，单击"空格"，设置链接到 Revit 中的插入点，如图 2.22（d）所示；

⑤ 选择链接到 Revit 中的插入点——通常为轴线的交点，又回到图 2.22（e）的对话框；

⑥ 单击图形名列，可手动输入名称，或单击" ⎵ "在 CAD 图中选择图纸名称，结果如图 2.22（e）③所示；

⑦ 单击"确定"，完成图纸分割。

> 注：插入点为链接到 Revit 中的对齐点，多张图纸应选择同一个点，如某两轴线的交点。

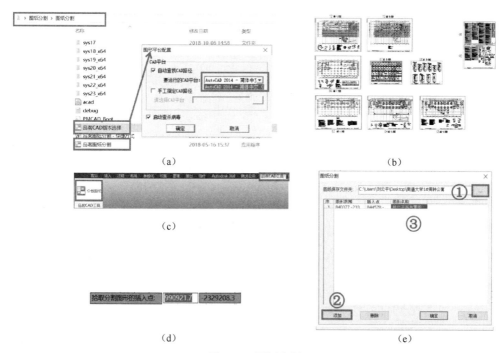

（a）　　　　　　　　　　　　　　　（b）

（c）　　　　　　　　　　　　　　　　　　　　　

拾取分割图形的插入点： 990921.7　-2329208.3

（d）　　　　　　　　　　　　　　　（e）

图 2.22　图纸分割

2.2 模型创建（土建）

本书选择南通大学青年教师 1 号周转公寓作为案例进行讲解。

2.2.1 建模实施计划

（1）工程概况

① 建设单位：南通大学。

② 建设地点：南通大学主校区北二门西侧。

③ 建筑面积：20569m^2（地上），主体地上 13 层，地下 1 层，面积 3157m^2（地下）。

④ 结构形式：钢筋混凝土框架剪力墙结构。

⑤ 建筑尺寸：建筑高度 48.0m，1～42 号轴线距离 90.75m，A～L 轴线距离 19.7m，抗震缝在 23 号和 24 号轴线之间。

（2）BIM 目标　①对土建部分图纸进行会审，发现问题；②地下室管网优化，指导施工；③可视化+VR 沟通；④阶段（毛坯）。

（3）文件拆分与命名　本项目为中小型项目，模型不大。计算机配置：AMDR2700，16G，1070Ti 显卡，固态 128G。各模型以楼层拆分为主，采用链接方式，具体见表 2.2。

表 2.2　文件拆分与命名

模型（链接）	拆分（链接或工作集）	文件名称
基础模型	依据标准（楼）层拆分 注：如计算机配置较低，可再以抗震缝进行拆分	A 地下室（含基础）-公共模型-R2018.RVT B01 层-公共模型-R2018.RVT C02 层-公共模型-R2018.RVT D03 层-公共模型-R2018.RVT E04 至 12 层-公共模型-R2018.RVT F13 层-公共模型-R2018.RVT
幕墙/外立面	没有幕墙，外立面和对应层模型建在一个文件里	
毛坯模型	土建依据基础拆分；安装在土建拆分基础上，根据系统/子系统复杂程度进行拆分。本项目安装系统不多，没有进行拆分，都建在一个文件中	A 地下室-土建模型-R2018.RVT B01 层-土建模型-结构-R2018.RVT C02 层-结构-R2018.RVT D03 层-结构-R2018.RVT E04 至 12 层-结构-R2018.RVT F13 层-结构-R2018.RVT

（4）文件夹结构　本项目所采用文件夹的结构如下。

```
项目名称：南通大学青年教师 1 号周转公寓
    ☐ 01-工作文档                    【工作文件夹】
    ☐ BIM 模型                       【BIM 模型文件】
        ☐ 公共模型（主体结构）        【主体结构、基础、地下室】
        ☐ 毛坯                      【在公共模型上做土建（二次构件、建筑构件）、
                                      安装】
        ☐ 工装                      【在毛坯基础上做内（外）墙面、地面、卫生间】
        ☐ 精装                      【在毛坯或工装基础上做室内精装】
        ☐ 竣工                      【在工装或精装基础上做竣工模型】
    ☐ 出图                          【基于 BIM 模型导出的 DWG 图纸】
    ☐ 输出                          【输出给其他分析软件使用的模型】
```

```
        ☐场地分析模型
        ☐施工模拟模型
        ☐算量模型
    ☐ 02-对外共享                    【给甲方、施工和监理方的数据】
        ☐BIM模型                     【.rvt】
        ☐CAD
        ☐文件、图片、视频             【.nwc，.exe，碰撞报告，优化报告，动画】
    ☐03-发布                         【经审核的文件如模型、报告、动画】
        ☐年.月.日_描述               【日期和描述】
        ☐年.月.日_描述               【日期和描述】
    ☐04-存档                         【存档数据】
        ☐年.月.日_描述               【日期和描述】
        ☐年.月.日_描述               【日期和描述】
    ☐05-接收                         【接收文件夹】
        ☐开发商（投资方）
        ☐施工方
        ☐其他
```

（5）熟悉图纸制作项目模板 轴网、标高、墙做法，楼地面做法，外立面做法，建模顺序（选轴网比较全的来生成轴网）。

（6）CAD 图标准及处理 图纸拆分，参见上述。本次所介绍的 CAD 图处理主要指采用翻模软件时能高效地识别所做的工作。目前翻模软件的原理是识别图层并进行翻模，实际是 CAD 图纸信息的利用。但是目前设计院所出 CAD 图纸并没有考虑 Revit 翻模，及国内大多数翻模软件还没有完全智能化，适用于各种情况的翻模软件，前期要对 CAD 图纸进行处理。不同翻模软件，要求不同，大家可查询相关软件厂商的说明书，或咨询其客服。本书以红瓦翻模大师为例进行讲解。

① 通过翻模创建的构件（及尺寸标注）要在相应的图层内，且不能包含其他构件的图层。如梁线要在一个图层内，此图层不能包含别的构件线。

② 桩只支持原位标注，目前不支持如图 2.23（a）所示的集中标注，要改为如图 2.23（b）所示，一个桩对应一个编号。

③ 承台也相应编号，如图 2.23（c）所示。

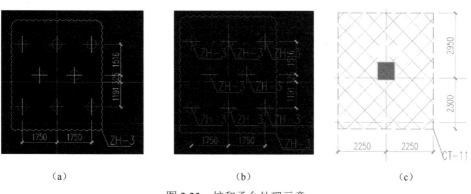

| （a） | （b） | （c） |

图 2.23 桩和承台处理示意

④ 墙线如图 2.24（a）所示，可不封闭，柱线要封闭，如图 2.24（b）和（c）所示。

⑤ 剪力墙边缘构件多为异形，如其边缘线与柱线重合，建议删除柱线。

⑥ 转换后要检查和修改，特别是施工缝两侧、转角墙和柱相交处。如删除多余构件、修改名称不对构件、转角处墙和柱相交时墙会剪切柱，使柱尺寸变小，调整墙到柱边即可。

> 注：可借助建模大师（通用） ▶ 高级过滤，打开高级过滤器，快速选择要查看的图元，如图 2.25 所示。

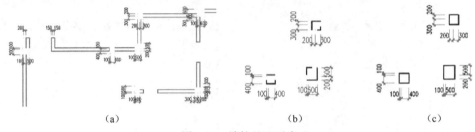

图 2.24　墙柱处理示意

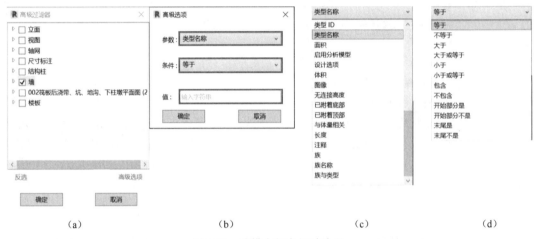

图 2.25　建模大师高级过滤器

（7）样板文件制作　由 BIM 项目经理制作好样板文件，并建好相应的标高轴网（并锁定），制定好相应标准，如文件命名规则、族类型命名规则等。分发给各专业负责人，如土建专业负责人、安装专业负责人。各专业负责人，熟悉图纸，根据样板文件创建各专业的项目文件，载入相应族，创建相应类型，并分配给相应的建模人员进行建模。建模人员要清楚类型命名及建模要求。

采用翻模软件翻模，构件命名原则尽量和图纸保持一致，如桩、基础、梁、墙和柱。采用结构图的命名方式，板采用"楼板+厚度"等。

2.2.2　土建模型创建

建筑工程中，土建部分主要内容为基础工程、主体结构工程、二次结构、抹灰、保温等。本书所指的土建 BIM 模型，与工程中划分是基本相同的：基础部分，结构部分，建筑部分，二次装修，预留洞口，预埋件等。

2.2.2.1　公共 BIM 模型创建

本小节所介绍的公共 BIM 模型，主要指主体结构部分，包含基础部分、主体结构（梁柱板），结构标高如图 2.26 所示。

层名	标高H/m	层高/m	墙混凝土强度等级	柱混凝土强度等级	梁混凝土强度等级	板混凝土强度等级
机房层	52.500					
屋面	48.000	4.50	C30	C30	C30	C30
13	44.360	3.64	C30	C30	C30	C30
12	40.760	3.60	C30	C30	C30	C30
11	37.160	3.60	C30	C30	C30	C30
10	33.560	3.60	C30	C30	C30	C30
9	29.960	3.60	C40	C40	C30	C30
8	26.360	3.60	C40	C40	C30	C30
7	22.760	3.60	C55	C55	C30	C30
6	19.160	3.60	C55	C55	C30	C30
5	15.560	3.60	C55	C55	C30	C30
4	11.960	3.60	C55	C55	C30	C30
3	8.360	3.60	C55	C55	C30	C30
2	4.160	4.20	C55	C55	C30	C30
1	−0.050	4.21	C55	C55	C35	C35
地下室	−4.650	4.60				

结构层楼面标高

结构层高

图 2.26 结构标高

（1）桩基础的创建　本项目桩为预应力混凝土空心管（圆）桩，外径 500mm，内径 125mm，共 334 根，10 种类型，每种类型的桩顶标高和桩底标高均不同，如图 2.27（e）所示。借助红瓦建模大师翻模，通过 Revit 本身的明细表功能进行修改，能大大提高效率。

① 用 BIM 项目经理制作好的样板文件，创建项目，用建模大师（建筑）➤链接 CAD，链接分割和处理好的桩位平面布置图。本项目为空心预应力管桩，先载入相应的族，并创建好相应的族类型，如图 2.27（d）所示。

② 在正负零标高视图中链接桩位平面布置图，建模大师（建筑）➤桩转化，打开桩转化界面，进行桩的转化，如图 2.27（a）～（c）所示。

③ 转化后，在 Revit 中创建明细表，统计桩基础如图 2.27（f）所示。在明细表中一一更改相应的值，与 CAD 图中的桩参数表一致，如图 2.27（e）和（f）所示。

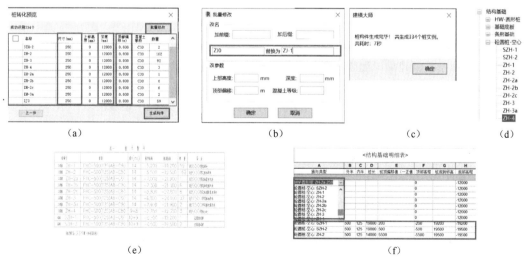

（a）　　　　　　　　　　（b）　　　　　　　　　　（c）　　　　　　　　（d）

（e）　　　　　　　　　　　　　　　　（f）

图 2.27 桩的转化

（2）筏板的创建　本项目筏板厚600mm，两条后浇带，局部筏板加厚。切换到地下室筏板标高视图，导入"筏板后浇带、坑、地沟、下柱墩平面图"，启动楼板命令，通过拾取楼板的边线创建，后浇带采用不同的楼板类型即可，如图 2.28（b）所示。为方便拾取，可打开图形可见性，设置为只显示楼板边界线图层和后浇带图层（可借助 CAD 软件查询相应的图层），如图 2.28（a）所示，以减少绘制楼板采用拾取边界命令时线太多造成的干扰。

> 注：① SZH-1 和 SZH-2 为试桩，在此把标高调整到其长度相应位置；②建模大师（建筑）➤集水井，创建地下室集水井，如图 2.29 所示；③筏板分成六块创建，如图 2.28（b）中①～④所示，其中方框线内为后浇带。

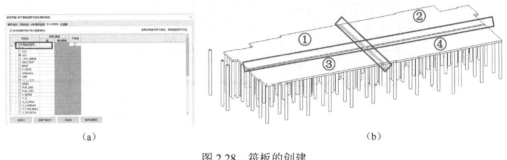

（a）　　　　　　　　　　　　　　　　（b）

图 2.28　筏板的创建

（a）　　　　　　　（b）　　　　　　　（c）　　　　　　　（d）

图 2.29　集水井的创建

（3）下柱墩加厚处的创建　本项目下柱墩厚有两种，尺寸分别为 900mm 和 1500mm，详图如图 2.30 所示，创建加厚处族，载入并创建相应的类型，建模大师（建筑）➤桩转化，转化后，通过明细表进行相应族类型的替换和修改。

（4）地下室竖向构件的创建　地下室竖向构件包括框架柱、墙柱（边缘构件、扶壁柱）和剪力墙。

框架柱和墙柱（剪力墙约束或构造边缘构件）图线不能重叠，如有的图纸在不同图层上，但是重叠，则应分开或删除不需要的。

链接"地下室柱墙配筋平面图"，启动建模大师（建筑）➤柱转化，先转换墙柱（剪力墙约束边缘构件、扶壁柱），再转换柱，如图 2.31（a）和（b）所示。转换后的结果如图 2.31（c）所示。

本项目地下室顶板标高分为三部分，如图 2.32 所示，可借助剖面图进行修改，也可在三维视图中直接选择相应构件修改，下面以剖面图的方式进行讲解。

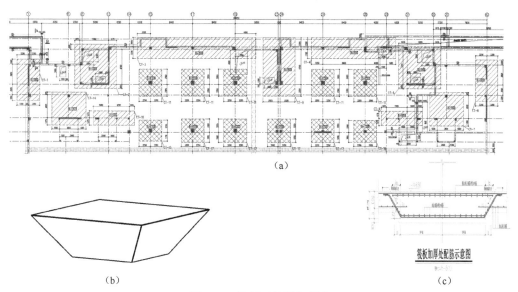

（a）

（b）

筏板加厚处配筋示意图

（c）

图 2.30　筏板下柱墩加厚处

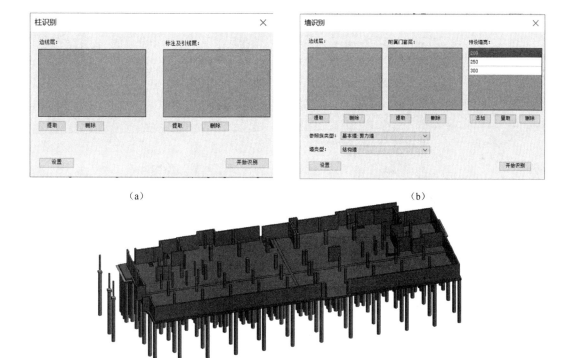

（a）

（b）

（c）

图 2.31　柱和墙创建

① 创建剖面图，设置范围为包含所需选择的柱，如图 2.33（a）所示。

② 打开所创建的剖面视图，框选所有构件，如图 2.33（b）所示；打开过滤器，如图 2.33（c）所示；只勾选柱，如图 2.33（d）所示；单击"确定"，结果如图 2.33（e）所示，只选择剖面框内的柱。

③ 在属性栏中更改柱顶标高的偏移量，如图 2.33（f）所示。

④ 同理选择和修改墙顶标高，如图 2.33（g）所示。

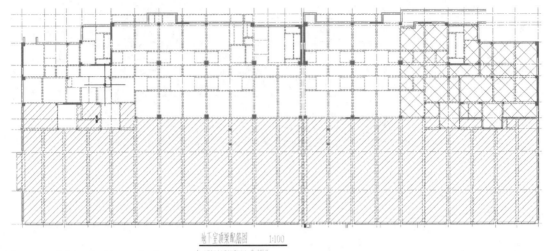

图 2.32 地下室顶板标高

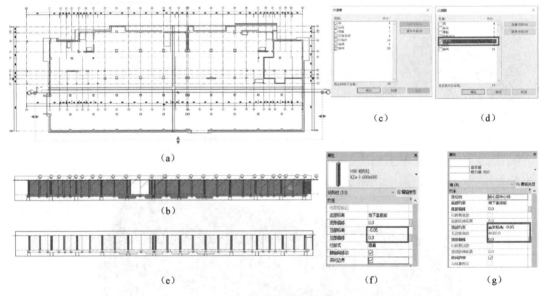

图 2.33 柱顶标高修改

（5）地下室顶梁的创建 把"地下室顶梁配筋图"导入到正负零标高，启动建模大师（建筑） ➤ 梁转化，拾取相应图层如"梁边线层"和"相应标注及引线层"，如图 2.34（a）所示。单击"开始识别"，进入"梁转化预览"，如图 2.34（b）所示，一分多钟能生成 270 根梁，效率还是很高的，如图 2.34（c）所示，对有问题的梁（软件不能识别的梁），把视觉样式调为"着色"或"一致的颜色"模式下，则显示为红色，如图 2.34（d）所示。在三维视图中或借助剖面图可进行快速修改。

（6）地下室顶板的创建 在正负零视图中，链接"地下室顶板配筋图"，启动楼板：结构，创建结构楼板类型"楼板 250mm"，通过拾取 CAD 图楼板边缘线进行创建。如有施工缝、后浇带、高差的要分开创建。

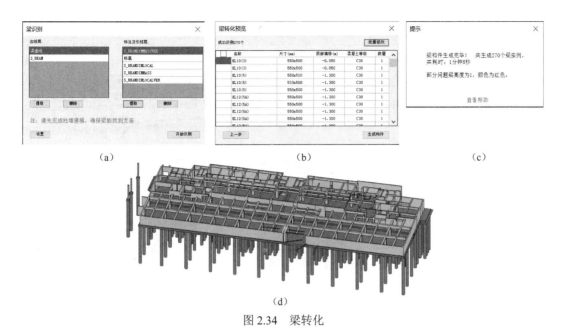

（a） （b） （c）

（d）

图 2.34 梁转化

（7）一层竖向构件修改　链接"-0.050～11.960m 柱墙平法施工图"，创建一、二、三层公共模型的中结构柱、墙和边缘构件。本层约束边缘构件 YBZ16 尺寸过大，软件识别为 Z0，可借助建模大师（通用）➤"高级过滤器"快速选择转化异常构件，如图 2.35（a）所示，在类型属性中进行重命名即可，如图 2.35（b）所示。本层在 28～42 号轴线间的柱和墙底标高为-0.75m，可利用剖面图，借助过滤器，分别选择柱和墙，在实例属性栏中，修改其底部偏移值为"-700.0"，如图 2.35（c）所示。

（a） （b） （c）

图 2.35 一层竖向构件修改

（8）一层顶梁的创建　此层 CAD 图梁有虚线层和实线层两个图层，在 CAD 图中将两个图层合成一个图层，如把实线层都加到虚线层中。启动建模大师（建筑）➤梁转换，拾取边线层和标注层，即可创建梁模型，如图 2.36（a）所示。红线为转换有问题的梁，借助建模大师（通用）➤高级过滤，启动建模大师的高级过滤器，如图 2.36（b）所示，可知有 36 根梁有问题，大多为如图 2.36（c）和（d）所示位置。对照 CAD 图手动调整即可。

注：也可不合并图层，梁边线拾取实线层和虚线层。

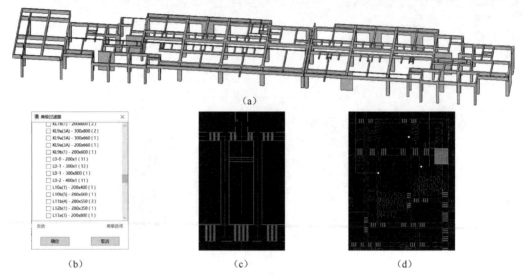

（a）

（b）　　　　　　　　（c）　　　　　　　　（d）

图 2.36　一层顶梁转换

（9）一层顶板的创建　启动建模大师（建筑）➤一键成板，如图 2.37 所示。选择相应的板类型，设置相应的参数，有"框选成板"和"点击成板"两种方式。

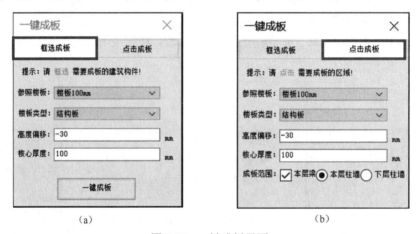

（a）　　　　　　　　　　　　　　　（b）

图 2.37　一键成板界面

（10）其他层的创建　其他层的创建，参照上述方法。原则是先处理 CAD 图，链接到 Revit 中转换竖向构件（柱、剪力墙、墙柱），再处理水平构件（如梁），用建模大师"一键成板"功能，生成楼板。

2.2.2.2　毛坯模型创建

本阶段按实际的工程内容进行建模，土建部分主要为：二次浇筑的结构构件、建筑隔墙、门窗、卫生间防水层、屋面工程、公共部位的地面、墙饰面、吊顶等。安装部分主要为：公用部位、公共设施、各种管道（给水、排水、雨水、暖、热）、电气设备（配电箱、柜、盘、插座、开关、灯具等）等。

（1）二次浇筑构件的创建　本部分构件较多，主要为一些二次浇筑的结构装饰构件，如楼板边缘造型、室外台阶、坡道、构造柱、圈梁、女儿墙压顶等。其特点是多，且很多都没有通用性，可采用 Revit 本身的内建构件创建，对于通用性较强的可创建、可载入族，为提高效率，可采用二次插件，如图 2.38 所示，不限于本书所列插件，如品茗 HiBIM、新点 5D 算量（土建建模）、鸿业乐建等，目的是提高工作效率，满足要求即可。

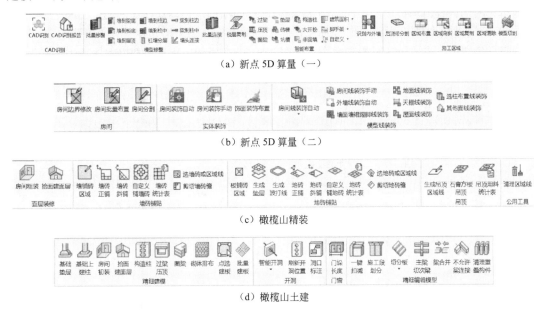

（a）新点 5D 算量（一）

（b）新点 5D 算量（二）

（c）橄榄山精装

（d）橄榄山土建

图 2.38　毛坯阶段 Revit 插件

（2）建筑隔墙的创建　采用建模大师（建筑）▶墙转化"🔲"，启动后如图 2.39（a）所示。

① 分别提取墙线和门窗线的图层，如图 2.39（a）所示；如果有柱图层将墙线断开，最好一起作为门窗图层提取，这样有门窗处的墙为整体，提取流程同上。

② 预设墙宽。预设好需要转化墙的所有宽度，点击"添加"按钮，然后双击修改即可增加新的墙宽，如图 2.39（a）所示。

③ 选择要生成墙类型的参照族类型，即以这个墙为模板创建族类型，除墙宽之外，所有属性参数都继承自参照族类型，如图 2.39（a）所示。

④ 单击如图 2.39（a）所示中的"开始识别"，墙转化预览列表中显示识别到的墙数量及参数[图 2.39（b）]。

⑤ 点击"生成构件"，则生成相应的隔墙[图 2.39（c）]。

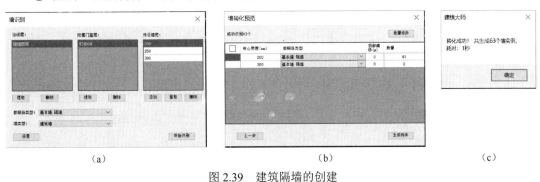

（a）　　　　　　　　　　　　（b）　　　　　　　　　　　　（c）

图 2.39　建筑隔墙的创建

（3）建筑隔墙的处理　采用橄榄山快模（免费版）中墙编辑面板的柱断墙命令和墙齐梁板命令。

① 激活三维视图，先通过建模大师（通用），辅助面板，高级过滤命令，隔离出要处理的隔墙和结构柱。

② 启动橄榄山快模（免费版）中墙编辑面板的柱断墙命令，如图 2.40（a）所示，选择与隔墙相交的结构柱，单击选项栏的"确定"，则选择的结构柱自动切断与其相交的隔墙。

③ 通过建模大师（通用），辅助面板，高级过滤命令，隔离出要齐梁板的隔墙，启动橄榄山快模（免费版）中"墙齐梁板"命令，如图 2.40（b）所示，再选中要处理的隔墙，确定后，结果如图 2.40（c）所示。

（a）   （b）

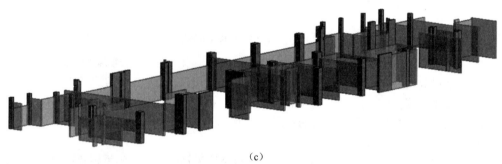

（c）

图 2.40　建筑隔墙处理

④ 如需要移动隔墙的位置，可用 Revit 本身的移动或对齐调整，局部高度调整可用对齐命令或在实例属性栏中更改偏移值；或用插件如新点 5D 算量的模型修整工具，如图 2.41 所示。

注：要把建筑墙在结构柱处先断开，再用墙齐梁板命令。

（a）建模大师   （b）新点5D算量

图 2.41　二次构件创建

（4）门窗创建　采用建模大师进行创建，步骤如下。

① 先载入相应的门窗族，按设计要求创建相应的族类型，如图 2.42（a）所示。

② 启动建模大师（建筑）▶门窗转化，激活门窗识别对话框，选择相应的图层，并选择匹配已有门窗族，如图 2.42（b）所示，单击"开始识别"。

③ 进入门窗转化预览，选择步骤①所建的族类型，进行一一匹配，单击"生成构件"，如图 2.42（c）所示。

④ 对于不能转化的，进行手动建模。

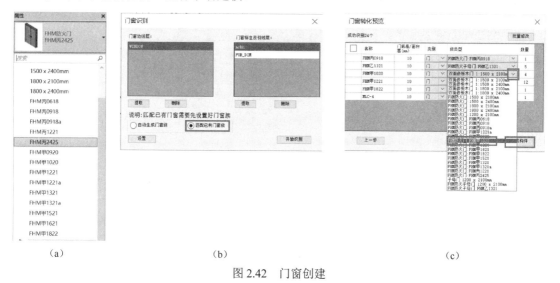

（a）　　　　　　　　　　（b）　　　　　　　　　　（c）

图 2.42　门窗创建

（5）其他土建构件　幕墙可用 Revit 本身的命令实现，特殊构件可用 Revit 的内建构件创建等，在此不一一讲述。构造柱、圈梁、过梁等构件可借助相关插件如新点 5D 算量中的土建建模，智能布置中的相关命令如图 2.43 所示。

图 2.43　新点模型修整和智能布置

（6）安装模型创建　安装模型创建，以红瓦建模大师为例，调整和优化组合新点 5D 算量软件，因内容较多，单独成文，具体参照"2.3 节机电（MEP）模型创建"。

2.2.2.3　工（精）装模型创建

本小节主要介绍饰面做法如何创建，考虑到后期算量，所选插件为新点 5D 算量。主要内容为楼（地）面装饰的创建、墙面装饰的创建、吊顶和天棚等工装 BIM 模型的创建。

新点 5D 算量提供了以房间为单位自动（和手动）创建装饰部位的建模。其原理：在要进行做饰面的构件（如墙面、柱面、梁面等）处再建一面墙。基本步骤如下。

① 先创建饰面墙的类型，如图 2.44（d）所示，命名建议参照清单中的项目名称-项目特征（如材质或厚度等），如墙纸裱糊-卧室-白花纹。

② 对房间进行标记（如根据房间名称），如图 2.44（a）和（b）所示，（a）为新点自带的房间标记功能，（b）为 Revit 软件自带的房间标记功能。

③ 在新点装饰选项卡上单击"房间装饰"，自动弹出如图 2.44（c）所示装饰自动布置的设置对话框。

④ 选择相应的楼层或全部，如图 2.44（c）①所示，在构件定义 ▶ 房间分类中，显示前面已定义的房间名称，单击"相应房间"，如图 2.44（c）②所示，在构件详情中设置相应的装饰面（前面定义的墙类型或天棚类型），如图 2.44（c）③所示。

⑤ 单击图 2.44（c）中右下的"布置"，如需要可勾选"覆盖已有装饰"，结果如图 2.45 所示。

> 注：①如新布置的装饰模型在门窗洞口处没有自动剪切，则启动修改选项卡，几何图形面板，连接命令，选中门窗洞口所要剪切的饰面墙和原来所创建的墙即可；②Revit 操作可参见笔者主编的《BIM 软件之 Revit2018 基础操作教程》。

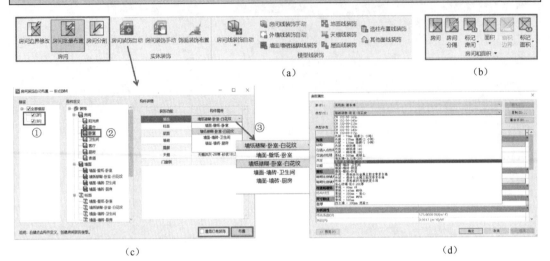

图 2.44 房间装饰 BIM 模型创建

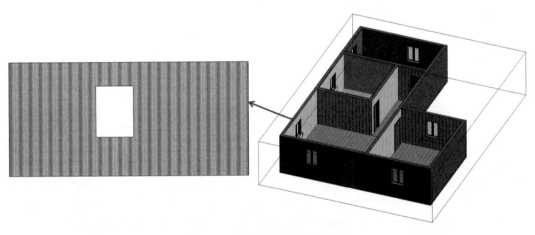

图 2.45 房间装饰自动布置结果

楼地面面层的创建，则在原结构楼板的上面再创建一层建筑楼板作为面层即可，步骤如下。

① 启动创建建筑楼板命令，创建相应的楼板类型，如图 2.46（a）所示；楼板命名建议采用清单中项目名称-项目特征-部位-厚度，如"楼地面装饰-地砖-阳光房-60"。

② 采用 Revit 命令创建楼板，也可采用建模大师的一键成板命令。偏移高度要设为面层厚度，如图 2.46（b）所示。

③ 创建后结果如图 2.45 右侧所示。

> 注：Revit 操作可参见笔者主编的《BIM 软件之 Revit2018 基础操作教程》。

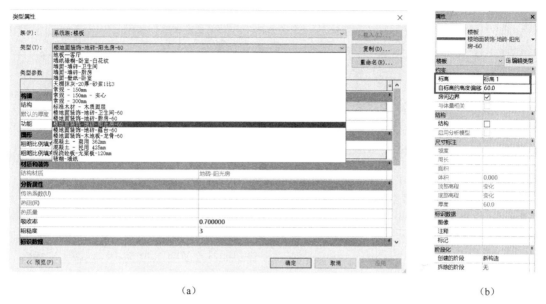

| | (a) | | (b) |

图 2.46　楼板面层创建

对于细部（节）的创建：一是通过创建可载入族；二是通过内建族的方式进行。下面以如图 2.47（d）所示窗套创建为例进行讲解：

① 进入内建模型界面，启动放样命令；

② 拾取窗边线作为放样路径，如图 2.47（a）所示；

③ 创建窗套轮廓，如图 2.47（b）所示；

④ 完成放样命令，选中放样的窗套，设置材质，如图 2.47（c）所示；

⑤ 完成后结果如图 2.47（d）所示。

> 注：Revit 操作可参见笔者主编的《BIM 软件之 Revit2018 基础操作教程》。

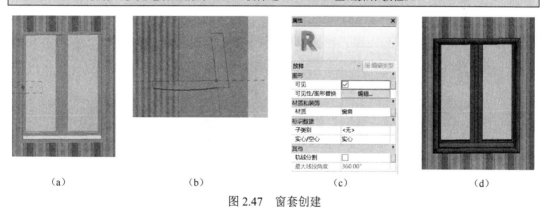

| (a) | (b) | (c) | (d) |

图 2.47　窗套创建

2.3　机电（MEP）模型创建

MEP 为 mechanical、electrical 和 plumbing 的缩写，即机械、电气、管道三个专业的英文缩写。这三个专业不同，BIM 模型的创建都被整合到 Revit 平台中，如图 2.48 所示，创建思路和方法有相同之处，本节对三个系统的模型做逐一简单介绍。如要详细了解，建议参照参考文献中的《AUTODESK REVIT 2015 机电设计应用宝典》。

图 2.48　MEP 功能面板

HVAC[1]是 heating、ventilation 和 air conditioning 的英文缩写，中文名称是供热、通风与空气调节。既代表上述内容的学科和技术，也代表上述学科和技术所涉及的行业及产业。

2.3.1　共享方式选择

BIM 协同方法具有多样性，采用 Autodesk 系列 BIM 软件的协同方式有三种：文件链接、文件集成、中心文件协同。

文件链接方式也称为外部参照，该方式简单、便捷，参与人可以根据需要随时加载模型文件，各专业之间的调整相对独立，是最容易实现的数据级协同方式，仅需要参与协同的各专业用户使用链接功能，将已有 RVT 数据链接至当前模型即可，如图 2.49 所示。适合大型项目、不同专业间或设计人员使用不同软件进行设计的情况。

- 优点：模型性能表现较好，软件操作响应快。
- 缺点：模型数据相对分散，协作的时效性差。

（a）

（b）

图 2.49　文件链接方式

中心文件协同的方式是根据各专业参与人及专业特性划分权限，确定工作范围，各参与人独立完成相应设计工作，将成果同步至中心文件。同时，各参与人也可通过更新本地文件查看其他参与人的工作进度，如图 2.50（a）所示。理论上讲，中心文件协同是最理想的协同工作方式，中心文件协同方式允许多人同时编辑相同模型，既解决了一模型多人同时划分范围建模

---

[1] HVAC 又指一门应用学科，它在世界建筑设计和工程以及制造业中有广泛的影响，各国都有 HVAC 协会，中国建筑学会暖通分会即中国的官方代表机构。传热学、工程热力学、流体力学是其基本理论基础，它的研究和发展方向是为人类提供更加舒适的工作及生活环境。

的问题，又解决了同一模型被多人同时编辑的问题，还允许用户实时查看和编辑当前项目中的任何变化，但其问题是参与的用户越多，管理越复杂，对软硬件处理大量数据的性能表现要求很高，而且采用这种工作方式对团队的整体协同能力有较高要求，实施前需要详细专业策划，所以一般仅在同专业的团队内部采用。

- 优点：对模型进行集中存储，及时性强。
- 缺点：对服务器配置要求高，相关人员要用同一款软件。

中心文件的选取依据项目的规模而定，可以创建包含机电三个专业设计内容的中心文件，也可以创建包含某个或某几个特定专业设计内容的中心文件。通常有如下两种模式。

① 项目规模小，建立一个机电中心文件，水、暖、电各专业建立自己的本地文件，本地文件的数量根据各专业设计人员的数量而定，如图 2.50（b）所示。

② 项目规模大，水、暖、电各专业分别建立自己的中心文件，各专业间再使用链接模型进行协调，如图 2.50（c）所示。设计人员在本专业中心文件的本地文件上工作，如两个给排水设计人员在一个给排水中心文件上创建各自的给排水本地文件。

模式②中各专业模型是独立的，各专业中心文件同步的速度相对较快，如果需要做管线综合，可将三个专业的中心文件互相链接。

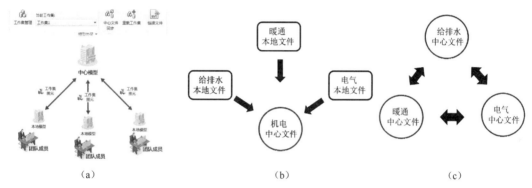

图 2.50　中心文件协同方式

文件集成方式指采用专用集成工具，将不同的模型数据文件都转成集成工具的格式，之后利用集成工具进行整合。集成工具如 Autodesk Navisworks、Bentley Navigator、Tekla BIMsig 可用于整合多种建模软件所创建的项目模型。文件集成把数据"轻量化"处理，在一些大型项目或是多种格式模型数据的整合上是常用的一种方式。缺点是不能对模型数据进行编辑，所有模型数据的修改都需要回到原始的模型文件中进行。

三种方式各有优缺点，用户可根据项目大小、软硬件情况、团队的技术实力进行选择。

2.3.2　样板文件

Revit 样板文件做了很多预设，如族的载入、线样式、视图样板等，选择合适的样板会提高效率。Revit 自带的 MEP 样板有四个，如表 2.3 所示。

表2.3　Revit 自带的 MEP 样板文件

序　号	样 板 名 称	设置针对对象
1	Systems-DefaultCHSCHS.rte（系统样板）	针对暖通、给排水和电气专业
2	Mechanical-DefaultCHSCHS.rte（机械样板）	针对暖通专业
3	Plumbing-DefaultCHSCHS.rte（给排水样板）	针对给排水专业
4	Electrical-DefaultCHSCHS.rte（电气样板）	针对电气专业

用户根据自己的专业选择相应的样板创建项目。当然用户也可创建自己的样板，可参阅相关书籍。

2.3.3 Revit MEP 系统

Revit MEP 系统[●]是一组以逻辑方式连接（物理连接指通常意义上的管道连接）的图元，如给水系统可能包含水管、管件和给水设备。在 Revit 中连续按"Tab"键直至虚线显示所选系统，即可点击鼠标左键选中您要的系统，如图 2.51（a）所示。逻辑方式连接指 Revit 中所规定的设备与设备之间的从属关系，从属关系通过族的连接件进行信息传递，所以设备间的逻辑关系实际上就是连接件之间的逻辑关系。

Revit MEP 系统分类是用于区别不同功能系统的分类，Revit 中预定义的暂不支持用户自定义修改或添加，如水管系统包含其他、其他消防系统、卫生设备、家用冷水等；风管系统包含送风、回风、排风，如图 2.51（b）所示。

Revit MEP 系统类型也是用于区别不同功能系统的分类，类似于"系统分类"的再分类。系统类型支持用户新增，如管道系统，基于卫生设备，通过复制重命名的方式创建污水系统和雨水系统，如图 2.51（c）和（d）所示。

Revit MEP 系统名称是标识系统的字符串，可由软件自动生成，也可以用户自定义。比如一个项目多个污水系统如卫生间污水、厨房污水，可在创建管道系统时创建，如图 2.51（e）所示。

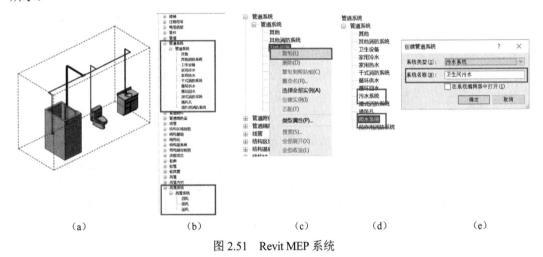

| (a) | (b) | (c) | (d) | (e) |

图 2.51　Revit MEP 系统

2.3.3.1　系统创建

本小节以给排水管道系统为例讲解系统创建的方法和基本概念，暖通和电气系统类似，可参照后面参考文献。

（1）逻辑连接及系统创建　逻辑连接指 Revit 中所规定的设备与设备之间的从属关系，从属关系通过族的连接件进行信息传递，所以设备间的逻辑关系实际上就是连接件之间的逻辑关系。

下面以卫浴装置为例介绍逻辑系统的创建。

① 在视图（平面或三维都可）中选择一个或多个卫浴装置，如图 2.52（a）所示。

② 单击"修改卫浴装置"选项卡 ➤ "创建系统"面板 ➤ ⬚（管道）。

---

❶ 中国著名学者钱学森认为：系统是由相互作用、相互依赖的若干组成部分结合而成的，具有特定功能的有机整体，而且这个有机整体又是它从属的更大系统的组成部分。

③ 在"创建管道系统"对话框中，指定下列内容，如图 2.52（b）所示。

- 系统类型：在视图中选择的装置类型用于确定可以将其指定给哪些类型的系统。对于卫浴系统，默认的系统类型包括"卫生设备""家用冷水""家用热水"和"其他"。
- 选择"卫生设备"。
- 在下面的系统名称中，输入"卫生设备-卫生间"，如图 2.52（b）所示。
- 勾选"在系统编辑器中打开（I）"（如果不需要添加装置或设备可不勾选）。

注：也可以创建自定义的系统类型，以处理其他类型的构件和系统。

④ 单击"确定"。

⑤ 如果"勾选在系统编辑器中打开"，则打开系统编辑器，如图 2.52（c）所示。

⑥ 选择"添加到系统"，在视图中选择要添加的装置，如图 2.52（d）和（e）所示。

⑦ 单击"✔"（完成编辑系统）。

⑧ 在系统浏览器中出现如图 2.52（f）所示的页面，新创建的管道系统"卫生设备-卫生间"。

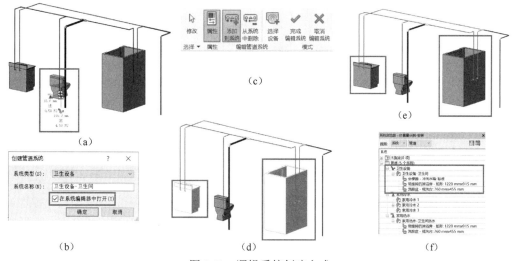

图 2.52　逻辑系统创建方式

用相同的方法可创建所需的系统，没有指定系统的可在系统浏览器"未连接"中查到。

系统逻辑连接完成后，就可以进行物理连接。物理连接指的是完成设备之间的管道连接。逻辑连接和物理连接良好的系统才能被 Revit 识别为一个正确有效的系统，进而使用软件提供的分析计算和统计功能来校核系统流量及压力等参数。

完成物理连接有两种方法：一种是使用 Revit 提供的"生成布局"功能自动完成管道布局连接；另一种是手动绘制管道。"生成布局"适用于项目初期或简单的管道布局，提供简单的管道布局路径，示意管道大致的走向，粗略计算管道的长度、尺寸和管路损失。当项目比较复杂、卫生器具和设备等数量很多，或者当用户需要按照实际施工的图集绘制，精确计算管道的长度、尺寸和管路损失时，使用"生成布局"可能无法满足设计要求，通常需要手动绘制管道。下面对两种方法做简单介绍，详细步骤可参照 Revit 帮助文件。

（2）生成布局　下面以卫生设备排水管道的创建为例讲解排水系统布局的生成，步骤和方法不是唯一的，本小节所介绍的步骤是众多中的一个。

① 打开三维视图和平面视图并平铺，打开系统浏览器，在系统浏览器中选择要创建布局的卫生设备，如"卫生设备-卫生间"，如图 2.53（a）所示。

② 单击"修改/管道系统"选项卡 ➤ "布局"面板 ➤ "生成布局"或"生成占位符"，

此时将出现"生成布局"选项卡，其中提供各种布局工具，如图 2.53（b）所示，布局显示在绘图区域中，如图 2.53（a）所示。

③ 要从布局中删除/添加某个构件，请在"生成布局"选项卡上单击"🔧"（删除）/"🔧"（添加），然后选择该构件；该构件随即显示为白色/灰色，布局和解决方案也随之更新。

> 注：通过在布局中添加和删除构件，可以使布局解决方案尽可能地接近设计意图。

④ 要解决布局的上游端（流量来源和出口），则执行下列操作之一。

- 要创建闭合的布局，或创建包含已经放置并添加到系统中的基准（上游）构件的布局，请继续执行下一步（步骤⑤）。
- 要创建包含上游开放式连接的布局，请在"生成布局"选项卡上单击"🔧"（放置基准），然后将基准控制放置在楼板平面或三维视图中，如图 2.54（a）所示。
- 放置基准后，布局和解决方案即随之进行更新。如果布局转换后删除基准控制，将出现开放式连接。稍后可以将开放式布局连接到同一管道系统中的其他布局。通过该方法可以将较小的"子部件"布局一起连接到已逻辑连接到同一系统的较大布局。

> 注：可以将基准控制与构件放置在同一标高上，也可以放置在不同标高上。基准控制类似于临时基准（上游）构件。建议在放置基准控制后再对其进行修改。

⑤ 在"生成布局"选项卡上，单击"🔧"（解决方案），选择提供的布局与设计意图最为接近的解决方案类型，如图 2.54（b）和（a）所示。

a. 网络。该解决方案围绕为风管系统选择的构件创建一个边界框，然后基于沿着边界框中心线的干管分段提出 6 个解决方案，其中支管与干管分段形成 90°角。

b. 周长。该解决方案围绕为系统选定的构件创建一个边界框，并提出 5 个可能的布线解决方案。有 4 个解决方案以边界框 4 条边中的 3 条边为基础。第 5 个解决方案则以全部 4 条边为基础。可以指定用于确定边界框和构件之间偏移的"嵌入"值。

c. 交点。该解决方案是基于从系统构件的各个连接件延伸出的一对虚拟线作为可能布线而创建的。垂直线从连接件延伸出。从构件延伸出的多条线的相交处是建议解决方案的可能接合处。沿着最短路径提出了 8 个解决方案。

d. 可以使用箭头按钮（◁▷）循环显示所建议的布线解决方案。

⑥ 在选项栏上执行下列操作：单击"设置"，如图 2.53（b）①所示，弹出管道设置对话框如图 2.53（c）所示，设置后，单击"确定"。

> 注：对于"坡度"，如果需要，请指定整个布局的坡度；如果要分别设置各个分段的坡度，请在转换布局后单独修改管段的坡度。

⑦ 要修改布局线，请在"生成布局"选项卡上单击"🔧"（编辑布局），如图 2.53（b）②所示，在绘图区选择要修改的布局线，可进行平移和修改管线高度。

a."✛"平移控制：可以将整条布局线沿着与该布局线垂直的轴移动。如果需要维持系统的连接，将自动添加其他线。连接控制："┴"表示 T 形三通；"┼"表示四通。通过这些连接控制，可以在干管和支管分段之间将 T 形三通或四通连接向左右或上下移动。移动操作仅限于与连接控制符号关联的端点（图 2.54）。"┭"弯头/端点控制：可以使用该控制移动 2 条布局线之间的交点或布局线的端点。此外，还可以使用它合并布局线。如果需要维持系统的连接，将自动添加其他布局线。

b. 只有相邻的布局线才能合并。但是，无法修改连接到系统构件的布局线，因为必须通过它们将构件连接到布局。

c. 一次操作最多只能将一条布局线移到 T 形三通或四通管件处。可以再次选择该线，并将其移过 T 形三通或四通管件。

⑧ 在"生成布局"选项卡上，单击"✔"（完成布局）以生成布局。

> 注：如果转换操作创建的管路不完整，请撤销转换（Ctrl+Z），修改有问题的区域的布局，然后转换布局。

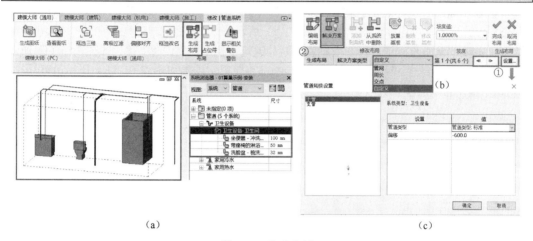

图 2.53　生成布局

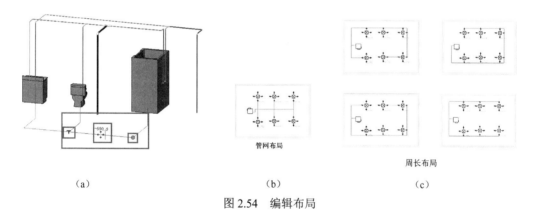

管网布局　　　　　　　　　　周长布局

（a）　　　　　　　　　　　（b）　　　　　　　　　　　（c）

图 2.54　编辑布局

（3）手动绘制　当项目比较复杂、卫生器具和设备等数量很多，或者当用户需要按照实际施工的图集绘制时，通常自动布局无法满足要求，可通过手动绘制管道来完成物理连接。

手动绘制方法不是本书的重点，读者可参照相关资料如 Revit 帮助或《AUTODESK REVIT 2015 机电设计应用宝典》。本小节以水管为例简单介绍管道的手动绘制，主要步骤如下。

① 打开系统视图，如平面视图、三维视图或剖面视图并平铺。

② 依次单击"系统"选项卡 ➤ "卫浴和管道"面板 ➤ 🛁 管道或 ＼ 管道占位符，如图 2.55（a）所示。

③ 在类型选择器中，选择管道类型，设置管道对正方式及高度，如图 2.55（b）所示。

④ 在选项栏，设置管径或偏移值，偏移值和属性栏设置为联动，如图 2.55（c）所示。

• 直径：指定管道的直径。如果无法保持连接，则将显示警告消息。

• 偏移：指定管道相对于当前标高的垂直高程。可以输入偏移值或从建议偏移值列表中选择值。

• 🔓/🔒：锁定/解锁管段的高程。锁定后，管段会始终保持原高程，不能连接处于不同高程的管段。

● 应用：应用当前的选项栏设置。指定偏移以在平面视图中绘制垂直管道时，单击"应用"将在原始偏移高程和所应用的设置之间创建垂直管道。

⑤ 在带坡度管道面板上设置坡度值，如图 2.55（d）所示。

⑥ 在平面图管道起点位置单击鼠标左键，确定管道起点，像画墙一样确定下点位置，如图 2.55（e）所示，可连续绘制，如图 2.55（g）所示。

⑦ 如要绘制垂直管道，可在绘制管段时修改选项栏上的"偏移"值，如图 2.55（f）所示，设置偏移值后，单击"应用"两次，即可绘制垂直管道，结果如图 2.55（h）所示，可以在平面视图中绘制管道的垂直分段。

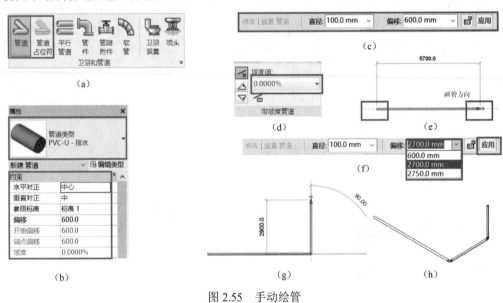

图 2.55　手动绘管

2.3.3.2　管道绘制技巧

管道绘制方法简单，为加快速度，提高效率，常用的诀窍或方法如下。

① 运用多视图。在绘图区域，同时打开平面视图、三维视图和剖面视图，可以增强空间感，从多角度观察边管是否合理。单击"视图"选项卡 ➤ "窗口"面板 ➤ ▤（平铺）或者快捷方式"WT"，可同时查看所有打开的视图。在绘图时，平面视图和三维视图可以通过缩放，将要编辑的绘图区域放大。而立面视图由于构件易重合，不利于选取器具和管道，可采用剖面视图进行辅助设计。

② 除了使用剖面图外，还可以用"临时隐藏/隔离"或"可见性/图形转换"或"工作集"，使视图变得"干净"，方便选取器具、设备、管道、管件和管路附件等。在"工作集"对话框中，通过设置工作集的可见性，控制图元在所有视图中的可见性。较之于修改图元在视图中可见性，更为快捷。

③ 利用连接到工具。此命令用来创建选定构件和管道或风管之间的物理连接。当选中构件（如管件、阀门、器具和设备等）时，如有未连接的连接件，则功能区上下选项卡上会出现"连接到"这个工具。选择要连接到的管道或风管，软件会自动创建管道。

④ 应用"对齐"和"修剪/延伸"工具，实现管道的快速对齐和连接。

⑤ 创建类似图元。选中要创建的某一图元，单击"修改|<图元>"选项卡 ➤ "创建"面板 ➤ ▨（创建类似）。可绘制与选定图元类型相同的图元。如绘制管道时，用该工具使新画的

管道继承前一管道类型，十分便捷。

⑥ 管道坡度设置。通过"坡度"工具绘制具有坡度的管道，要注意如下几点。

• 使用自动"生成布局"功能布置管道，在完成布局后，管道两端被前后"牵制"，坡度很难再修改到统一值，所以在使用该功能时，在指定布局解决方案时，应指定坡度。

• 在手动绘制时，建议按以下顺序绘制管道：该层排水横管从管路最低点（接入该层排水立管处）画起，先画干管，后画支管，并且从低处往高处画。管路最低点的偏移值需预估，其值需保证管路最高点的排水横管能正确连到卫生器具排水口上。

⑦ 添加存水弯　自动布局不会为卫生器具添加存水弯，如果用户在排水系统中体现存水弯，一般有两种方法。

• 在族编辑器中将存水弯和卫生器具建在一起，为了增加这种"组合族"的灵活性，用户可以添加参数调整存水弯在器具下的偏移值，以适应不同排水口高度的要求。这种方法可省去在项目中添加存水弯的工作量。

• 手动添加。添加时要注意存水弯的插入点和方向。建议结合技巧①（运用多视图）按以下步骤添加。

➤ 在剖面上，如图 2.56（a）所示，从卫生器具排水处连接一段立管。

➤ 在平面视图上，将存水弯的插入点对准卫生器具的排水立管连接件后放置存水弯，如图 2.56（b）所示。

➤ 放置存水弯后，如果存水弯排水口方向不对，可以通过按"旋转"符号改变方向，如图 2.56（c）所示。

➤ 旋转方向后，在剖面上，绘制存水弯另一端的立管，如图 2.56（d）所示。

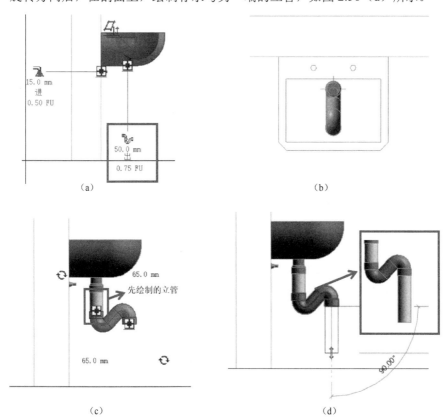

图 2.56　存水弯的添加

⑧ 运用布线解决方案。对于排水管道连接，我国设计规范要求排水横管作 90°水平转弯时，或排水立管与排出管端部的连接，宜采用两个 45°弯头或大转弯半径的 90°弯头。可通过布线解决方案，调整连接方式。

a．在要调整布线或对正的剖面中，至少选择两个管段（不包括管件），如图 2.57（a）所示。

注：如果提示找不到布线解决方案，可删除所选管的连接件，重新选择两个段管，如图 2.57（a）所示。

b．选择相应管线（两条或以上），单击"修改|选择多个"选项卡 ➤ "布局"选项卡 ➤ （布线解决方案），以激活用于调整管道布线的工具，如图 2.57（b）所示。

c．"布线解决方案"面板上将激活下列布线工具，如图 2.57（c）所示。

- 占位符："▥"显示选定布线解决方案的占位符图元。
- 三维图元："▱"显示选定布线解决方案的三维图元。
- 解决方案：第 1 个（共 8 个）可以使用箭头按钮循环显示建议的解决方案。

图 2.57　布线解决方案

d．选择一个解决方案，根据需要，调整布线、添加、删除和拖曳控制点。

e．如果对布线感到满意，请单击"✔"（完成）以应用修改，或单击"✖"（取消）退出布线解决方案编辑器，而不应用这些修改。

⑨ 快速修改管道。绘制管道时，需注意当前应用的"管道类型"。尤其交替绘制多个管道系统，各系统所用的管道类型又各不相同时，应注意及时切换管道类型，否则绘制完毕后再修改管道类型则比较麻烦。下面推荐两种比较快速的修改方法。

- 使用"修改类型"功能快速修改管道，如图 2.58（a）所示。
- 对于连接良好的管道系统，通过创建"管道明细表"，添加"族与类型"字段，可在"族与类型"下拉菜单中替换管道类型，如图 2.58（b）所示。
- 同理，可在"管件明细表"里替换利害攸关类型，如图 2.58（c）所示。该方法的前提是系统连接成功，否则也很难判断出需修改的管道或管件。

⑩ 创建组。项目中经常遇到相同布局的单元，如上下层卫生间或酒店标间卫生间。这时只需连接好一个"标准间"，选择"标准间"所有的器具、设备、管道、管件和附件等图元，创建组，进行复制即可，步骤如下。

a．选择"标准间"所有的器具、设备、管道、管件和附件等图元，如图 2.59（a）所示。

b．单击"修改选项卡" ➤ 创建面板 ➤ （创建模型组），如图 2.59（b）所示。打开组命名对话框，如图 2.59（c）所示，输入组名称。

c．如需要删除或添加相应图元，勾选"在组编辑器打开"，如图 2.59（c）所示。

d．在"组编辑器"面板上，单击" 添加"将图元添加到组，或者单击" 删除"从组中删除图元。完成后，单击"✔完成"。

e．选择相应组，复制，粘贴即可。

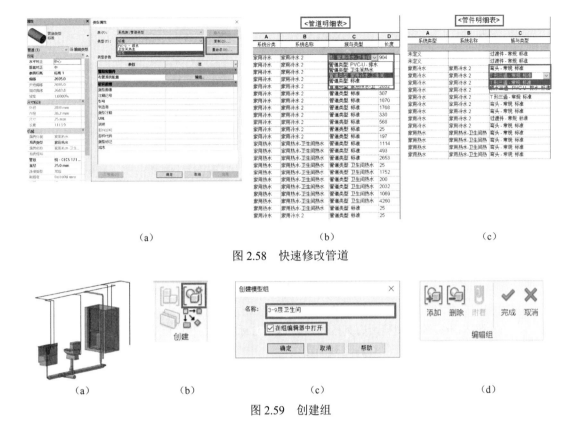

| (a) | (b) | (c) |

图 2.58　快速修改管道

| (a) | (b) | (c) | (d) |

图 2.59　创建组

以上是管道绘制的方法和技巧，用户可根据需要选择相关方法。上面以管道绘制为例讲解，可供绘制风管和桥架时参照。

2.3.3.3　系统浏览器

系统浏览器是一个用于高效查找未指定给系统的构件的工具，单独打开一个窗口，并在窗口中按系统或分区显示项目中各个规程的所有构件的层级列表，如图 2.60（a）所示。可以将窗口悬停在绘图区域上方或下方，也可以将该窗口拖曳到绘图区域中。

若要访问"系统浏览器"，请使用以下任意方法：

● 单击"视图"选项卡 ➤ "窗口"面板 ➤ " 用户界面"下拉列表 ➤ "系统浏览器"，如图 2.60（b）所示；

● 在绘图区域中，单击鼠标右键（上下文菜单）➤ "浏览器" ➤ "系统浏览器"，如图 2.60（c）所示；

● 也可以使用"F9"快捷键显示系统浏览器。

系统浏览器主要功能如下。

（1）自定义视图　利用视图栏中的选项，可以在系统浏览器中对系统进行排序，还可以自定义系统的显示方式。

● 系统：按照针对各个规程创建的主系统和辅助系统显示构件。

● 分区：显示分区和空间。展开每个分区，可以显示分配给该分区的空间。

● 全部规程：针对各个规程（机械、管道和电气），在单独的文件夹中显示构件。管道包括卫浴和消防系统。

● 机械：只显示"机械"规程的构件。

(a)	(b)	(c)

图 2.60　系统浏览器

- 管道：只显示"管道"规程（包括管道、卫浴和消防系统）的构件。
- 电气：只显示"电气"规程的构件。
- 自动调整所有列：调整所有列的宽度，以便与标题文字相匹配。
- 也可以双击列标题，自动调整列的宽度。
- 列设置：打开"列设置"对话框，在该对话框中可以指定针对各个规程显示的列信息。根据需要展开各个类别（常规、机械、管道、电气），然后选择要显示为列标题的属性。也可以选择列，并单击"隐藏"或"显示"以选择在表中显示的列标题。

（2）显示系统信息　根据系统浏览器当前的状态，在表行上单击鼠标右键可以选择下列选项。

- 展开/展开全部：选择"展开"可显示选定文件夹中的内容。选择"展开全部"可显示层级中选定文件夹下的所有文件夹的内容。
- 折叠/折叠全部：关闭选定的文件夹/所有文件夹。虽然不可见，但"折叠"会将所有已展开的子文件夹保持在展开状态。选择"折叠全部"可以关闭选定的文件夹和所有展开的子文件夹。要折叠文件夹，也可以双击分支或单击文件夹旁边的减号（-）。
- 选择：选择系统浏览器和当前视图图纸中的构件。
- 提示：
  ➤ 可以在绘图区域中选择一个构件，以使其在系统浏览器中高亮显示；
  ➤ 可以在系统浏览器和绘图区域中选择多个构件，方法是在选择项时按住"Ctrl"或"Shift"键。
  ➤ 可以在系统浏览器和绘图区域中高亮显示或预先选择一个构件，方法是将光标放在系统浏览器中的条目上。
- 显示：打开包含选定构件的视图。如果选定的构件出现在多个当前打开的视图中，则会打开"显示视图中的图元"对话框，直到单击"显示"多次即可循环查看包含选定构件的视图。每次单击"确定"后，绘图区域中都会显示不同的视图，并且视图中高亮显示了在系统浏览器中选择的构件。
- 如果当前打开的视图中不包含选定的构件，则将会提示打开相应视图，或"取消"操作并关闭该消息。
- 删除：从项目中删除选定的构件。任何孤立的构件都将被移到系统浏览器的"未指定"

文件夹中。

- 属性：打开选定构件的"属性"选项板。

2.3.3.4 管道、风管和桥架设置

（1）类型　风管、管道和桥架都属于系统族，用户不能自行创建，只能复制、编辑和删除族类型，如图 2.61 所示。

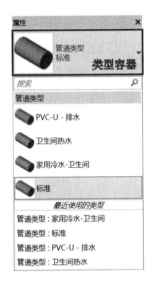
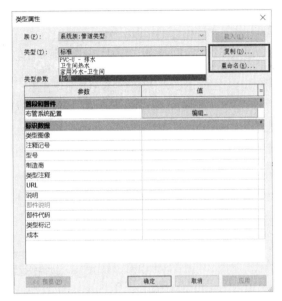

图 2.61　类型

（2）管道设置　管道绘制前，除前面系统创建外，还是进行布管系统的设置和相关机械设置，绘制时才能智能连接，满足使用要求。下面对这两者做简单介绍。

指定布管系统配置，步骤如下。

① 在项目浏览器中，展开"族" ➤ "管道" ➤ "管道类型"，如图 2.62（a）所示。

② 在管道类型上单击鼠标右键，然后单击"类型属性（P）"，如图 2.62（a）所示。

> 注：若在执行管道命令时编辑类型属性，请单击属性栏的" 编辑类型"。

③ 在"类型属性"对话框中的"管段和管件"下，单击"布管系统配置"对应的"编辑"，如图 2.62（b）所示。

④ 在"布管系统配置"对话框中，指定使用时的零件和尺寸范围，如图 2.62（c）所示。

⑤ 在一个布管系统配置中可以添加多个管段。各个零件类型的部分可以添加多个管件（弯头、连接、四通、过渡件、活接头、管帽），如图 2.62（c）所示。

⑥ 如果有多个作为管件的零件满足布局条件，则将使用所列出的第一个零件。可以向上或向下移动行，以更改零件的优先级，如图 2.62（c）所示。

⑦ 在指定零件的尺寸范围时，"无"表示将永远不会使用该零件；"全部"表示将始终使用该零件。在布局后修改管件时，将尺寸范围设置成"无"很有用。在启用约束布管系统配置选项时，尺寸被设置成"无"的管件将显示在"类型选择器"中。

如要不同管段或管径采取不同的连接方式，则可用"添加行/删除行"进行设置，如图 2.62（c）所示，步骤如下。

① 在区域中选择"要添加新行的行/要删除的行"。

② 单击"添加行/删除行"。

如要调整不同连接方式的优先级，可用移动行命令设置，如图 2.62（c）所示。

① 选择要移动的行。

② 单击"向上移动行"或"向下移动行"。

如要添加或修改管段和尺寸，步骤如下。

① 单击"管段和尺寸"，如图 2.62（c）所示。

② 打开机械设置对话框来添加或删除管段，修改其属性，或者添加或删除可用的尺寸，如图 2.63（a）所示。

> 注：进行管道布管时，Revit 首先使用布管系统配置中的设置，如图 2.62（c）所示，然后如有需要，使用"机械设置"中的"角度"设置，如图 2.63（b）所示；如果更改了布管系统配置，并希望更新设计中相同类型的现有管路，请选择现有的管段和管件，并在"修改"选项卡中的编辑面板上单击"重新应用类型"；如果希望更改管路的类型，并使用其他布管系统配置，请在"修改"选项卡中的编辑面板上单击"更改类型"。

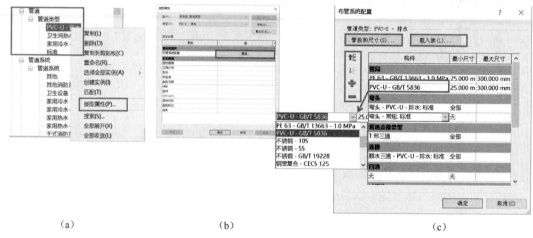

（a）　　　　　　　　　　（b）　　　　　　　　　　（c）

图 2.62　布管系统

如要指定布管时的角度，则打开机械设置对话框[图 2.63（a）]，进行相关设置，如图 2.63（b）所示。如要设置主干管的默认偏移值，可在机械设置转换界面进行设置，如图 2.63（c）所示。显示设置也可在机械设置界面中进行调整和修改，读者可参照 Revit 帮助文件，限于篇幅在此不做详细介绍。

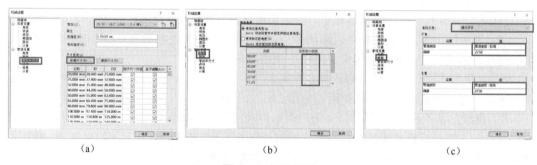

（a）　　　　　　　　　　（b）　　　　　　　　　　（c）

图 2.63　机械设置

（3）风管设置　风管设置方法和位置与管道基本相同，可参照上小节或《Autodesk Revit 2015 机电设计应用宝典》。

（4）桥架设置　桥架建模和管道类似，但是其管件设置在类型属性中，如图 2.64 所示。

（a）　　　　　　　　　　　（b）　　　　　　　　　　　（c）

图 2.64　桥架设置

2.3.4　模型创建

水、暖、电各系统的创建方法各不相同，本书主要介绍施工阶段的应用，此阶段已有 CAD 施工图，主要根据 CAD 施工图创建 MEP 系统并进行模型应用。自动布局适合于设计初期，直接利用 Revit 手动绘制则效率较低，在此推荐使用国内外软件厂商开发的插件，如上海红瓦开发的建模大师、杭州品茗开发的 HiBIM 以及橄榄山等插件。本小节以上海红瓦开发的建模大师为例进行介绍。给排水系统、消防系统、暖通空调系统和电气系统的创建思路类似：创建设备（如卫生洁具、喷头等），建立逻辑连接（系统），创建管道，创建物理连接和阀门等。

用"建模大师"进行 CAD 施工图转换的思路和方法，土建和机电基本相同，如图 2.65 所示，步骤如下：

① 设置好管道系统和布管设置等参数；

② 分割 CAD 图为单张，方法见土建部分，链接分割后的 CAD 图，如图 2.65（a）所示；

③ 启动喷淋转化，如图 2.65（b）所示，选取相应的图层，点击开始识别；

④ 在转化预览中进行相应选择和修改，如图 2.65（c）所示；

⑤ 单击生成构件，转化完成后的结果如图 2.65（d）所示。

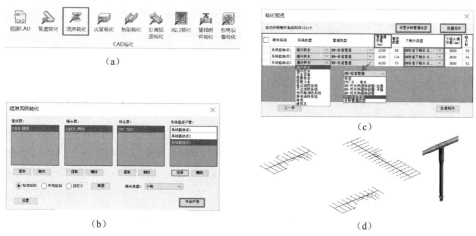

图 2.65　喷淋转化

2.4　模型初步应用

各专业模型建好后，接下来就是模型应用，解决工程问题。下面选几个常用的点为例抛砖引玉。所用工具为 Revit 本身，简述其应用，软件详细操作可参见《Revit2018 基础操作教程》或软件帮助。

2.4.1　显示设置

通过视图控制栏，对显示样式进行控制，如对详细程度、视觉样式、锁定三维视图进行标注，临时隐藏/隔离，对显示隐藏的图元进行相关显示设置，如图 2.66（a）所示，从而使视图展现不同的视觉效果，如图 2.66（b）所示。

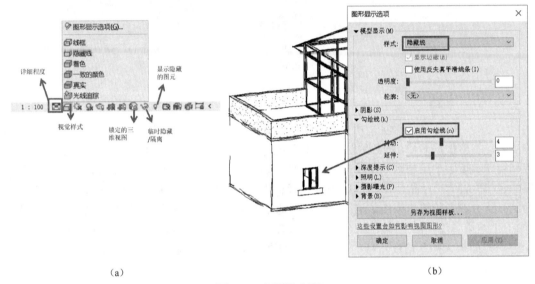

　　（a）　　　　　　　　　　　　　　　　　（b）

图 2.66　视图控制栏

也可通过可见性视图与样板，对视图显示进行设置，如图 2.67 所示。

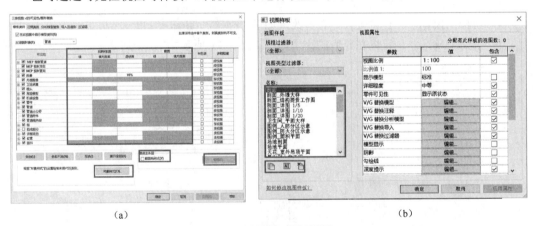

　　（a）　　　　　　　　　　　　　　　　　（b）

图 2.67　视图与样板设置

2.4.2　房间分析

Revit 提供了专用的"房间"构件，可对建筑空间进行细分，并自动（手动）标记房间的编号、面积等参数,还可以自动创建房间颜色填充平面图和图例,下面简述其步骤。

① 创建房间分析视图。带细节复制,并重新命名,结果如图2.68(a)所示。

② 打开创建的房间分析视图,单击"建筑"选项卡 ➤ "房间和面积"面板 ➤ "房间"下拉列表 ➤ "☑房间分隔",如图2.68(b)所示,绘制房间分隔线。

> 注:a. Revit 自动识别墙、幕墙、幕墙系统、楼板、屋顶、天花板、柱子(建筑柱、材质为混凝土的结构柱)、建筑地坪、房间分隔线等构件为房间边界;b. 对a中所述构件,Revit 自动识别为房间,当在大空间进行分隔小空间如客厅中分隔出就餐区和活动区等,用房间分隔线绘制。

③ 创建房间。单击"建筑"选项卡 ➤ "房间和面积"面板 ➤ "☑房间",创建相应房间,如图2.68(b)所示。

> 注:创建房间时,默认选择"在放置时进行标记"如图2.68(c)所示。

④ 如创建时没有选择"在放置时进行标记"标记房间,则可手动标记:依次单击"建筑"选项卡 ➤ "房间和面积"面板 ➤ "标记房间"下拉列表 ➤ "☑标记房间",标记房间或标记所有未标记的对象,如图2.68(b)所示。

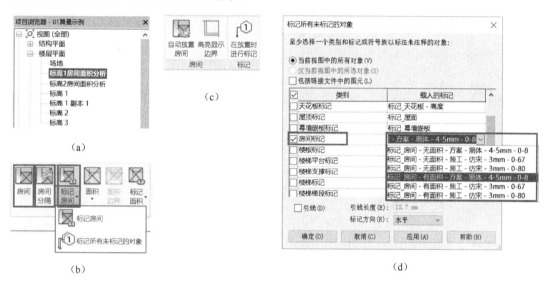

图2.68 房间分隔与标记

⑤ 创建颜色方案。单击"建筑"选项卡 ➤ "房间和面积"面板下拉列表 ➤ "☑颜色方案",如图2.69(a)所示,打开颜色方案对话框,进行颜色方案的创建和编辑,如本例类别选"房间",方案定义中,颜色选"名称",标题可自定义,如图2.69(b)所示。

⑥ 应用颜色方案。打开平面视图,在"属性"选项板中,单击"颜色方案"单元右边的方框,打开"编辑颜色方案",选择相应的方案——方案1,如图2.69(c)所示,点击"确定",结果如图2.70(a)所示。

⑦ 单击"注释"选项卡 ➤ "颜色填充"面板 ➤ "☷图例",单击要放置颜色填充图例的绘图区域,结果如图2.70(b)右上角所示。

⑧ 编辑颜色方案。单击"建筑"选项卡 ➤ "房间和面积"面板下拉列表 ➤ "☑颜色方案",或在相应视图中选中图例,如图2.70(b)右上角所示,再修改颜色填充图例,选编辑方案。

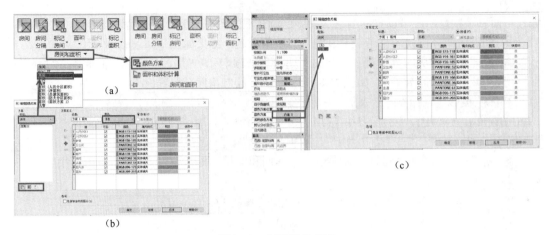

(a)

(b)

(c)

图 2.69　创建颜色方案

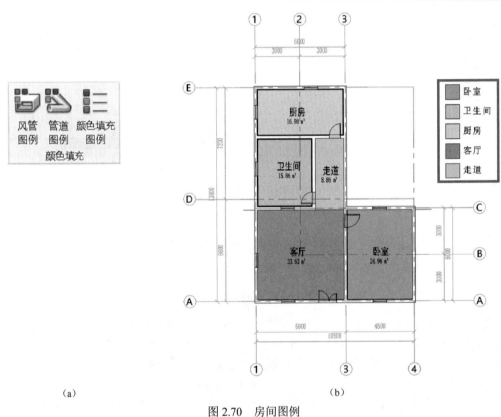

(a)　　　　　　　　　　　　　　　(b)

图 2.70　房间图例

2.4.3　碰撞检查与调整

　　基于此功能，对品茗 HiBIM 进行了二次开发，应用比较方便，如图 2.71 所示，步骤如下：

　　① 单击"模型优化（品茗）"选项卡 ➤ "综合优化"面板 ➤ "碰撞检查"下拉列表 ➤ "⌒⌒运行碰撞检查"，如图 2.71（a）所示；

② 启动碰撞检查界面，如图 2.71（c）所示，选择要检查的项目，本例均选择"风管"和"管道"，选择碰撞方式和碰撞范围，单击"确定"，弹出如图 2.71（b）所示对话框；

③ 如图 2.71（b）所示的对话框，无论选择是或否，都将进入如图 2.71（d）所示的碰撞结果显示对话框；

④ 在如图 2.71（d）所示的对话框选中相应的碰撞选项，则在视图中高亮显示，如图 2.71（d）左侧所示。

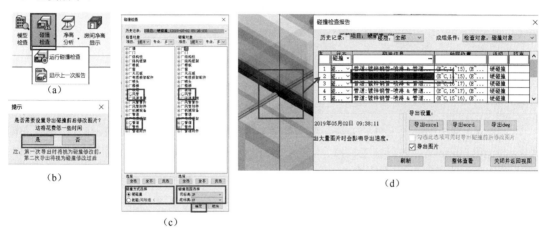

图 2.71　碰撞检查

品茗 HiBIM 在碰撞检查后，可在图 2.71（d）中选中相应碰撞点，随即在三维视图中显示，此时可不退出碰撞检查报告界面，直接启动品茗 HiBIM 机电优化面板中的手动避让或智能避让，如图 2.72（a）所示。启动手动避让，设置相应参数，如图 2.72（b）右侧所示，在主管两边分别选择要绕弯的支管，结果如图 2.72（b）中间所示。

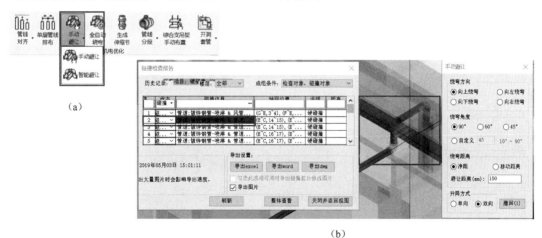

图 2.72　管线避让

2.4.4　工程量统计

此处所指工程量统计，是指 Revit 的明细表功能，如图 2.73 所示，可统计相关工程量，详细操作可参照相关文献。

图 2.73   工程量统计

在 Revit 平台借助其本身功能或相关插件如 HiBIM，还可进行净高分析、开洞、布置支吊架等，借助 Fuzor 插件进行施工模拟、VR（Ensap 插件也可）等应用，在此不一一展开讲解，读者可参照相关软件说明书即可。

3 BIM 正向结构设计

前面介绍了翻模方法，基于已完成施工图的情况——所谓的逆向设计，本章介绍正向设计建模方法，目前国内应用全专业的 BIM 正向设计较少，还处于探索阶段，本章主要介绍应用成熟的结构专业，以 Revit 软件做 BIM 平台，结构 BIM 软件选用了广厦公司基于 Revit 平台开发的 GSRevit。

广厦建筑结构 CAD 是唯一由设计院研发的软件，具备建模 CAD、结构计算、基础设计、自动出图和自动概预算等模块，是完整的建筑结构设计软件，它不仅符合设计者的使用需求，也适用于结构设计软件的教学。其基于 BIM 软件 Revit 开发了建模、加载、GSSAP 参数输入、出图、装配式构件深化等功能。以下主要介绍其基于 Revit 的建模、加载、计算流程和出图，广厦结构 CAD 基于 Revit 开发的命令如图 3.1（a）所示。

图 3.1   广厦结构 CAD 界面与启动

广厦结构 CAD 基于 Revit 版本，应先安装 Revit，再安装广厦结构 CAD，安装完找到如图 3.1（b）所示的图标；先打开 Virbox 用户工具进行注册和登录，如图 3.1（d）所示，再双击（在桌面）或单击（在开始菜单）"结构 CAD 图标"；打开广厦建筑结构 CAD，如图 3.1（e）所示，在此单击新建工程，如图 3.1（e）①所示，再单击 Revit 建模，如图 3.1（e）②所示；如果安装了多个 Revit 版本，则出现如图 3.1（c）所示的 Revit 版本选择界面，选择相应的 Revit 版本，单击"确定"即打开相应的 Revit。

3.1   模型创建

本节讲解主要以广厦结构 CAD 所开发的 Revit 命令为主，要求读者有 Revit 的操作基础。

打开 Revit，到其启动界面，如图 3.2（a）所示，单击"新建"，选择结构样板，如图 3.2（a）①~③所示，进入项目界面，如图 3.2（b）所示。

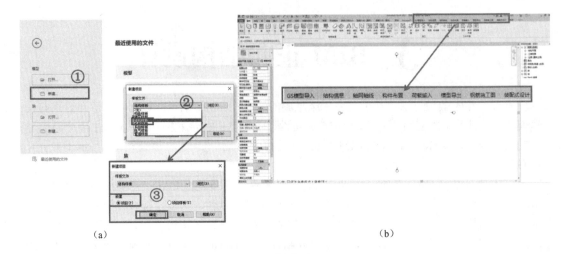

（a）		（b）

图 3.2　创建项目

下面以案例方式讲解软件的建模及计算出图，案例工程概况：某工程为一栋 5 层办公楼，钢筋混凝土框架结构，开间 4.8m×7m，进深 6.0m+内走廊宽（2.4m+6.0m），各层层高均为 4.2m（基础顶标高为-2.000，无地梁层和地下室）。内、外填充墙采用蒸压粉煤灰砖砌筑，墙厚均为 200mm，自重为 18kN/m³。场地土类别为Ⅱ类，抗震设防烈度为 7 度，设计基本地震加速度为 0.15g，场地基本风压 0.5kN/m²（1N/m²=1Pa）。柱截面尺寸可初选 450mm×450mm，主梁截面尺寸初选 250mm×500mm，屋面梁尺寸初选 300mm×600mm，房间内设一道次梁，截面尺寸初选 200mm×400mm，楼板厚 120mm，屋面板厚 150mm，根据要求进行结构模型创建和计算。楼地面做法为贴砖，厚度50mm。面层自重 1.0kN/m²，活荷载 2.5kN/m²；不上人屋面，活荷载 0.5kN/m²，屋面面层自重 2.5kN/m²。

3.1.1　楼层（标高）创建

单击"结构信息"选项卡 ➤ "结构信息"面板 ➤ 📶 "各层信息"，启动各层信息输入对话框。步骤如下：

① 单击"输入建筑总层数"，如图 3.3①所示，在弹出的输入对话框中输入"7"，单击"确定"；

② 在批量命名建筑层名中，起始编号输入"-1"（基础顶编号），如图 3.3②所示，单击"确定"；

③ 修改 0 结构层建筑高度为-2m，如图 3.3③所示，修改相对下层顶的高度，如图 3.3④所示；

④ 可批量修改，选择要修改的数据，单击鼠标右键，选择修改数据，如图3.3⑤所示；

⑤ 单击"确定"，如图 3.3⑥所示，并在 Revit 中修改标高标头，符合习惯，结果如图 3.3 ⑦所示。

> 注：①要结束广厦结构 CAD 命令，应单击 Esc 键；②视图背景色勾选白色；③此处输入的建筑总层数为创建的标高数，为计算总层数+1，不同计算层数各层信息输入示例如图 3.6、图 3.8、图 3.10 所示。

此处的结构层号 0 是指基础顶或柱子的嵌固端，如果柱子嵌固端不一致，则以最低的位置作为标高线，其余标高较高的柱底位置可以用修改标高命令去建模，然后在柱子属性中指定柱底嵌固。

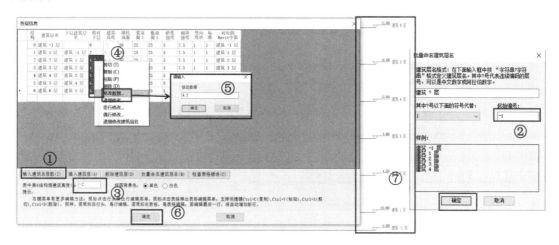

图 3.3　楼层信息输入

如不需要创建正负零标高，本例在建筑总层数中输入 6，起始编号为-1，其余输入如图 3.4 所示。

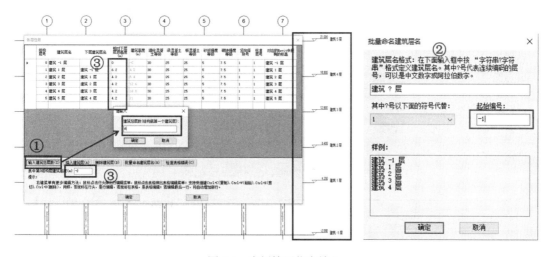

图 3.4　本例楼层信息输入

> 注：底层高指柱子嵌固端起算到上一约束端如楼层处或地梁层处，本例一层结构高为从-2.0m 到标高 4.2m 处。

结构计算总层数不同于建筑楼层，其包括建筑层（包括地下室）、地梁层和鞭梢小楼层。各层信息中设置影响结构总层数。结构计算平面总层数可以是包含承台上拉接地梁的基础层、地下室平面层、上部结构平面层和天面结构层。结构层号从 1 开始到结构计算总层数。后处理生成的结构施工图按建筑层编号，在平法和梁柱的配筋设置对话框中，可在【主菜单】-【参数控制信息】-【施工图控制】中设置建筑二层对应结构录入的第几层来实现结构层号到建筑层号的自动对应。图 3.5～图 3.12 以框架结构举例说明常见情况关于结构层数的划分。

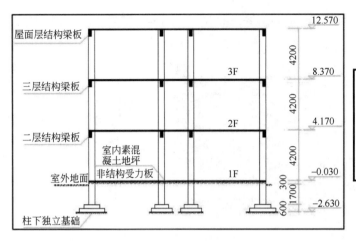

图 3.5　框架结构——无地梁层-结构层数

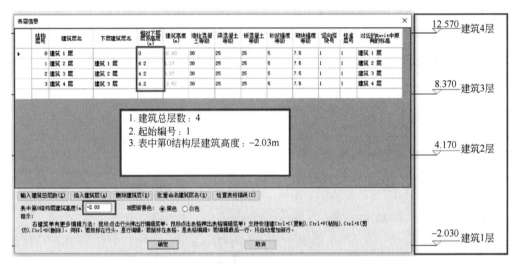

图 3.6　图 3.5 情况下各层信息输入示例

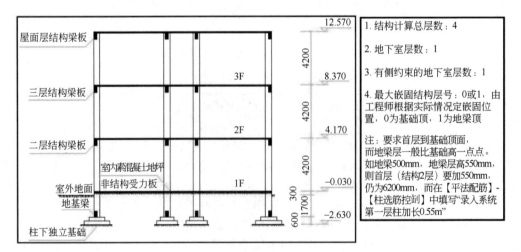

图 3.7　框架结构——有地梁层（地梁底平独基顶面）

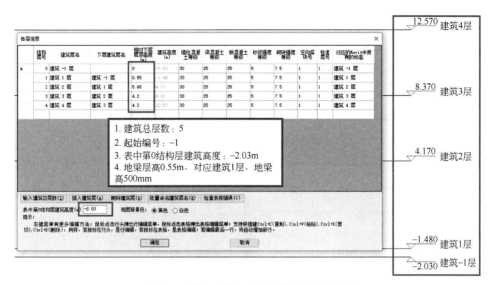

图 3.8　图 3.7 情况下各层信息输入示例

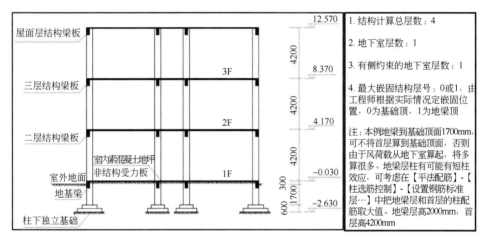

图 3.9　框架结构——有地梁层（梁顶标高平室外地坪）

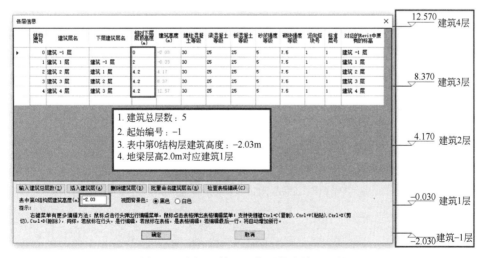

图 3.10　图 3.9 情况下各层信息输入示例

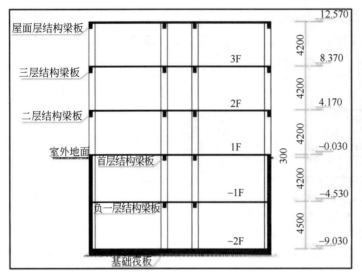

图 3.11　框架结构——两层全地下室

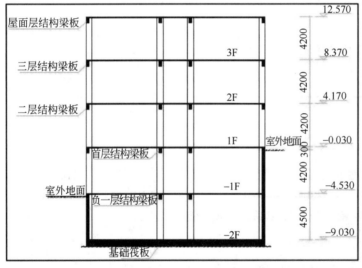

图 3.12　框架结构——一层全地下室、一层半地下室

3.1.2　轴网创建与命名

广厦结构 CAD 开发了正交轴网创建命令，单击"轴网轴线"选项卡 ▶ "输入"面板 ▶ ⊞
"正交轴网"，如图 3.13（b）所示；启动正交轴网创建命令，在上下开间和左右进深输入相应
的数据，如图 3.13（a）所示，单击"确定"；在 Revit 绘图区单击一点（轴网左下角点），结果
如图 3.13（c）所示。圆弧轴网创建如图 3.14 所示，如启动单根轴线，其操作同 Revit 轴网命令。
轴网命名同 Revit 操作，选中要更改名称的轴网，单击"名称"，进行更改。

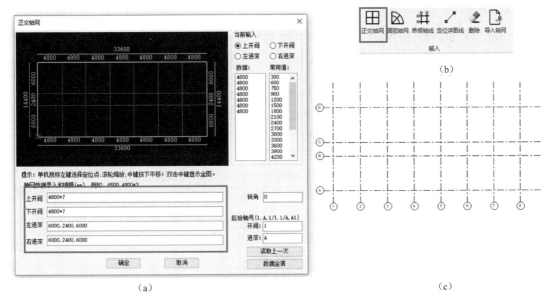

图 3.13　正交轴网创建

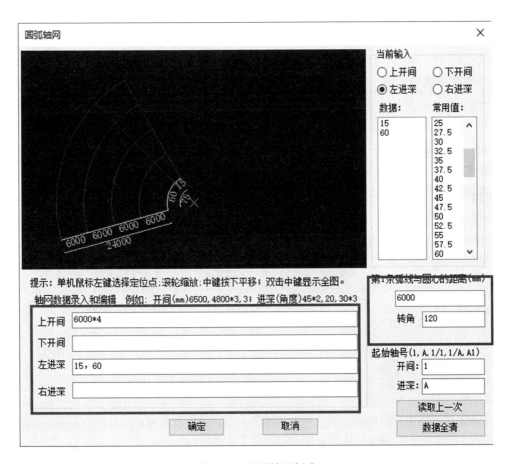

图 3.14　圆弧轴网创建

3.1.3 结构构件的创建

本小节所说的构件的创建，主要包括柱、梁、墙、板和楼梯，因为软件对这几种构件的创建方式基本相同，所以放在一起讲解。

3.1.3.1 柱的创建

广厦结构 CAD 提供了轴点建柱、轴线建梁、轴线建墙、两点建墙、两点建梁、两点建柱、自动布板和角点布板。两点建墙和两点建梁启动后，即为 Revit 本身的操作命令，本小节不做讲解，读者可参考笔者编写的《建筑信息模型 BIM 建模应用丛书——BIM 技术与工程应用》第一版或《Revit 操作教程从入门到精通》的相关内容。本小节主要讲解轴点建柱、轴线建梁、轴线建墙、自动布板和角点布板。

单击"构件布置"选项卡 ➤ "常用输入"面板 ➤ ▮ "轴点建柱"，启动柱创建对话框，如图 3.15（a）所示，步骤如下。

① 单击如图 3.15（a）①所示位置，增加柱截面。

② 在弹出的对话框中，选择相应的截面类型，如图 3.15（b）②所示；输入柱截面尺寸，如图 3.15（b）③所示；单击"确定"[图 3.15（b）④]。

③ 自动创建柱截面类型，并以尺寸命名，如图 3.15（c）⑤所示。

④ 改柱布置参数，如偏心、转角、相对标高偏移距离等，如图 3.15（c）⑥所示。

⑤ 如其他层柱同本层，可勾选多层修改，打开层间编辑控制对话框，如图 3.15（c）⑦所示。

⑥ 在图 3.15（c）⑥中勾选布置方式，为窗选，则软件自动在框选范围内的轴线交点处布置相应柱。

> 注：软件对柱的布置是从上层标高向下进行的，要打开上层的平面视图进行布置，如布置建筑 1 层到 2 层标高视图间的柱，要打开建筑 2 层视图进行布置。

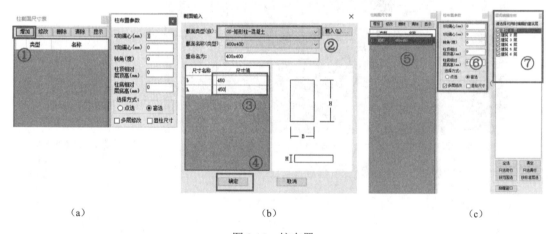

（a）　　　　　　　　　　（b）　　　　　　　　　　（c）

图 3.15 柱布置

3.1.3.2 梁的创建

梁的创建类似于柱的创建，操作为创建梁截面。设置布置参数，选择布置方式，层间编辑设置如图 3.16①～⑦所示，默认梁顶标高为当前激活视图的标高。

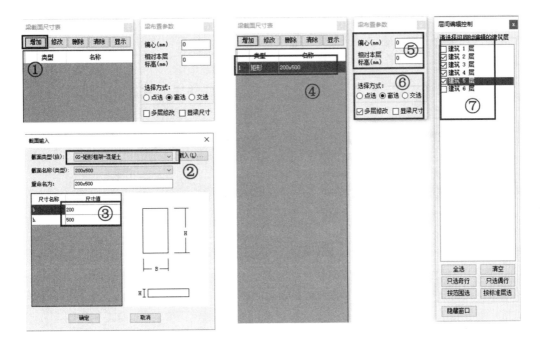

图 3.16　梁的创建

3.1.3.3　墙的创建

墙的创建方式同柱和梁相似,此处所说的墙为剪力墙,本例为框架结构,填充墙不需建模,只需计算出相应荷载加到相应的梁上即可。墙创建如图 3.17 所示。

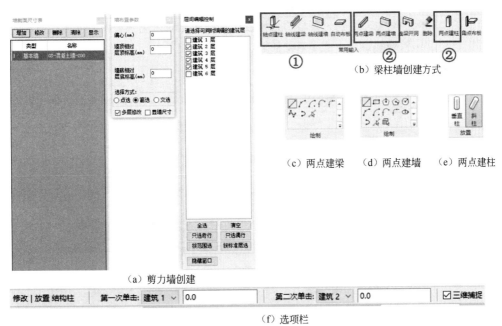

（a）剪力墙创建　　　　　　　　　　　　　　　　　（b）梁柱墙创建方式

（c）两点建梁　　（d）两点建墙　　（e）两点建柱

（f）选项栏

图 3.17　墙创建

3.1.3.4　板的创建

广厦结构 CAD 提供了两种布板的方式:自动布板和角点布板,如图 3.18 所示。单击"所有开间自动布板"可在所有的开间内自动创建所选择的楼板，角点布板启动后，选择要布置的楼板类型，在绘图区单击确定相应的定位点（板的角点），即可创建相应的楼板，定位点可通过参照或已创建的轴线等作为参照。

(a) 自动布板   (b) 角点布板

图 3.18　板创建方式

广厦结构 CAD 基于 Revit 开发了快速的建模命令[图 3.17（b）①（轴点建柱、轴线建梁、轴线建墙、自动布板等）]以及适用结构布置规则的情况。为了应对复杂的工程情况，还提供了两点建梁墙和柱的方式[图 3.17（b）②]，这种构件创建方式就是 Revit 本身提供的创建方式[图 3.17（c）～（e）]。两点建柱常用于斜柱的创建，启动命令，选择斜柱[图 3.17（e）]，在选项栏设置标高[图 3.17（f）]。

3.1.3.5　楼梯的创建

目前广厦 Revit 没有开发楼梯的功能，在进行框架结构计算前请在广厦图形录入中进行楼梯创建（图 3.19）。单击楼板编辑菜单（图 3.19①），启动楼梯菜单，单击"楼梯输入"（图 3.19②），启动楼梯输入菜单（图 3.19③）。在此对话框输入相关参数。楼梯起始节点号是指楼梯起始板所在的楼梯间的角点号。通过表格输入楼板后，程序自动形成平台板，可事先输入楼梯板和平台板材料，梯板构件自重由程序自动计算，不需荷载输入。

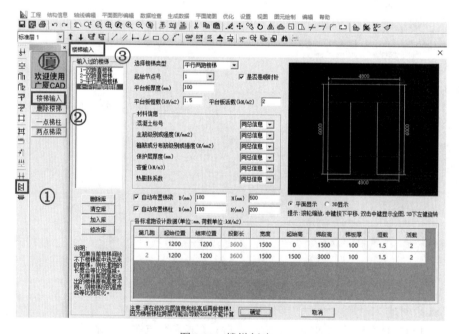

图 3.19　楼梯创建

3.1.4 结构构件的修改

结构构件的修改，也可以用 Revit 本身的修改命令如对齐、移动、复制等。本小节主要介绍广厦 Revit 的修改命令。

3.1.4.1 标高修改

广厦结构 CAD 提供了快速修改柱梁墙板标高的命令，如前面创建楼层标高时都是以建筑标高为准，柱梁板顶结构标高通常与本层建筑标高相差面层的厚度（或其他高度值），可用本命令进行调整，另外斜梁、斜板的创建也可用本命令。

点击菜单"修改标高"，如图 3.20（a）①所示，弹出布置参数对话框，可确定布置方式，也可设置墙柱梁板顶面标高和墙柱底标高。步骤如下：

① 插值方式选 1 点标高，并设置"第 1 点相对本层标高（mm）"值，如图 3.20（a）②所示；

② 修改选梁板柱墙顶，修改标高的构件选柱梁板，选择方式为窗选，如图 3.20（a）②所示；

③ 框选如图 3.20（a）③所示范围内的梁板柱，结果如图 3.20（b）所示。

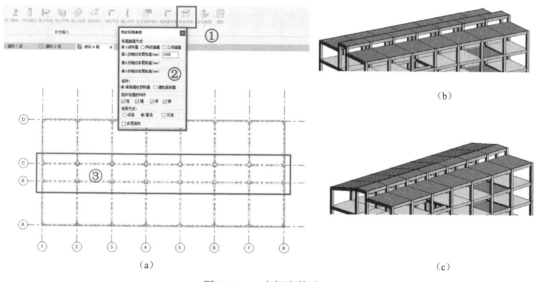

图 3.20 一点标高修改

如果要修改 AB 轴间或 CD 轴间的梁和板的坡度，如图 3.20（c）所示，操作步骤如下：

① 启动命令，如图 3.21①所示；

② 插值方式选三点标高，并设置"第 1～第 3 点相对本层标高（mm）"值以及其他参数，如图 3.21②所示；

③ 框选如图 3.21③所示范围内的梁和板，结果如图 3.20（c）所示。

本例建筑面层厚度为 50mm，所建标高又以建筑标高为准，所以结构梁板柱顶或底标高要降 50mm，实际项目要以实际做法为准。步骤如下。

① 打开结构平面视图，选择柱梁板的视图如建筑 2 层到 5 层均可。

② 启动修改标高命令，如图 3.22①所示，并设置相应参数所示。

③ 单击（勾选）多层修改，打开层间编辑控制对话框，设置要修改标高（值相同的楼层），如图 3.22②所示；屋面所降标高与楼层不同（面层厚度不同），所以要单独操作，在层间编辑控制中不选建筑 6 层。

④ 选择相应的柱梁板，如图 3.22③所示。

注：多层修改，构件较多时，速度较慢，可以采用分层或构件分类的方式进行修改。

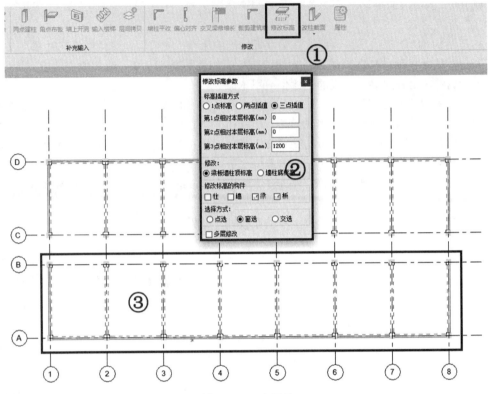

图 3.21　三点插值

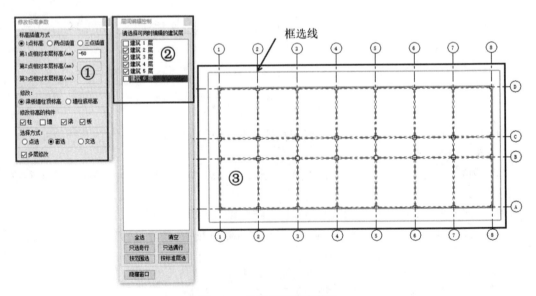

图 3.22　柱梁板顶标高修改

柱顶降低后，本层柱顶与上层柱底会有间隙，如图 3.23（a）所示，在一层位置还会有重叠，如图 3.23（b）和（c）所示。这与实际不符，还要对柱底标高进行降低，如图 3.24 所示。

对于重叠部位，要单独对 1 层柱顶进行操作，结果如图 3.23（d）所示。

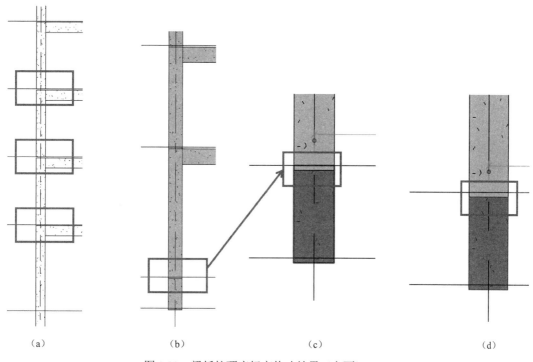

| （a） | （b） | （c） | （d） |

图 3.23 梁板柱顶底标高修改结果（立面）

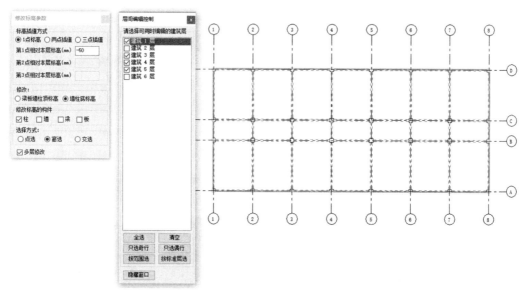

图 3.24 柱底标高修改

3.1.4.2 改构件截面

广厦结构 CAD 开发了构件截面的修改命令，如图 3.25 所示。单击"改柱截面"选择相应的命令，如单击图 3.25（a）中"改柱截面"，会弹出如图 3.25（b）所示对话框，选择相应的柱截面尺寸，在绘图区选择要修改的构件即可，其他构件截面的修改操作方法相同。

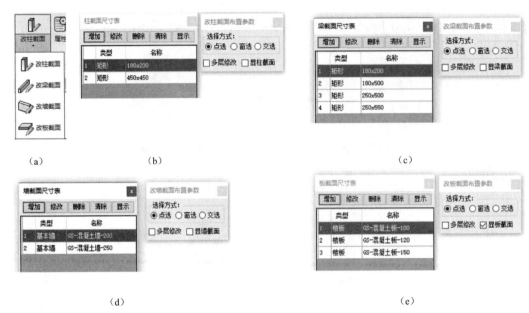

（a）　　　　　　　　　（b）　　　　　　　　　　　　　　　（c）

（d）　　　　　　　　　　　　　　（e）

图 3.25　构件截面修改

3.1.4.3　结构属性修改

在广厦 Revit 中可修改和显示墙柱梁板的计算属性，步骤如下：

① 单击构件布置，修改布板"属性"命令，如图 3.26（a）①所示；

② 启动广厦结构属性表，在绘图区选择相应的构件（平面视图和三维视图均可选择）；

③ 根据所选择的构件，属性表显示相应的属性，如图 3.26（a）②所示；

④ 单击相应的参数值可进行修改，如图 3.26（b）～（d）所示。

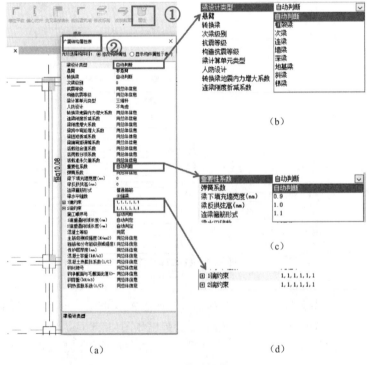

（a）　　　　　　　　　　　（d）

图 3.26　构件属性修改

3.1.4.4　对齐命令

广厦 Revit 提供了两个对方的命令，方便梁柱墙相对位置的调整，如图 3.27 所示。

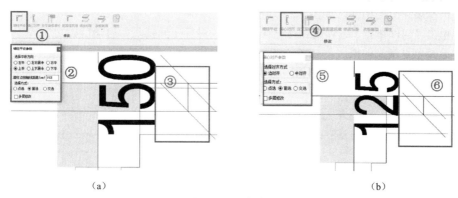

（a）　　　　　　　　　　　　　　　（b）

图 3.27　对齐命令

（1）墙柱平收

① 单击"墙柱平收"命令，如图 3.27（a）①所示。

② 设置墙柱平收参数，如平收方向选"上平"和"墙柱边到轴线的距离（mm）"设置为 150，则选择方式为勾选"窗选"，如图 3.27（a）②所示。

③ 在绘图区框选相应构件（如柱），结果如图 3.27（a）③所示。

（2）偏心对齐

① 单击"偏心对齐"命令，如图 3.27（b）④所示。

② 设置对齐和选择方式，如图 3.27（b）⑤所示。

③ 在绘图区选择要参照的柱梁墙（对齐的标准）。

④ 在绘图区以矩形围框方式选择要对齐的构件，结果如图 3.27（b）⑥所示。

3.1.4.5　交叉梁修墙长

在 Revit 中创建梁和墙，其中在梁梁相交、墙墙相交的位置，Revit 会自动形成相交的缺口；但是在梁墙相交的地方，Revit 的自动补足功能不能满足要求。如图 3.28（a）所示，梁按轴线搭接剪力墙，梁搭接处有一半落在墙外。此时可用"交叉梁修墙长"命令修正墙长至梁边缘，如图 3.28（b）所示。

步骤如下：

① 单击构件布置 ➤ 交叉梁修墙长，如图 3.28（c）所示，"交叉梁修墙长"为软件命令的名称；

② 弹出参数设置对话框，如图 3.28（d）所示；

③ 如果点击"根据交叉梁修正所有墙长"按钮，则软件自动修正所有的墙。

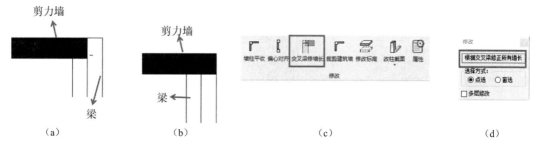

（a）　　　　　　　　（b）　　　　　　　　（c）　　　　　　　　（d）

图 3.28　交叉梁修墙长

3.1.4.6　层间拷贝

广厦结构 CAD 提供了层间拷贝命令，可快速地进行拷贝，步骤如下：

① 选择要拷贝的构件，如图 3.29①所示；

② 单击"构件布置"选项卡，补充输入面板，进行层间拷贝，启动后如图 3.29 左侧所示；

③ 选择要复制到的楼层，如图 3.29②所示；

④ 单击"确定"即可，如图 3.29③所示。

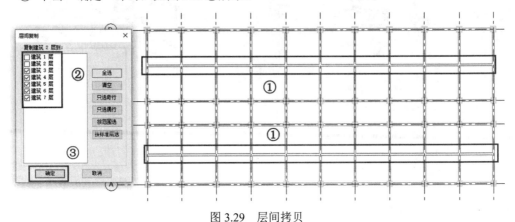

图 3.29　层间拷贝

3.2　荷载的施加

本节的荷载施加命令，都是广厦结构 CAD 基于 Revit 开发的。

3.2.1　板荷载

单击荷载输入选项卡，可看到广厦结构 CAD 提供的常用构件荷载的输入，如图 3.30（a）所示。单击"楼板恒活"，弹出楼板恒活载布置参数对话框，如图 3.30（b）所示。除预制板外，程序自动计算剪力墙、柱、梁、现浇板的自重。框架结构中填充墙作为梁上荷载输入，此处板恒载一般指装修荷载，活载指使用荷载，按《建筑结构荷载规范》（以下简称《荷规》）确定不同部位的板荷载值，且输入值均为标准值。输入相应的荷载值，选择布置方式，在绘图区选择相应部分板即可。

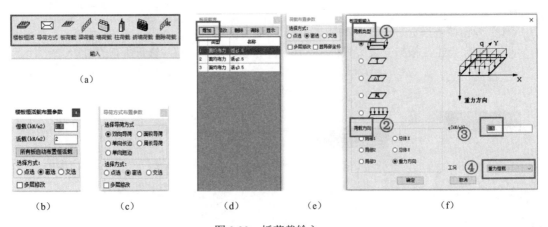

图 3.30　板荷载输入

单击"导荷方式"，则弹出导荷方式布置参数对话框，如图 3.30（c）所示，软件所提供的导荷方式，双向导荷、单向长边和单向短边用于近似矩形的板，面积导荷和周长导荷用于非规则的板。若板边有虚梁（宽度为 1mm 的梁），则只能用周长分配法导荷。若板为壳元，则因板无须导荷而此时板导荷方式无用。在绘图区选择板，则板导荷模式将被设置给板。

如要给板施加均布面荷载、均匀升温、温度梯度和风荷载，可单击如图 3.30（a）所示"板荷载"按钮，弹出如图 3.30（d）和（e）所示对话框，单击图 3.30（d）中的"增加"，则弹出如图 3.30（f）所示对话框，设置相应参数即可。

广厦结构 CAD 板荷载、梁荷载、墙荷载、柱荷载、墙砖荷载命令操作方式基本相同，下面统一进行介绍。

① 一个荷载由 4 项内容组成：荷载类型、荷载方向、荷载值和所属工况。荷载增加对话框如图 3.30（f）所示，也是对这几项目内容进行选择。

② 软件提供 10 种荷载类型，均匀升温不需方向，风类型的荷载方向由所选工况决定，风荷载工况数由"总体信息-风计算信息"中的风方向决定，其他荷载的方向可以有 6 个：局部坐标的 1、2、3 轴和总体坐标的 X、Y、$-Z$（重力方向）轴。

③ 可选择的 12 种工况为：重力恒、重力活、水压力、土压力、预应力、雪、升温、降温、人防、施工、消防和风荷载。

④ 不同的构件其荷载类型可能不同。

⑤ 本例楼屋面恒活荷载如图 3.31 所示。

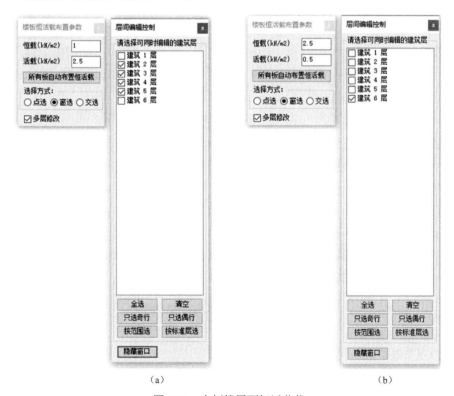

（a）　　　　　　　　　　（b）

图 3.31　本例楼屋面恒活荷载

3.2.2　梁荷载

梁自重由程序自动计算，板荷载会自动导算到周边梁、墙上，故输入的梁上荷载为梁上填充墙、门窗荷载，以及其他没有输入构件的自重换算成的荷载或者其他外加荷载，所有输入荷载均为标准值。

下面以有洞口墙线荷载计算为例，扣除门窗的墙自重加门窗的自重除以梁净长，公式如下。

$$梁上墙上墙上线荷载=\frac{\gamma_{墙}h_{净}b_{墙}t_{长}-\gamma_{墙}h_{洞}b_{洞}t_{长}+G_{门或窗}}{l_{梁净长}}$$

对于内墙门窗洞口，通常不扣除，作为安全储备，抹灰的重量可一般通过设置混凝土容重为 26kN/m³ 近似考虑抹灰的重量。

步骤如下：

① 荷载输入"梁荷载"，启动梁荷载对话框，如图 3.32 所示；

② 增加相应的荷载，单击图 3.32①中的"增加"，选择荷载类型、方向和工况（图 3.32②～④），输入荷载值（图 3.32⑤），单击"确定"；

③ 新增加的荷载则出现在荷载列表中，如图 3.32⑥所示；

④ 选择布置方式（图 3.32⑧），设置是否多层编辑（图 3.32⑦），

⑤ 直接在绘图区选择相应的梁，进行布置即可。

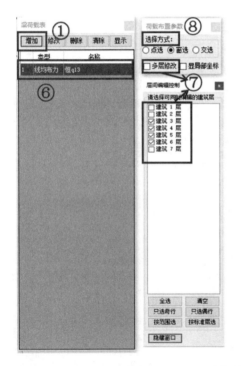
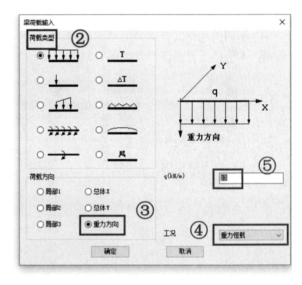

图 3.32 梁荷载的施加

本例墙厚均为 200mm，自重为 18kN/m³，读者可根据层高与梁高计算梁上线荷载，结合建筑隔墙的位置布置梁荷载。

3.2.3 墙柱荷载

由于墙柱自重由程序自动计算，需要输入的墙柱荷载为没有建模构件的自重换算成的荷载或者其他外加荷载，所有输入荷载均为标准值。

3.3 结构计算

3.3.1 GSSAP 总体信息

建模、输入荷载、设置好约束等相关条件后，计算前要进行 GSSAP 总体信息的设置，如图 3.33 所示。下面对其主要参数进行讲解。

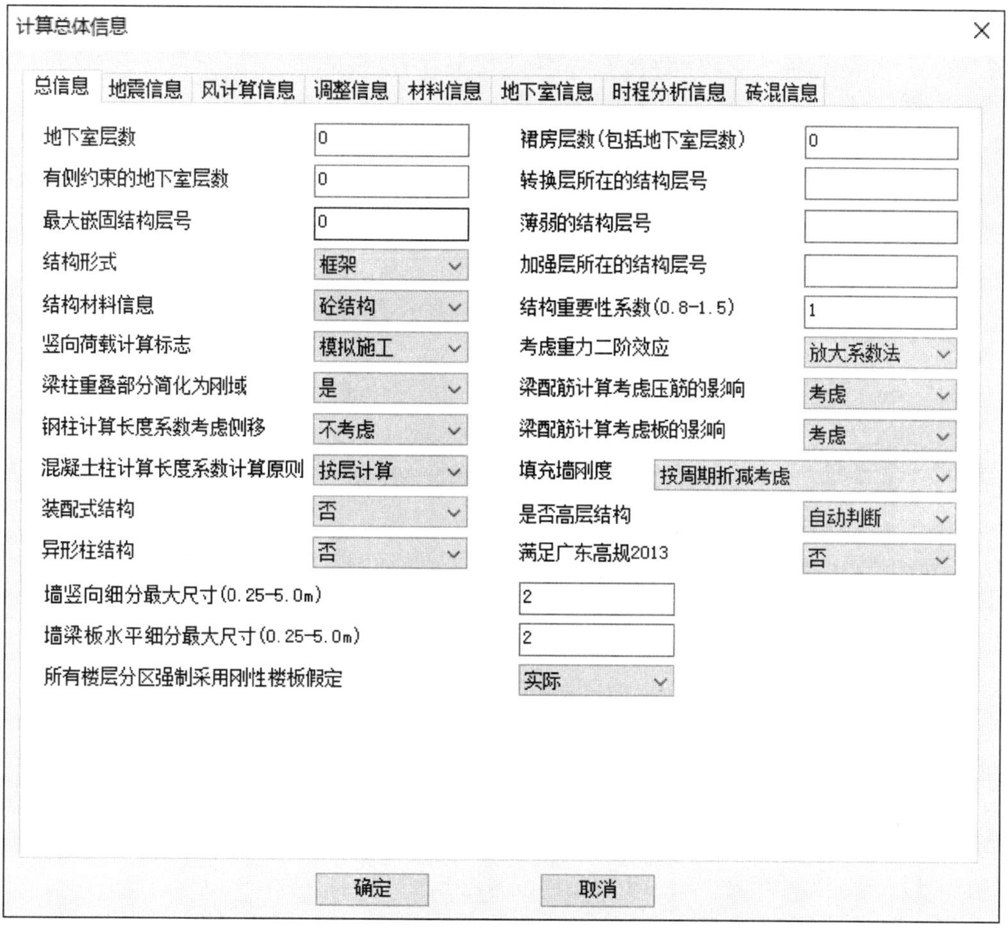

图 3.33 计算总体信息

（1）地下室层数　风荷载的起算点，室外地坪以下的结构层数，包括地梁层数。

本参数影响风荷载计算，在"生成 GSSAP 计算数据"时，地下室部分无风荷载作用，在上部结构风荷载计算中扣除地下室高度，参数值应大于等于有侧约束地下室层数。

> 注：①底部加强部位的高度，从地下室顶板算起；②当地下室局部层数不同时，以主楼地下室层数输入，局部可做不等高嵌固处理。

（2）有侧约束地下室层数　模拟侧土对结构的约束作用，+1 为首层。

软件用弹簧模拟侧土对结构的约束，如图 3.34（a）所示。当回填土对地下室约束不大时，不能作为有侧约束地下室。如填写了侧向约束的地下室层数，则应在地下室信息选项卡中填写基床反力系数，如图 3.34（b）所示。

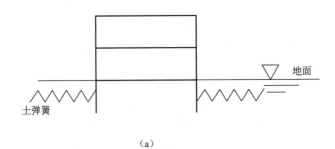

（a）

计算总体信息 ✕

总信息　地震信息　风计算信息　调整信息　材料信息　**地下室信息**　时程分析信息　砖混信息

X向侧向土基床反力系数K(kN/m3)　10000

Y向侧向土基床反力系数K(kN/m3)　10000

（b）

图 3.34　侧约束的参数与模型

如有侧约束地下室后，程序按如下方式考虑：

- 带侧约束地下室各层加上侧向弹簧以模拟地下室周围土的作用；
- 高层结构判定时其控制高度扣除了带侧约束地下室部分和小塔楼部分；
- 底层内力调整时内力调整系数乘在带侧约束地下室的上一层；
- 底部加强部位的判定中带侧约束地下室的下一层为计算嵌固端；
- 剪力调整时第一个 V_0 所在的层须设为带侧约束地下室层数+1；
- 带侧约束地下室柱长度系数自动设置为 1.0。

注意：若输入了地梁层，则有侧约束的地下室层数一定要填，因为首层柱的判断是有侧约束地下室层数的上一层。若不填，则首层柱的判断错误。

（3）最大嵌固结构层号　相当于有侧约束的地下室层数中侧约束无限大的情况。

填 0，即首层柱柱底 6 个自由度约束。填大于 0，小于等于总层数，则所设结构层的 X 和 Y 向平动，Z 向扭转自由度受约束（其他 3 个自由度不约束）。

无地下室但将地梁作为结构 1 层输入的计算模型，嵌固层号填 1。

> 注：①嵌固层的刚度不应小于上层的 2 倍，大多数工程地下室与首层刚度比<2，不能设为嵌固层，需要设有侧约束地下室层数来确定首层结构层号，否则首层柱根判定有错，导致首层柱底的构造加强和内力放大错误；②受土摩擦板作用的地梁层可作为嵌固层；③嵌固层与柱底约束不同，嵌固层只约束 X、Y 向两平移和 Z 向扭转自由度，比如对于两层地下室结构，若嵌固层填 2，则计算自振周期一般要大于去掉地下室的结构周期，也就是要比去掉地下室结构柔一些。

（4）竖向荷载计算标志　软件提供了以下三种方式。

① 不算：只用于研究分析，实际工程中不选用。

② 一次性加载：按一次加荷方式计算重力恒载下的内力。

③ 模拟施工加载：按变荷载、变刚度模拟施工加荷方式计算重力恒载下的内力，通常情况下选择这种加载方式。

竖向荷载计算标志是用于考虑模拟施工的，注意模拟施工并非是指考虑施工荷载，而是按实际的施工过程来模拟重力恒载的加载方式。在竖向荷载作用下，结构的变形基本是在施工过程中形成的。如图 3.35 所示，在实际施工中，大多是从下往上逐层找平，即一个结构层施工完毕后会先找平，然后再施工上面一个结构层。从而，某一层的恒载仅会对该层及其以下各层的变形和内力产生影响，而不会影响该层以上各层。通常情况下选择模拟施工加载较符合实际情况，结果也更为准确。对于有些结构，则不能选择如悬挂式结构和后浇设计，建议参照软件说明书。

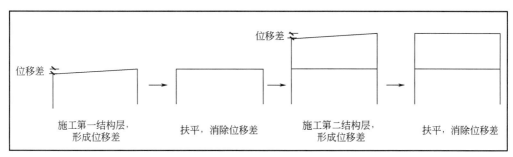

图 3.35　加载方式

（5）梁柱重叠部分简化为刚域　软件提供了"是"或"否"两个选项。

①　"是"——梁柱重叠部分作为梁刚域和柱刚域计算，将影响到楼层的水平位移减小，梁的支座弯矩减小，柱的弯矩增大，建议选择梁柱重叠部分简化为刚域。

②　"否"——将梁柱重叠部分作为梁的一部分计算，不考虑梁柱重叠刚域。

按《高层建筑混凝土结构技术规程》（以下简称《高规》）5.3.4 条规定：在结构整体计算中，宜考虑框架或壁式框架梁、柱节点区的刚域影响。梁柱重叠部分简化为刚体刚域会使结构的整体刚度增大，梁端弯矩减小。因考虑刚域后梁端截面计算弯矩可以取刚域端截面的弯矩值，而不再取轴线截面的弯矩值，在保证安全的前提下，可以适当减小梁端截面的弯矩值，从而减小配筋量。

（6）混凝土柱计算长度系数计算原则　软件提供了两个选项：按层计算和按梁柱刚度计算。

①　按层计算：将仅执行混凝土规范按层确定计算长度。

②　按梁柱刚度计算：混凝土柱长度系数的计算将执行混凝土规范中适用当水平荷载产生的弯矩设计值占总弯矩设计值的 75%以上时。

根据《混凝土结构设计规范》（以下简称《混规》）对一般的混凝土柱不需要考虑柱额计算长度系数，该参数对计算没有影响。对排架结构的混凝土柱使用该参数，一般选择"按层即可"，也可以在柱属性中直接指定柱计算长度。

（7）所有楼层分区强制采用刚性楼板假定　如一个楼层平面内分塔内和塔外（如图 3.36所示，①~③区域为塔内，①~③之间的楼板为塔外），塔外楼板自动为弹性，塔内楼板可设置刚性或弹性，软件提供了两个选项：实际和刚性。

①　实际：软件根据塔内板属性中计算单元的设置，判断平面内有关节点量否满足无限刚要求；模型中的层间构件、悬挑、孤柱将不作为刚性板部分，程序可算出其局部振动，计算结果更准确，但计算量大。

②　刚性：塔内所有节点满足无限刚要求。

结构扩初或选型计算时选择，及快速估算结构的总体指标时选择"所有楼层强制采用刚性楼板假定"，可提高计算速度，在构件设计时最好选择"按实际模型计算"，假如楼面接近无限刚，则两种结果几乎相同。

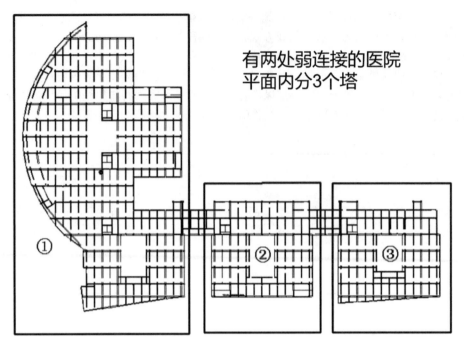

图 3.36　结构平面分区

（8）裙房层数　软件中填写裙房层数则应包含地下室层数[图 3.37（a）]。

对于底部裙房上部塔楼结构，需输入裙房层数，此层数包括地下室部分的层数。

注：①裙房影响底部加强部位、约束边缘构件的判断，影响侧向刚度比、刚重比、周期比等输出；②裙房层数还在总体信息的"调整信息——是否对墙柱活荷载折减"中起作用，如图 3.37（b）所示。墙柱活荷载折减是考虑某一层上的层数越多，同时存在的活荷载的概率越少，因此折减系数越小。如裙房上有很多地方没有塔楼，则针对裙房层将重新计算折减系数。

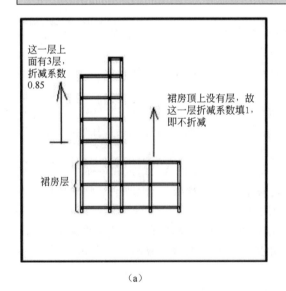

（a）

墙柱活荷载折减时计算截面以上层数及其折减系数

是否折减	否		
1层	1	6-8层	0.65
2-3层	0.85	9-20层	0.6
4-5层	0.7	>20层	0.55

（b）

图 3.37　裙房层数与活荷折减

（9）转换层所在的结构层号　可输入多个转换层号，最多 8 个，每个都用逗号分开，在软件中填入转换层的结构层号后，软件会自动进行以下处理：

① 在整体分析结果的结构信息文件中输出转换层上下刚度比；

② 在高层结构中每个转换层号+2 为剪力墙底部加强部位。

当转换层号大于等于三层时，用户需在录入系统中人工指定落地剪力墙、框支柱的抗震等级(比通常增加一级)。程序中对框支柱已自动提高，但未对剪力墙底部加强部位进行提高，由用户自己设定。凡用户没有设置抗震等级的构件，程序都按照总信息的抗震等级确定。框支柱和框支梁(托剪力墙)由程序自动判断。

> 注：①转换层的楼板宜设为弹性板进行计算，转换梁的中梁刚度放大系数宜设为 1，且转换梁不应进行调幅（实际上可能达不到，方便振捣）；②软件自动将转换层设为薄弱层，并将转换层的地震内力放大，高层结构放大 1.25 倍，多层结构放大 1.15 倍，也可在录入系统中人工设定。

（10）薄弱的结构层号　可输入多个薄弱层号，最多 10 个，每个都用逗号分开，对这些结构层的墙柱梁地震内力，多层自动放大 1.15，高层自动放大 1.25。

薄弱层定量的判断指标有两个：侧向刚度比和楼层层间受剪承载力比。

侧向刚度比不满足规范要求的薄弱层，软件会自动将该层的地震剪力乘以相应的放大系数，不用在总信息中填入其结构层号。软件默认的多层结构的放大系数为 1.15，高层结构的放大系数为 1.25。当刚度比严重不满足规范限值时，应优先调整结构模型，尽量使刚度比满足规范要求。

楼层承载力比不满足规范要求的薄弱层，应将其结构层号填入软件的总信息中，软件自动将该层在地震作用标准值作用下的剪力放大 1.25 倍。

（11）加强层所在的结构层号　加强层（《高规》10.3 条）是指刚度和承载力加强的结构层，如设置连接内筒与外围结构的水平外伸臂（梁或桁架）结构的楼层、隔几层布置桁架的楼层或箱体结构的设备层。

由于加强层的设置，结构刚度突变，伴随着结构内力的突变，以及整体结构传力途径的改变，从而使结构在地震作用下，其破坏和位移容易集中在加强层附近，形成薄弱层。因此，对于加强层及相邻层的竖向构件需要加强。

不要将加强层和剪力墙底部加强部位混淆，底部加强部位在结构底层，而加强层通常用于控制超高层建筑中结构的水平位移。加强层的设置减小了结构的层间位移角，如图 3.38 所示。

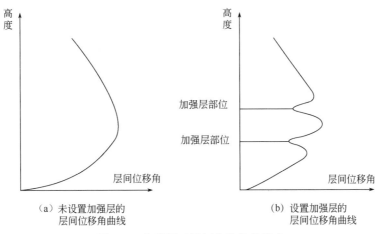

图 3.38　加强层对层间位移角的影响

加强层软件计算时做如下处理：

① 框架剪力调整时，自动按《建筑抗震设计规范》（以下简称《抗规》）要求不调整加强

层及其相邻上下楼层的框架剪力；

② 加强层及相邻上下层的框架柱和墙抗震等级自动提高一级；

③ 超限警告时，自动减少的加强层及其相邻层的构架柱轴压比限值为 0.05，需人工在施工图中修改为柱箍筋全高加密；

④ 根据《高规》10.3 条规定，加强层及其相邻的核心筒剪力墙应在其墙属性中人工指定为约束边缘构件。

（12）结构重要性系数　根据建筑结构破坏后果的严重程度，把建筑结构划分为 3 个安全等级，见表 3.1。设计时应根据具体情况，选用适当的安全等级。

表 3.1　建筑结构的安全等级

安全等级	破坏后果	建筑物类型	重要性系数 γ_0
一级	很严重	重要的建筑物	1.1
二级	严重	大量的一般建筑物	1.0
三级	不严重	次要的建筑物	0.9
结构构件的承载力设计表达式为 $\gamma_0 S \leqslant R$，式中 S 为荷载组合的效应设计值，R 为结构构件抗力的设计值			

（13）考虑重力二阶效应　软件提供了如下三种方式。

不考虑：无条件不考虑重力二阶效应。

放大系数：按《高规》（JGJ 3—2010）中的 5.4 条放大系数法（位移和内力放大系数）近似考虑风和地震作用下的重力二阶效应，不影响结构计算的固有周期，根据所求的放大系数大于 1.0 时自动放大内力，一般采用此选择。选择放大系数法不一定会放大内力，求完后程序才知道要不要放大，根据所求的放大系数才决定放大内力。选择放大系数法时才输出刚重比。

修正总刚：通过修改总刚近似考虑风和地震作用下的重力二阶效应，影响结构计算的固有周期。当修正总刚出现非正定无法求解时，只能采用放大系数法。

> 注："不考虑"即不考虑重力二阶效应的影响；"放大系数"是指按《高规》中的 5.4 的相关规定，采用放大系数近似考虑重力二阶效应的影响（《高规》中的 5.4 要求是先判断，判断需要考虑时，软件才会考虑重力二阶效应）；"修正总刚"通过修改总刚近似考虑风和地震作用下的重力二阶效应，适用于多高层。当修正总刚出现非正定无法求解时，只能采用放大系数。

（14）梁配筋计算考虑压筋的影响　当考虑压筋时，中和轴上移，拉筋所需配筋面积减少。

（15）梁配筋计算考虑板的影响　现浇混凝土梁和板是协同受弯，而梁两侧两边的板采用刚性板或膜元时，板不进入整体空间计算，梁配筋计算可考虑每侧 4 倍宽板厚范围内板钢筋和混凝土的影响。

"程度"根据梁板标高自动判断板为梁的上翼缘还是下翼缘，当板为梁上翼缘时，对于负弯矩，计算配筋时直接扣除 4 倍宽板厚范围内板构造钢筋面积；对于正弯矩，按板混凝土受压考虑对梁的影响，其他情况同理考虑。一般考虑板对梁配筋计算的影响，进一步达到强柱弱梁的目的。

（16）填充墙刚度　软件提供了三个选项：周期折减来考虑；考虑且根据梁荷自动求填充墙；考虑但不自动求填充墙。

"周期折减来考虑"是根据"地震信息"菜单中填写的"周期折减系数"对结构的自振周期进行折减。对填充墙布置比较均匀的结构，这种方法很常用，而且经过大量工程实践证实比较可靠。但对多层框架结构，若填充墙的平面和竖向布置不均匀，采用周期折减可能产生一定的误差，这时可采用"考虑且根据梁荷自动求填充墙"或"考虑但不自动求填充墙"。当填"考虑且根据梁荷自动求填充墙"或"考虑但不自动求填充墙"时，"地震信息"菜单中的"周期折减系数"软件自动设置为 1.0。"考虑且根据梁荷自动求填充墙"和"考虑但不自动求填充墙"

的区别主要是软件会不会自动求填充墙。填"考虑且根据梁荷自动求填充墙"时，软件自动根据梁上荷载求填充墙的宽度；填"考虑但不自动求填充墙"时，需要在梁属性菜单中指定填充墙的宽度（即本层填充墙的宽度，软件自动加在墙下的梁上）。

3.3.2 地震信息

地震信息的参数如图 3.39 所示，下面分别说明参数的含义或如何进行选择。

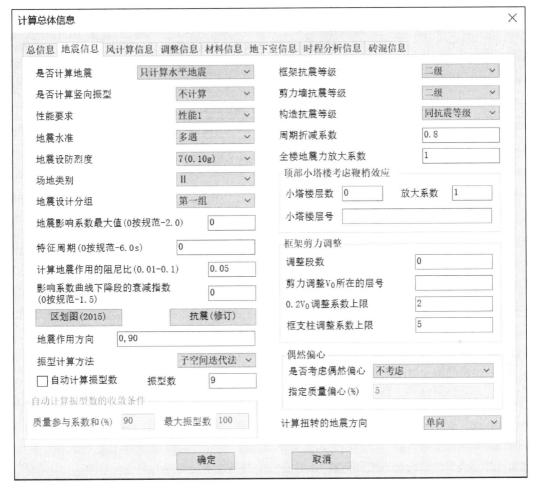

图 3.39　地震信息参数

（1）是否计算地震　《抗规》3.1 条规定：抗震设防烈度为 6 度时，除本规范有具体规定外，对乙、丙、丁类的建筑可不进行地震作用计算，要采取相应的抗震措施，可根据具体情况选择。

（2）是否计算竖向振型　《抗规》5.1 条和《高规》4.3 条规定：对于 8 度、9 度时的大跨度、长悬臂结构及 9 度时的高层建筑应计算地震作用；对于高层建筑中的大跨度、长悬臂结构，7 度（0.15g）、8 度抗震设计时应计入竖向地震作用，9 度抗震设计时应计算竖向地震作用。

用户根据具体情况选择是否计算竖向振型。

（3）地震水准和性能要求　抗震设计的目标为"小震不坏，中震可修，大震不倒"。小震、中震、大震是地震水准；不坏、可修、不倒即性能要求。软件根据用户设定地震水准和性能要求，自动按表 3.2 进行相应的墙柱梁板承载力验算，并输出相应的内力和配筋，最后采用输出的结果生成施工图。

软件每次只进行一个指定地震水准下的性能计算，对于不同地震水准下的性能计算，设计人员要算多次进行，并人工取大值。

多遇地震下性能 1~4 的内力组合、调整和材料是相同的，所以多遇地震下不同性能要求的计算结果相同。

根据《高规》3.11 条规定，实现设防烈度地震和罕遇地震性能 1 至性能 4 的计算，《高规》和《抗规》的抗震性能计算要求基本相同，但公式有所区别，程序按《高规》的要求处理。

> 注：①性能设计过程中内力的选择由大到小是调整后的设计内力、未调整的设计内力和标准内力，标准组合中水平地震和竖向地震之间有 0.4 的组合系数；②材料强度的选择由小到大是设计强度和标准强度；③性能 1 至性能 4 指《高规》中的抗震性能水准；④《高规》3.11 条中性能水准 1 至性能水准 4 与软件中性能 1 至性能 4 对应即可；⑤《高规》3.11 条中罕遇地震性能水准 5，软件中对应性能 4，其余参数根据工程实际情况填入。

表 3.2 建筑结构抗震性能要求

性能要求	多遇地震	设防烈度地震	罕遇地震
性能 1	完好，按常规设计	完好，承载力按不计抗震等级调整地震效应的设计值复核	基本完好，承载力按不计抗震等级调整地震效应的设计值复核
性能 2	完好，按常规设计	基本完好，承载力按不计抗震等级调整地震效应的设计值复核	轻度损坏，承载力按标准值复核
性能 3	完好，按常规设计	轻度损坏，承载力按标准值复核	中度损坏，承载力按标准值复核，墙柱的抗震受剪截面自动按 $V \leqslant 0.15 f_{ck} b h_0$ 验算
性能 4	完好，按常规设计	中度损坏，承载力按标准值复核，墙柱的抗震受剪截面自动按 $V \leqslant 0.15 f_{ck} b h_0$ 验算	比较严重损坏，承载力按标准值复核，墙柱的抗震受剪截面自动按 $V \leqslant 0.15 f_{ck} b h_0$ 验算

注：$V = V_{GE} + V^*_{EK}$，式中，V_{GE} 表示重力荷载代表值作用下的构件剪力，N；V^*_{EK} 表示地震作用标准值的构件剪力，N，不需考虑与抗震等级有关的增大系数。

（4）地震设防烈度 地震设防烈度为按国家规定的权限批准作为一个地区抗震设防依据的地震烈度。一般情况下，取 50 年内超越概率 10% 的地震烈度。根据建筑所在地进行选用。

（5）场地类别 建筑的场地类别，应根据土层等效剪切波速和场地覆盖层厚度进行划分，可查《抗规》4.1.6 条或查地质勘察报告。

（6）地震设计分组 设计地震分组实际上是用于表征地震震级及震中距影响的一个参量，用来代替老规范的"设计近震和远震"，它是一个与场地特征周期与峰值加速度有关的参量。我国主要城镇（县级及县级以上城镇）中心地区的抗震设防烈度、设计基本地震加速度值。设计地震分组，可查《抗规》附录 A。

（7）特征周期 抗震设计用的地震影响系数曲线中，反映地震震级、震中距和场地类别等因素的下降段起始点对应的周期值，简称特征周期。根据地震设计分组和场地类别查《抗规》5.1.4 条中的表格。

（8）阻尼比 阻尼就是使自由振动衰减的各种摩擦和其他阻碍作用。阻尼比指阻尼系数与临界阻尼系数之比，阻尼比是无量纲单位，表示了结构在受激振后振动的衰减形式，结构常见的阻尼比都在 0~1 之间。不同的结构其阻尼比不同，常用的如钢筋混凝土结构的阻尼比取 0.05；钢和钢筋混凝土混合结构在多遇地震下的阻尼比可取为 0.04；型钢混凝土组合结构的阻尼比可取 0.04。其他的可查相应规范。

（9）地震作用方向 软件最多可输入 8 个地震作用方向（地震作用方向单位：度），不同方向用逗号隔开，没有大小的顺序要求，如"0，90，45，60"。侧向刚度较强和较弱的方向为理想地震作用方向，肯定要考虑 0°和 90°两个方向。GSSAP 计算完后，在周期和地震作用的计算结果文本中可查出地震作用方向，当文本中输出的最不利地震方向大于 15°时，应在此处填入补充计算。

> 注：①0°和 180°为同一方向，不需输入两次；②输入次序没有从小到大或从大到小要求；③程序在每个地震方向计算刚度比、剪重比和承载力比，自动求出和处理相应的内力调整系数，考虑每个地震方向的偶然偏心和双向地震作用，每个方向的计算和输出内容都是一样的。

（10）振型计算方法与振型数　软件提供了三种计算方法：①子空间迭代法；②李兹（Ritz）向量法；③兰索斯（Lanczos）法。

子空间迭代法计算精度高，但速度稍慢。对于小型结构，当计算振型较多或需计算全部结构振型时，宜选择该方法。对于普通结构计算，也建议采用该方法计算。

兰索斯（Lanczos）法速度快，精度稍低。对于一般的结构计算，只需求解结构的前几十个振型，需计算振型数远小于结构的总自由度数、质点数。兰索斯法的计算结果与子空间迭代法计算结果基本相同。

李兹（Ritz）向量法的速度、精度介于前两者之间。

在一般的结构设计中，三种计算方法的计算精度都能满足设计要求。对于特殊结构，当采用一种方法求解不收敛或不能求解固有频率时，可换另一种方法求解。

用户可以手动输入振型数，也可以勾选"自动计算振型数"，设置自动计算振型数的收敛条件，程序根据收敛条件自动计算所需的振型数。

手动输入振型数时，一般 1 层取 1~3 个，2 层取 3~6 个，其他按 2~3 倍层数取值。振型数可大于结构总层数，但要满足 min（振型数×2，振型数+8）<3×结构总层数。并没有绝对可靠的公式可计算最大振型数，当取过多计算的周期出错时，应减少振型数。最多振型数为 200。

如勾选自动计算振型数，取足够的振型数保证参与计算振型的有效质量应不小于 90%。当结构的扭转不大时，扭转振型可不满足 90%，平动振型要求满足 90%。取最多振型数满足不了 90%时，可设置全楼地震力放大系数。

> 注：①考虑扭转耦联计算，振型数最好大于等于 9；②当结构层数较多或结构层刚度突变较大时，振型数也应取得多些，如顶部有小塔楼、转换层等结构形式。对于多塔结构，振型数可取大于等于 18，对大于双塔的结构则应更多。

（11）抗震等级　抗震等级用于控制抗震措施，即内力调整（如强柱弱梁、强剪弱弯等）和抗震构造措施（配筋率、最小箍筋直径等），所以有两个抗震等级，即内力调整抗震等级和构造抗震等级。构造抗震等级在抗震等级的基础上，可通过进一步提高或降低来设置。

抗震等级与当地的地震烈度、场地类别和结构本身如体系、高度等因素有关。输入此参数时，要结合地震烈度、场地类别和结构本身情况查《抗规》或《高规》的相关章节。

（12）周期折减系数　周期折减系数主要用于框架、框架剪力墙或框架筒体结构。由于框架有填充墙，在早期弹性阶段会有很大的刚度，因此会吸收较大的地震力，当地震力进一步加大时，填充墙首先破坏，则又回到计算的状态。而软件只计算了梁、柱、墙和板的刚度，并由此刚度求得结构自振周期，因此结构实际刚度大于计算刚度，实际周期比计算周期小。若以计算周期按反应谱方法计算地震作用，则地震作用会偏小，使结构分析偏于不安全，因而对地震作用再放大些是有必要的。周期折减系数不改变结构的自振特性，只改变地震影响系数。

> 注：此处填充墙为"砌体墙"，但不包括采用柔性连接的填充墙或刚度很小的轻质砌体填充墙。

周期折减系数的取值视填充墙的多少而定，见表 3.3。

表 3.3　周期折减系数

结构类型	填充墙较多	填充墙较少
框架结构	0.6～0.7	0.7～0.8
框剪结构	0.7～0.8	0.8～0.9
剪力墙结构	0.8～1.0	1.0
框架-核心筒结构	0.8～0.9	0.9

（13）全楼地震力放大系数　这是一个无条件放大系数，当结构受到结构布置等因素影响，使得地震力上不去，但周期、位移等又比较合理时，可以通过此参数来放大地震力，一般取 1.0～1.5。在"水平力效应验算"中提供了各层的剪重比，若剪重比不满足《抗规》的要求，程序自动放大对应层的地震作用内力。

（14）顶部小塔楼考虑鞭梢效应　顶部小塔楼指凸出屋面的小建筑（如楼梯间、女儿墙等），其所在楼层称为小塔楼层。当建筑物有凸出屋面的小建筑时，由于该部分的重量和刚度突然变小会出现地震反应加剧的现象，称为鞭梢效应。

在采用底部剪力法计算时只考虑第一阶振型，而和小塔楼层有关的振型往往比较靠后，导致底部剪力法低估了小塔楼层地震力；另外，在强制楼层无限刚假定下，将几个小塔楼层以无限刚约束在一起，也低估了小楼层地震力。

采用振型分解法计算地震力，理论上只要小塔楼层振型被完全算出，振型参与质量达到100%，小塔楼层地震力就不需要再放大。若按规范振型参与质量达到90%，可考虑将小塔楼地震力放大一些；若达到100%可不放大。

注意：①放大系数为 1.5；②如果小塔楼的层数大于两层，则振型应取再多些，直至再增加振型数后对地震力影响很小为止，否则采用放大地震作用内力弥补振型数的不够；③在输入小塔楼层数后，还要顺序输入小塔楼对应的结构层号；④即使楼面小塔楼的鞭梢效应不需要考虑，小塔楼的层数及层号也要填写，因为在广厦成图系统中以小塔楼下一层作为屋面层的缺省判断（屋面梁在平法中表示为 WL 而不是 L）。

（15）框架剪力调整　框架剪力调整主要是针对框架-剪力墙结构所作的二道抗震设防调整，目的是防止框架-剪力墙结构中的框架柱在多次地震时被破坏。

《抗规》中 6.2.13 条规定，侧向刚度沿竖向分布基本均匀的框架-抗震墙结构，任一层框架部分的地震剪力，不应小于结构底部总地震剪力的 20% 和按框架-抗震墙结构分析的框架部分各楼层地震剪力中最大值 1.5 倍两者的较小值。此处 $0.2V_0$ 即指 20% 的剪力调整。

如果体系发生收缩（例如裙房收缩到塔楼），如图 3.40（a）所示，需要分段调整。软件中分段调整的填写方法如图 3.40（b）所示。设定调整系数上限是为了防止过分调整。

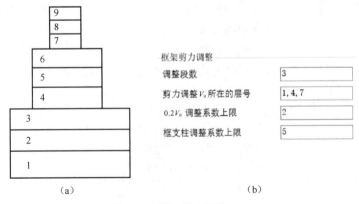

（a）　　　　　　　　　　　　　　　（b）

图 3.40　框架剪力调整

（16）程序如何考虑偶然偏心 由于活载的随机布置，计算地震作用时，规范规定要考虑偶然偏心。程序考虑每个地震方向的偶然偏心。当偶然偏心和双向地震的扭转效应都选择时，两种情况都计算位移，并且内力参与组合，自动取大值。对超长结构可适当减少偶然偏心时的质量偏心，不按5%的要求计算。

（17）是否计算扭转的地震方向 当质量偏心和刚心不重合时，结构将绕刚心扭转。规范规定：当质量刚度分布不均匀时，要考虑双向扭转效应的影响。

当偶然质量偏心和双向地震的扭转效应都选择时，两种情况都计算位移，并且内力参与组合，自动取大值。

3.3.3 风计算信息

风计算信息的参数如图3.41所示。

图3.41 风计算信息的参数

（1）是否自动导算风力 软件对风荷载的处理有两种方法，选择"是"为自动导风计算，选择"否"为手工加风荷载。

软件自动导风荷的方法：首先，在垂直于风荷载的立面上根据柱坐标统计并排序柱位，得到迎风宽度；然后，将风荷载按各柱位的从属面积分配到已经排序好的柱位上；最后，根据各柱位上柱的数量，将各柱位的风荷载均分到各柱上。

因此：①跨层柱需要用户层层输入，否则有可能因少算迎风面而少算风荷载；②若遇到遮挡的情况，例如多塔或分缝，若塔间距小于1m，程序自动不导算被遮挡的风荷载。

对于广告牌等局部风荷载，可在相应的构件上补充不同风方向的风荷载。注意荷载的输入只和输入时采用的坐标系有关，和工况的名字无关。例如"0°风荷载工况"只是个名字，不代表在此工况下输入的风荷载都是"0°方向"。

（2）基本风压与地面粗糙度 根据建筑所在地、周围地形地貌等，查荷载规范可得当地基本风压和地面粗糙度。基本风压按《荷规》附录 D 中 50 年一遇取值。

（3）风体型系数　按《高规》附录 B 采用，其他结构按《荷规》8.3 确定。

（4）风方向　可取最多 8 个风方向（风方向单位：度），一般取刚度较强和较弱的方向为理想风方向。规则的异形柱结构至少设置四个风方向：0，45，90，135。与地震计算方向设置不同的是，0°和 180°为不同的风方向，一般需同时设置 0°和 180°。输入次序没有从小到大或从大到小要求。

程序在每个风方向的计算和输出内容都是一样的。

（5）横风振效应　规范规定：建筑高度超过 150m、高宽比大于 5 的高层建筑，细长圆形截面构筑物高度超过 30m 且高宽比大于 4 的构筑物，横风向风振作用效应明显。对于横风向振动作用明显的高层建筑，应考虑横风向风振的影响。

角沿修正比例为 b/B，针对不完整的矩形截面，可按角沿修正比例予以修正（《荷规》附录 H.2.5）。如图 3.42 所示为截面削角和凹角示意，其中削角填正值，凹角填负值。

（a）削角　　　　　　　　　　　　　　　　（b）凹角

图 3.42　截面削角和凹角示意

（6）计算舒适度的基本风压和阻尼比　计算舒适度的基本风压可根据有关规范 10 年一遇取值。输入多个风作用方向对应的基本风压时可用逗号分开，没有输入某方向对应的基本风压，则程序自动按第 1 个风方向对应的基本风压取值。若各方向的基本风压相同，则只输入 1 个基本风压即可。

对混凝土结构阻尼比取 0.02；对混合结构，根据房屋高度和结构类型不同，阻尼比取 0.01～0.02。

3.3.4　调整信息

在图 3.43 的调整信息对话框中填写调整参数和组合系数。

（1）转换梁地震内力增大系数　转换梁是指上部托有墙或柱等竖向传力构件的梁。转换梁的破坏会导致其上部墙或柱失去支撑，从而可能引起结构的整体破坏，特别是在地震作用下，转换梁的内力往往很大。为了防止转换梁在地震作用下的破坏，应当对转换梁进行加强，所以在结构设计中，常常放大转换梁在地震作用下的内力。

程序自动判定托墙的框支梁，当某根转换梁地震内力增大系数设为随总信息时，框支梁地震内力增大系数按总信息的设置取值，且大于等于 1.25。可在构件属性中设置"框支梁"和"转换梁地震内力增大系数"，托柱的转换梁的增大系数在构件属性中人工修改。

（2）地震连梁刚度折减系数　两端与剪力墙在平面内相连的梁为连梁（《高规》中 7.1.3 条），跨高比小于 5 的连梁为强连梁，跨高比不小于 5 的连梁宜按框架梁设计（《高规》中 7.1.3 条）。进行高层建筑结构地震作用效应计算时，可对剪力墙连梁度予以折减，折减系数不宜小于 0.5

（《高规》中 5.2.1 条）。在非地震荷载和计算结构位移时刚度不应折减，设防烈度高，多折减一点；设防烈度低，少折减一点（《高规》中 5.2.1 条）。

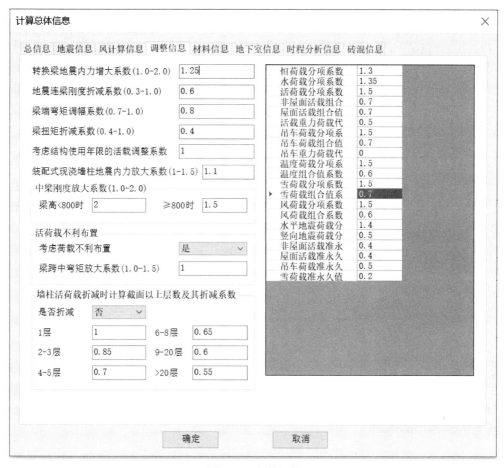

图 3.43　参数调整

（3）梁端弯矩调幅系数　在竖向荷载作用下考虑荷载的长期作用，框架梁端会发生塑性变形导致内力重新分布（不可能绝对刚接），可对梁端负弯矩调幅减以减少梁的支座负筋，使梁柱节点区钢筋不至于过密，便于混凝土浇筑。调幅是指整个弯矩线下调，跨中弯矩将增大。

现浇框架梁端负弯矩调幅系数可取 0.8～0.9，基础梁受向上水浮力作用时引起的反向弯矩将不做调幅。转换梁不做调幅。

（4）梁扭矩折减系数　对于现浇楼板结构，当采用刚性楼板假定时，可以考虑楼板对梁抗扭的作用而对梁的扭矩进行折减，一般取 0.4。若考虑楼板的面外弹性变形，一般取 0.6。如果楼板按弹性板考虑，则梁的扭矩不应进行折减。底框结构考虑上部砖墙的约束作用，梁扭矩折减系数自动为 0，不考虑梁的扭矩。也可在构件属性中设置"梁扭矩折减系数"。

（5）考虑结构使用年限的活载调整系数　楼面和屋面活荷载考虑设计使用年限的调整系数应按表 3.4 选取。基本组合时活载分项系数将乘以考虑设计使用年限的活载调整系数。

表 3.4　楼面和屋面活荷载考虑设计年限的调整系数 γ_L

结构设计工作年限/年	5	50	100
γ_L	0.9	1.0	1.1

（6）中梁刚度放大系数　采用刚性楼板假定进行结构计算时，梁的线刚度都按矩形截面计算。为了考虑楼板作为翼缘对梁刚度的放大作用，结构设计中一般采用乘以梁刚度放大系数的做法。

放大系数与梁高有关系，梁高<800mm可填1.5～2.0，梁高≥800mm可填1.25～2.0。

（7）活荷载不利布置　考虑活载不利布置、梁跨中弯矩放大系数均为考虑活载不利布置，两个参数选填一个即可，一般情况下填写考虑活载不利布置选"是"、跨中弯矩放大系数填1.0，考虑其影响，此时GSSAP将计算一些常见的不利组合并取包络。对于柱间梁交叉密度超过4跨的井梁结构难以穷举所有活载不利组合，直接放大梁跨中弯矩更简单有效，这时考虑活载不利布置选"否"，跨中弯矩放大系数可填1.0～1.3。

（8）墙柱活荷载折减　一般活载不会满布，且楼层越多满布可能性越小，可考虑对其折减。软件缺省按相关规范给出折减系数。

（9）分项系数　缺省按民用建筑设置，设计人员可根据工业建筑设置相应的系数。可在构件属性中设置活载分项系数、活载组合系数和活载准永久组合系数，工业设计中局部构件活载分项系数、活载组合系数和活载准永久组合系数可能不同。

3.3.5　材料信息

设计按规范规定数值填写，保护层厚度根据环境情况按混凝土规范填写。钢筋混凝土自重24～25kN/m^3，饰面材料自重 0.34～0.7kN/m^2，折算后自重一般按结构类型取值。混凝土自重见表3.5。

表3.5　混凝土自重

结构类型	板柱结构、框架结构	框剪结构	剪力墙结构、筒体结构
自重/（kN/m^3）	25～26	26～27	27～28

3.3.6　输入数据的核查

（1）转换为计算模型　Revit只是广厦结构CAD的前和后处理，在Revit中建模模型后，要转换为广厦计算模型，步骤如下：

① Revit中，单击模型导出 ➤ 生成GSSAP计算数据 📄，弹出如图3.44所示对话框；

② 在导出选项页中选择导出构件和导出楼层，导出工程路径默认为工程路径，如图 3.44（a）所示；

③ 在截面匹配页面中设置Revit构件转换成广厦构件的定义，如图3.44（b）所示；

④ 设置完成后，单击"转换"即可。

> 注：如图3.44（a）①所示，楼层选择没有出现可勾选的"口"可调大显示的行距。

（2）模型检查　数据转换完成后，在启动界面[图 3.45（a）]中单击①"图形录入"，启动广厦的图形录入界面如图 3.45（b）所示，单击①切换相应的标准层，单击②进行数据检查。

> 注：①数检信息分为警告和错误信息，错误信息必须改正，警告信息则视情况改正与否；②模型问题要返回到Revit中修改，再按图3.44进行转换，检查无误后再计算。

（3）计算　模型检查修改后，单击启动界面[图3.45（a）②"楼板 次梁 砖混计算"]，进行楼板与次梁的分析，如图3.46（a）所示。完成后，单击启动界面[图3.45（a）③"通用计算GSSAP"]，弹出图3.46（b）所示界面，设置相应选项后，单击"确定"，即开始计算。

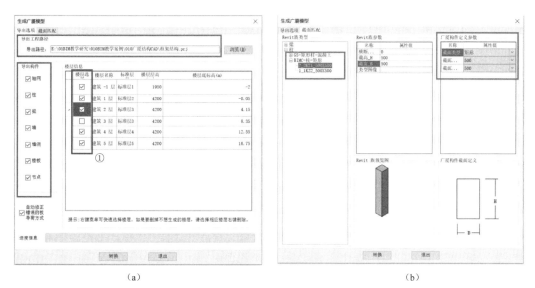

（a）   （b）

图 3.44　Revit 模型转换为计算模型

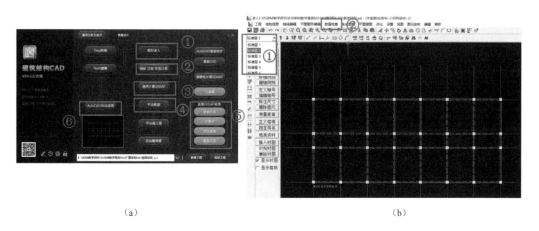

（a）   （b）

图 3.45　模型检查

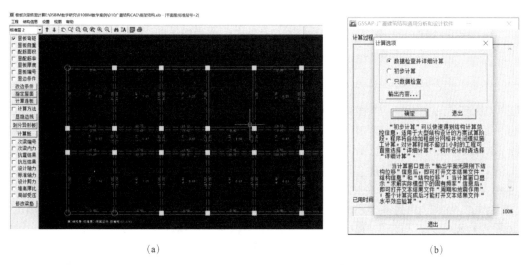

（a）   （b）

图 3.46　通用计算

3.4 结果查看与出图

通过数据检查后，完成"楼板 次梁 砖混计算"及"通用计算 GSSAP"进行计算。计算完毕后查看计算结果，如图 3.45（a）⑤所示，计算结果分整体计算指标和构件计算结果，先使整体计算指标基本满足规范要求，再去调整构件计算结果。

3.4.1 整体计算指标

（1）楼层重量、单位面积重量 楼层重量是指结构各层的恒载与活载之和。楼层单位面积重量是楼层重量与相应楼层建筑面积的比值。根据工程经验，相同结构体系的建筑单位面积重量通常在一个范围内，一般情况下框架结构单位面积重量为 12～14kN/m²，剪力墙结构、筒体结构单位面积重量为 13～16kN/m²。单位面积重量可用于初步判定模型布置是否正确，如果单位面积重量超出或低于常见值过多，则此模型荷载输入可能有问题，需要检查模型是否错、漏输荷载。如果不是错漏荷载，应对此异常给出合理的理由。

（2）控制结构扭转 软件有 5 处体现结构扭转的计算结果：2 处图形方式和 3 处文本方式，简述如下。

① 单击图 3.45（a）④图形方式，打开柱显示平面图，单击右下方状态栏"柱号"则显示重心与刚心位置及坐标。

② 单击图 3.45（a）④文本方式，在【各层的重量、重心和刚度中心】结果中可看到偏心率。规范没有限值要求。显然偏心率越小，结构越不扭转。

③ 在文本方式【结构位移】中，查看层间位移比。《高规》中 3.4.5 条规定了在考虑偶然偏心影响的规定水平地震力作用下，楼层竖向构件最大的水平位移和层间位移比的限值。

④ 在图形方式中查看【三维振型】，通过振型的运动状态，分析结构的扭转情况。

⑤ 在文本方式【周期与地震作用】中查看指标周期比，周期比是指结构第一扭转周期与第一平动周期之比。《高规》中 3.4.5 条对周期比限值做了规定。

（3）控制结构侧移 规范通过最大层间位移角来控制结构正常使用条件下的水平位移，确保高层结构应具备的刚度，避免产生过大位移而影响结构承载力、稳定性和使用要求。

最大层间位移角按弹性方法计算的楼层层间位移与层高之比。单击图 3.45 中的⑤"文本方式"，在弹出的对话框"计算结果文本输出选择"单击"结构位移"，在打开的文件中可查看。《高规》3.7.3 条和《抗规》5.5.1 条给出限值。

（4）控制结构竖向不规则，避免薄弱层 好的结构应是楼层间刚度、承载力均匀变化，避免突变及出现薄弱层，规范通过"楼层侧向刚度比"和"楼层抗侧承载力比"来衡量结构是否出现薄弱层。

单击图 3.45 中的⑤"文本方式"，在弹出的对话框"计算结果文本输出选择"单击"结构信息"，在打开的文件中可查看刚度比。"楼层侧向刚度比"等于楼层在单位水平力作用下水平位移的倒数，规范对不同结构类型采用了不同的算法，并定义了不同的规范限值。可查看《抗规》3.4.3 条及条文说明，和《高规》3.5.2 条。

"楼层抗侧承载力比"在"文本方式"，"水平效应力验算"，可查看楼层抗侧承载力比值。《抗规》3.4.3、3.4.4 条及《高规》3.5.3 条和 3.5.8 条有限值规定。由于承载力是在结构配筋后反算得到的，而结构配筋时 GSSAP 计算已经基本结束，因此当楼层抗侧承载力比值不满足要求时不会自动放大，需在总信息中填写"薄弱的结构层号"，对填写的薄弱层依据规范自动放大地震剪力，多层放大 1.15 倍，高层放大 1.25 倍。

（5）控制剪重比，保证最小地震剪力 点击"文本方式" ➤ "水平力效应力验算"，可查看剪重比。剪重比（《抗规》中的地震剪力系数）是水平地震标准值楼层剪力与重力荷载代表值的比值。《抗规》5.2.5 条规定了结构要承受最小地震剪力。GSSAP 输出剪重比计算结果，若不满足其最低要求，软件自动按输出的调整系数自动放大地震剪力，当本层剪重比不满足要求时，本层以上各楼层剪力均要调整。

若剪重比严重不满足要求，不能仅采用增大系数法来处理，需调整模型并重新计算，可结合层间位移角来调整模型：若地震剪力偏小而层间位移角偏大，说明结构过柔，宜加大柱截面，以提高结构刚度；若地震剪力偏大而层间位移角又偏小，说明结构过刚，宜减少柱墙截面，降低刚度。

（6）控制结构稳定

① 【刚重比】是结构的等效侧向刚度与重力荷载设计值（重力恒载设计值=1.2 倍重力恒载值+1.4 倍活载值）的比值。点击【文本方式】-【水平效应力验算】，可查看【刚重比】和结构稳定性验算结果。

若刚重比不满足《高规》5.4.1 条中的要求，结构要考虑重力二阶效应的影响；若刚重比不满足《高规》5.4.4 条中的要求，即结构稳定性不满足要求，需要调整模型使其满足。

② 【倾覆力矩】为产生倾覆作用的荷载乘以荷载作用点到倾覆点间的距离，在 GSSAP 中输出两种倾覆力矩。

一是在点击【文本方式】-【水平效应力验算】，查看倾覆力矩，这是规定水平力下的计算结果，要结合《高规》8.1.3 条中的要求进行判断。

二是在【文本方式】-【周期和地震作用】中输出的倾覆力矩，用于判断规范允许的零应力区范围，具体要求见《高规》12.1.7 条。

3.4.2　构件参数指标

（1）轴压比　可在【查看 GSSAP 结果】-【图形方式】-【墙柱配筋】中查看轴压比，如超过规范限值，则显示红色。根据具体情况进行修改。

> 注：《混规》11.4.16 条、《抗规》6.3.6 条及《高规》6.4.2 条（柱轴压比）和 7.2.13 条（剪力墙轴压比）列出了轴压比的限值。

（2）梁柱墙配筋　可在【查看 GSSAP 结果】-【图形方式】-【墙柱配筋】或【梁配筋】中查看梁墙柱的配筋计算面积。梁柱墙计算配筋面积示意如图 3.47 所示，解释如下。

① 图 3.47（a）为梁计算配筋面积：上排数字 15-6-8 为本跨梁左支座、跨中和右支座的负筋配筋面积，+2 为抗扭纵筋的配筋面积，+3 为抗剪水平筋的配筋面积；下排数字 3-6-2 为左支座、跨中最大和右支座的底筋配筋面积，/1 为 0.1m 范围内梁端部配箍面积，/0.5 为 0.1m 范围内梁跨中配箍面积，所有单位均为 cm^2。梁跨中底筋配筋面积不包含梁挠度裂缝验算的结果（在施工图系统中显示的底筋包含了挠度裂缝验算的结果）。

② 图 3.47（b）为柱计算配筋面积：矩形柱时，At、Ad、Al 和 Ar 显示上下左右单边配筋面积（cm^2），Apr 为轴压比，Avx 和 Avy 为沿 B 边和 H 边加密及非加密区的抗剪配箍面积（cm^2），配筋面积显示零为构造配箍（即受剪承载力计算配箍为 0，按最小配箍率配箍），JKB 是柱的最小剪跨比，数值显示 9999 表示没有计算剪跨比；

③ 图 3.47（b）为剪力墙计算配筋面积：As1 和 As2 为不考虑边缘构件规范要求的暗柱配筋面积（cm^2），因为真正的暗柱长度需要归并，暗柱归并只在施工图中形成，所以此结果为有限元的计算结果（力学计算中保证墙不倒的配筋值）。两墙肢相交 GSSAP 同 SSW 一样已考虑公用情况，Av 为 1m 范围内水平分布筋配筋面积（cm^2/m），Apr 为轴压比，为施工方便，水平和竖向分布筋一般取相同结果，当水平分布筋配筋面积较大时竖向分布筋可进行另外构造处

理，但直径不宜小于 10。剪力墙端柱处的暗柱总钢筋应为柱的纵筋总面积和墙端暗柱面积之和，也可如图 3.47（d）所示考虑钢筋共用：As≤ 2Asb 只取柱的纵筋总面积，端柱上下左右钢筋对称。

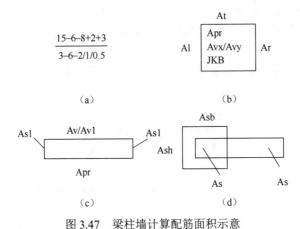

（a）　　　　　　　　　　　（b）

（c）　　　　　　　　　　　（d）

图 3.47　梁柱墙计算配筋面积示意

（3）挠度和裂缝（图 3.48）

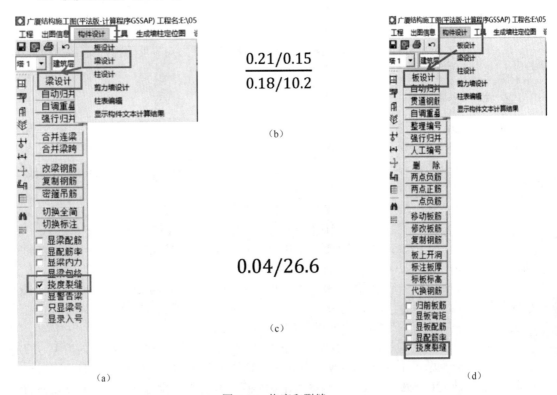

图 3.48　挠度和裂缝

①"启动界面"-"平法施工图"-"构件设计"-"梁设计"，勾选"挠度裂缝"，如图 3.48（a）所示，在梁跨中显示如图 3.48（b）所示，各数据意义：0.21 为梁左支座的裂缝，0.15 为梁右支座的裂缝，0.18 为跨中的裂缝，10.2 为跨中的挠度，单位为 mm。

②"启动界面"-"平法施工图"-"构件设计"-"板设计"，勾选"挠度裂缝"，如图 3.48（d）所示，在梁跨中显示如图 3.48（c）所示，各数据意义：0.04 为板跨中裂缝，26.6 为板跨

中挠度，板边裂缝在板边显示，单位为 mm。

（4）柱的双偏压验算　柱在成图中自动做双偏压验算，双偏压验算是实配钢筋再验算。而在有限元计算中给出的柱配筋只是按单偏压计算得到的配筋，实际上若同一时刻同时存在两个方向的弯矩，应该按同时考虑两个弯矩验算配筋。由于选筋是多选的、非连续的，因此双偏压验算的结果也是多解的，软件只给出了其中一个结果。根据双偏压概念，显然只要双向同时有弯矩，就应该进行双偏压验算，因此软件对所有柱都做双偏压验算，且采取措施使得真正的单偏压柱的双偏压结果与单偏压相同。

（5）冲切验算　冲切验算是指在验算集中或局部均布荷载作用下沿应力破裂面的破坏。上部结构一般发生在无梁楼盖结构中柱对板的冲切，基础中是柱基础、桩对基础的冲切。验算柱对板的冲切要将板设为壳单元，因刚性板不进入空间受力分析无法验算，同时设置柱帽，没有柱帽时应设置暗柱帽。冲切验算不满足要求时，会在超筋超限警告文件中输出，此时可增加板厚，柱对柱帽的冲切、柱帽对板的冲切均应验算，验算结果输出在柱的文本计算结果中。

3.4.3　出图

模型完成计算分析后，即可进入出图，步骤如下。

① 超筋超限检查，如图 3.49（a）所示。

② 进行平法配筋，单击启动界面[图 3.45（a）④"平法配筋"]，启动生成施工图界面[图 3.49（b）]。完成相应设置和选择，单击"生成施工图"即可。

③ 单击图 3.49（b）中"显示生成过程中的警告"查看超筋信息。单击 AutoCAD 自动成图[图 3.45（a）⑥]，进入自动成图界面。

> 注：超筋超限警告，不满足规范强制条文时，先检查计算模型有无错误，再修改截面、材料或模型。修改后，再重新计算。

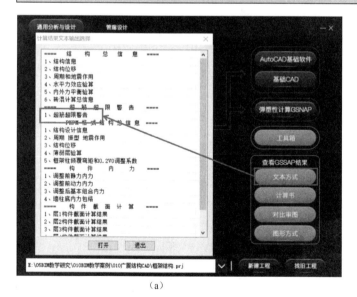

（a）

（b）

图 3.49　超筋超限检查和生成施工图

广厦结构 CAD 出图步骤如下。

① 在启动界面单击 AutoCAD 自动成图，在弹出的截面选择相应 CAD 版本，单击"确定"，如图 3.50（a）所示。

② 进入 AutoCAD 自动成图系统，单击生成 DWG，如图 3.51（a）①所示；再单击②"平法警告"和③"校核审查"按钮，查看相应提示警告，若有警告，则切换到相应的功能菜单如板、梁、柱、剪进行修改，如图 3.51（b）～（e）所示。

③ 修改至符合要求，侧边栏提供了菜单功能切换按键，如图 3.51⑤所示，可根据需要进行切换。

④ 完成修改及标注后，单击图 3.51（a）④"分存 DWG"，软件自动生成钢筋施工图、计算配筋图和模板图。

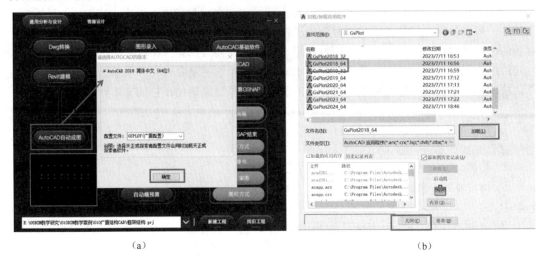

图 3.50　AutoCAD 自动成图

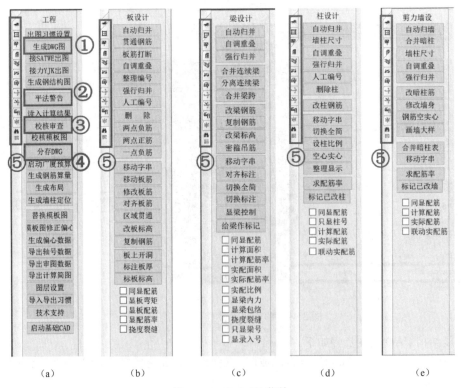

图 3.51　GSPLOT 菜单

> 注：如 CAD 没有加载 GSPlot 界面，可在 CAD 软件的命令栏中输入"AP"并回车，打开加载对话框，在 GSCAD 文件夹下找到 gsplot 文件夹，然后选择并加载对应 CAD 版本的 arx 文件如 GsPlot2018，如图 3.50（b）所示。

3.5　基础设计

结构计算的最后一步是基础设计。当上部结构算完后，基础得到上部结构传来的墙柱底部反力。基础设计的主要概念：首先，保证基础能承受这些荷载；其次，上部结构计算假定了底层柱固接，基础设计应保证这些假定能够成立；最后，支撑基础的土体、岩石不应遭到破坏。

广厦 AutoCAD 基础软件（简称 AJC）是第一个在 AutoCAD 下开发的集成化基础计算和绘图软件，可与 AutoCAD 自动成图 GSPLOT 一起在 AutoCAD 平台同一个 DWG 中完成上部结构施工图和基础计算设计工作。

AJC 可读取广厦、PKPM、YJK（盈建科）、结构软件计算分析上部结构的计算模型结果和墙、柱定位图。采用 AJC，可在 AutoCAD 下进行扩展基础、桩基础、弹性地基梁、筏板、桩筏、梁筏等基础形式的计算、设计和出图。

AJC 支持四大类型的基础设计：扩展基础、桩基础、弹性地基梁基础桩筏和筏板基础。

软件启动基础设计的方式，单击"启动截面"-"AutoCAD 基础软件"，如图 3.52（a）所示。弹出 CAD 版本选择对话，选择相应版本，单击下面"确定"，打开 AutoCAD 软件。如软件没有加载广厦基础设计菜单，则在 CAD 软件命令行输入命令"ap"，在弹出的加载/卸载应用程序中选择 GSCAD\GsPlot 文件夹，选择相应的版本，单击"加载"，再单击下方的"关闭"，即完成了加载，如图 3.52（b）所示。基础设计菜单如图 3.53 所示。

> 注：如要自动加载，则在 CAD 软件命令行输入命令"op"，弹出"选项"对话框，按如图 3.54①～④所示步骤操作。

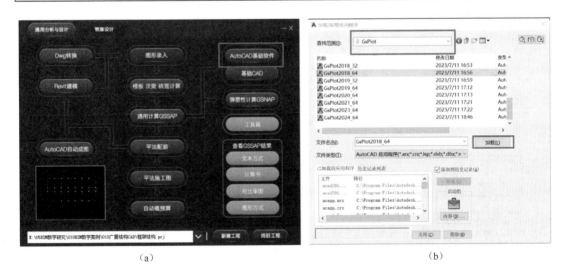

（a）　　　　　　　　　　　　　　（b）

图 3.52　AutoCAD 基础设计

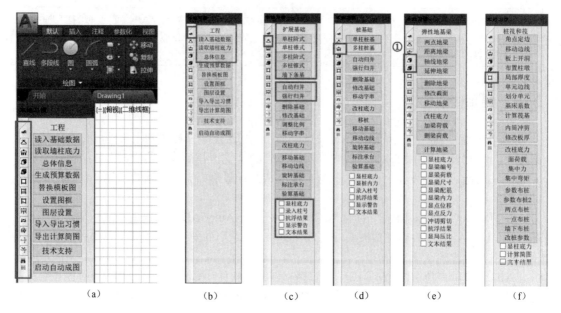

图 3.53 基础设计菜单

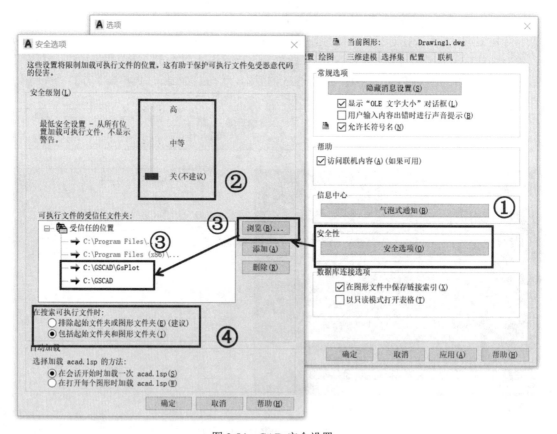

图 3.54 CAD 安全设置

3.5.1 扩展基础

软件支持：单柱（矩形柱、异形柱等）下的扩展基础、多柱下的扩展基础、墙下的扩展基础、多墙柱下联合扩展基础和墙肢下条形基础，基础承台上的墙柱之间可以布置拉梁。

采用墙柱底组合后内力计算，单柱下扩展基础和墙肢下条形基础的基础底面压力采用《建筑地基基础设计规范》（GB 50007—2011）中式（5.2.2）计算，其他类型扩展基础的基础底面压力采用通用有限元的方法进行计算。

软件自动根据承台上墙柱的荷载中心来确定承台中心，通过迭代求承台长、宽、厚度和台阶尺寸，并自动生成扩展基础平面图、扩展基础表和文本计算结果。可进行沉降和回弹计算，并考虑基础之间的影响。

扩展基础设计步骤如下。

① 读入基础数据：单击图 3.53（b）中"工程"-"读入基础数据"，在图 3.55（a）的对话框中勾选/设置相应选项或参数，单击"确认"，软件自动读取上部结构柱数据及相应内力。

> 注：如无法读取基础数据，则点击"启动界面"-"图形录入"-"生成数据"-"生成基础 CAD 数据"，再到基础模块读入数据。

② 填写总体信息：单击图 3.53（b）中"总体信息"，弹出如图 3.55（b）所示总体信息对话框，单击"扩展基础总体信息"，在弹出的如图 3.55（c）所示对话框中，根据工程资料，输入相关参数。

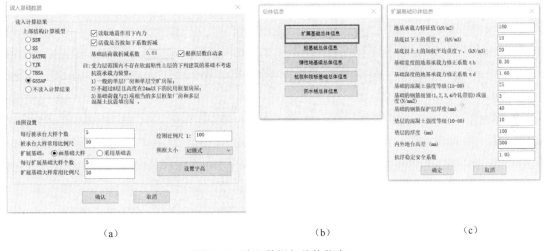

（a）   （b）   （c）

图 3.55 读入数据与总体信息

③ 基础布置：如图 3.53（c）所示，选择要布置的基础形式（单柱阶式、单柱锥式、多柱阶式、多柱锥式或墙下条基），弹出如图 3.56（a）所示的"扩展基础参数"，填写相应参数，单击"确定"，在绘图区域，选择相应柱，如图 3.56（b）所示，软件自动布置相应基础。

④ 进行归并，同时进行相应修改和调整。

⑤ 图纸：软件布置完基础，自动以列表方式进行出图，如图 3.57 所示。

> 注：目前软件不支持以扩展基础的平面注写方式出图。

⑥ 查看文本计算结果：点击"扩展基础"-"文本结果"，软件以文本方式输出所有柱下基础的计算结果并形成计算书。文本中的墙柱号对应录入系统中的墙柱号（结构模型中的编号）。

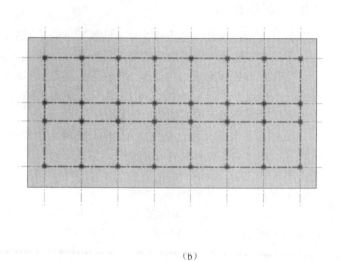

（a）   （b）

图 3.56　扩展基础布置

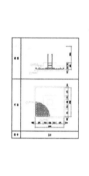
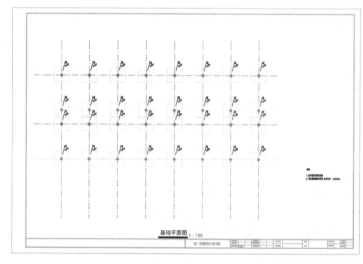

图 3.57　基础布置

3.5.2　桩基础

适用的桩基础包括：单柱（矩形柱、异形柱等）下的桩基础、多柱下的桩基础、墙下的桩基础和墙柱下桩基础，基础承台上的墙柱之间可以布置拉梁。

软件采用墙柱底组合后内力计算，单柱下桩基础的单桩轴力采用《建筑地基基础设计规范》（GB 50007—2011）中式（8.5.4）计算，其他类型桩基础的单桩轴力采用通用有限元的方法进行计算。

自动根据承台上墙柱的荷载中心来确定承台中心，通过迭代求桩数和承台厚度，并自动生成桩基础平面图、承台大样表和文本计算结果。

可进行沉降计算，并考虑基础之间的影响。

桩基础设计操作步骤同扩展基础，简述如下。

① 读入基础数据：此步骤同扩展基础；

注：如无法读取基础数据，则点击"启动界面"-"图形录入"-"生成数据"-"生成基础CAD数据"，再到基础模块读入数据。

② 填写总体信息：单击"工程"-"总体信息"-"桩基础总体信息"，如图3.58所示，填写相应参数信息。

图3.58　桩基总体信息

③ 基础布置："桩基础"，选择要布置的基础形式（单柱桩基础、多柱桩基础、墙下桩基础、墙柱下桩基础），弹出基础参数对话框，填写相应参数，在绘图区选择相应柱墙，布置桩基础，同扩展基础。

④ 进行归并，同时进行相应修改和调整。

⑤ 图纸：软件布置完基础，自动以列表方式进行出图。

⑥ 查看文本计算结果：点击"桩基础"-"文本结果"，软件以文本方式输出所有柱下基础的计算结果并形成计算书。文本中的墙柱号对应录入系统中的墙柱号（结构模型中的编号）。

3.5.3　弹性地基梁基础

适用于弹性地基梁结构，梁杆件的截面形式可为矩形、⊥形和T形。软件利用文克尔假定导出弹性地基梁的单元刚度矩阵，用矩阵位移法计算弹性地基梁在上部单工况荷载作用下的位移和内力，单工况内力组合后计算截面配筋。

计算结果可选择按图形方式或文本方式输出，自动生成平法表示的梁平面施工图，可进行沉降和回弹计算。

弹性地基梁基础设计步骤如下。

① 读入基础数据：同前面基础。

② 填写总体信息：步骤同前，如图3.59所示。

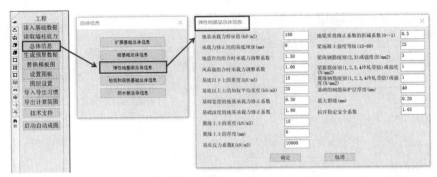

图 3.59　弹性地基梁总体信息

③ 切换到"弹性地基梁"菜单，单击布置地基梁的方式，如图 3.60（a）①所示，在弹出的弹性地基梁对话框内填写梁截面参数，如图 3.60（b）所示，布置地基梁。

注. "勾选筏板肋梁或矩形梁"则为矩形截面，不勾选为 T 形。

④ 单击图 3.60（a）②"加梁荷载"，弹出如图 3.60 所示荷载设置对话框，设置好相应荷载，单击"确定"，在绘图区选择相应地基梁进行布置。点击"计算地梁"，软件自动进行计算。

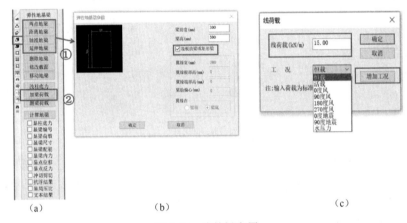

| （a） | （b） | （c） |

图 3.60　地基梁布置

⑤ 查看文本计算结果：点击"弹性地基梁"-"文本结果"，可查看地基梁计算书。

⑥ 出图：点击"地梁出图"-"生成梁图"，如图 3.61（a）所示，在弹出的如图 3.61（b）所示"梁钢筋控制"对话框中完成设置，单击"确定"，结果如图 3.61（c）所示。

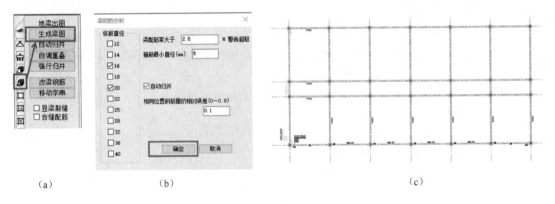

| （a） | （b） | （c） |

图 3.61　地梁出图

3.5.4 桩筏和筏板基础

适用的基础包括：平板式筏板基础、梁板式筏板基础、无梁或有梁的桩筏基础。

地基模式为温克尔地基模式，根据组合前单工况下墙柱底的内力，采用通用有限元的方法计算，然后进行内力组合。单元类型有：板单元、梁元、桩单元和弹簧单元等。

可选择按图形方式或文本方式输出计算结果，采用 CAD 中的命令绘制筏板平面施工图。

筏板基础设计步骤如下。

① 读入基础数据：同前面基础。

② 填写总体信息：步骤同前。

③ 切换到"桩筏和筏板"-"角点定边"，在弹出的对话框中输入"边界挑出长度，如图 3.62（a）①所示。在绘图区选择相应角点，如图 3.62（b）所示"ABCD"点，结果如图 3.62（c）所示。

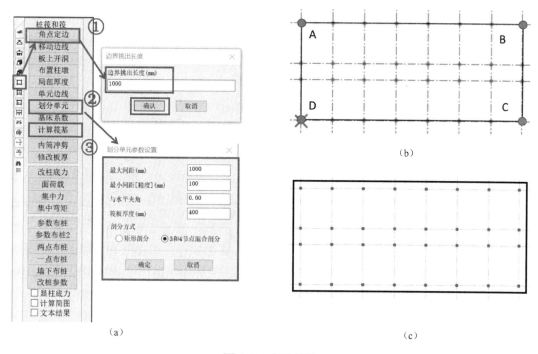

图 3.62 创建筏板

④ 单击图 3.62（a）②"划分单元"，设置相应参数，单击"确定"，在绘图区选择相应的筏板并确认选择，软件自动对选择的筏板进行单元划分。

⑤ 单击图 3.62（a）③"计算筏基"，在绘图区选择要计算的筏板，并确认选择，软件自动对选择的筏板进行计算。

⑥ 查看文本计算结果：点击"桩筏和筏板"-"文本结果"，可查看筏基计算书。

⑦ 出图：单击"桩筏和筏板"-"计算简图"，查看相应配筋，如图 3.63（a）所示，在绘图区显示相应配筋面积，如图 3.63（c）所示。切换到"筏板出图"，选择相应布筋方式，如图 3.63（b）所示，手动在相应筏板上布置。

> 注："板节点配筋面积"按相应方向最大弯矩（正负）计算的配筋面积，单位为 cm²/m，并按 0.20mm 裂缝控制增加钢筋。

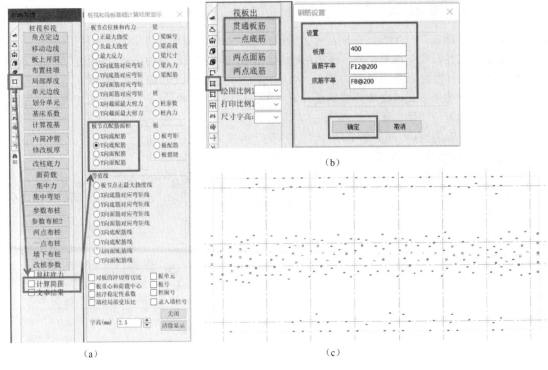

（a）

（b）

（c）

图 3.63　筏板配筋

3.5.5　沉降计算

扩展基础、桩基础、弹性地基梁或筏板基础布置完成后，输入地质资料，软件根据准永久组合内力（恒载+0.5 活载）作用下的土压力来进行沉降计算，其操作步骤如下。

① 布置孔点：单击"沉降回弹"-"点布孔点"，如图 3.64（a）①所示，在弹出的"修改地质资料"对话框中修改土层资料，如图 3.64（b）所示，单击"确定"，在绘图区相应位置布置孔点，布置的孔点如图 3.64（c）所示。

② 计算：单击图 3.64（a）②"计算沉降"/"计算回弹"，软件自动完成沉降和回弹计算。

③ 结果查看：单击图 3.64（a）③"沉降文本"/"回弹文本"，可查看相应沉降/回弹值。

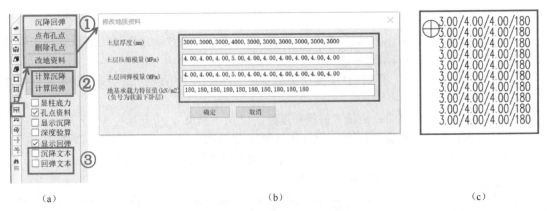

（a）　　　　　　　　　　　　　　　（b）　　　　　　　　　　　　　（c）

图 3.64　沉降和回弹计算

3.5.6　其他工具

软件还提供了其他工具（图3.65），限于篇幅则不一一详细介绍。

① 图3.65（a）为防水板计算，可参照筏板。

② 图3.65（b）为标注菜单，轴网编号可从钢筋平法图中复制到基础平面图。

③ 图3.65（c）为图层管理菜单。

④ 图3.65（d）为钢筋绘制。

⑤ 图3.65（e）为钢筋修改工具。

⑥ 图3.65（f）为构件查找。

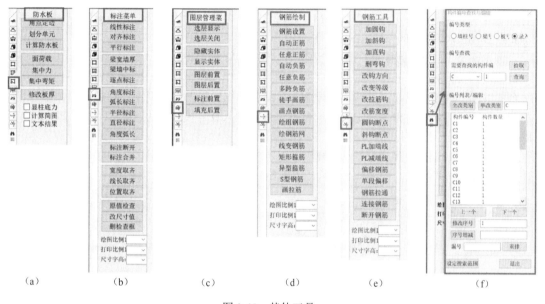

（a）　　　（b）　　　（c）　　　（d）　　　（e）　　　（f）

图3.65　其他工具

4 BIM 算量模型创建与工程量汇总

4.1 BIM5D 模型算量

目前国内基于 Revit 实现清单、定额工程量计算的软件不多,主要有国泰新点 BIM5D 算量、清华斯维尔算量 For Revit、品茗 HiBIM、晨曦 BIM。各家软件大同小异,各有特点,本节以国泰新点 BIM5D 算量为例介绍 Revit 算量流程。

国泰新点 BIM5D 算量是一款结合国际先进的 BIM 理念设计的,集工程设计、工程预算、项目管理为一体的贯穿工程全生命周期的工程管理软件。本软件基于 Revit 平台开发,利用 Revit 平台先进性,轻松实现设计出图、指导施工、编制预算的数据源(模型)相统一。并结合我国国情,将国标清单规范和各地定额工程量计算规则融入算量模块中去,实现 BIM 理念落地和 Revit 软件的本土化。目前能实现基于 Revit 的土建(不含钢筋)和安装的工程量计算。

使用流程:创建并优化好 Revit 模型,进行工程设置,模型映射,套做法,汇总(分析)计算,统计,查看报表,如图 4.1 所示,下面简述各步骤。

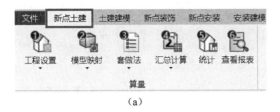
(a)

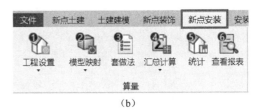
(b)

图 4.1 Revit 算量流程

4.1.1 工程设置

工程设置对话框有工程信息设置、楼层设置、材质定义、链接计算四个选项。启动方式:新点土建 ➤ 工程设置。

4.1.1.1 工程信息设置

进行工程信息相关内容设置时注意事项如下。

① 蓝颜色(计算机中显示)标识(图 4.3 中方框所示)属性值为必填的内容。

② 工程名称为读取 Revit 文件名称,不可修改。

③ "定额名称":在切换其他定额时,所选择的定额将弹提示框,如图 4.2(b)所示。

- 勾选"清空定额数据""修改清单名称""清空清单数据",将原来的定额、清单数据全部清空,包括所套取的做法等。

- 只勾选"清空定额数据",将只清空定额数据,对应"清单联动"下的内容将不发生变化。

- 不能在不勾选"清空定额数据"的情况再勾选"清单联动"下的内容。

- 选择了"定额模式(无清单)"时,则如图 4.2(a)所示。

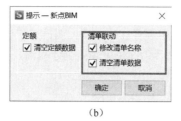

| (a) | (b) | (c) |

图 4.2　定额和清单修改

④ 当选择的清单为"定额模式（无清单）"时，输出模式只能为实物量按定额规则计算。此时的定额模式下只可对构件挂接定额做法。

⑤ 当选择的清单不是无清单模式时，输出模式可以为实物量按清单规则计算和实物量按定额规则计算。

⑥ 清单模式下可以对构件进行清单与定额条目挂接。

⑦ "清单名称"：在切换其他清单时，所选择的清单将弹出提示框，如图 4.2（c）所示。

- "确定"，将清空原清单所有数据，替换新选择的清单。
- "取消"，将不进行清单数据的更改。

⑧ 其中"地下室水位深"是用于计算挖土方时的湿土体积。

⑨ 计算定义中含有模板类型、梁计算方式、是否计算墙面铺挂防裂钢丝网等设置选项，设置内容运用于项目计算，如图 4.3（b）所示。

⑩ 土方定义：含有土壤类别、土方开挖形式等的设置，运用于土方的布置与计算，如图 4.3（c）所示。

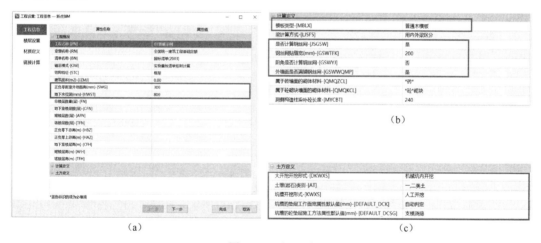

图 4.3　工程设置

在对应的设置栏内将内容设置或指定好，系统将按设置进行相应项目的工程量计算，点击"完成"。

4.1.1.2　楼层设置

楼层设置是指通过勾选工程中的标高从而实现分层，表格中的楼层信息自动生成，如图 4.4 所示。注意事项如下。

① 楼层设置中，软件读取工程设置中的数值，将楼层分层。根据勾选的楼层标高自动生成楼层，不可改动，如图 4.4（a）所示。

② 默认情况下，软件读取楼层平面视图的标高名称，可以点击修改，如图 4.4（d）所示。

③ 点击楼层名称可编辑楼层名称，标高和面积不可更改，如图 4.4（c）所示。

④ 在工程中创建楼层设置中不存在的归属视图，若勾选该楼层则会根据"所属平面"列中的推荐视图名称（计算机中显示为红色字体）创建视图，完成后将自动归属楼层，如图 4.4（a）和（b）所示。

4.1.1.3 材质定义

材质定义有两种模式：材质指定和材质映射，如图 4.5（a）和（b）所示。

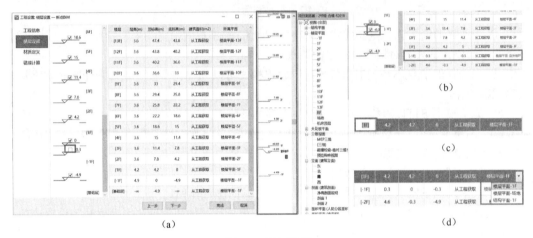

图 4.4 楼层设置

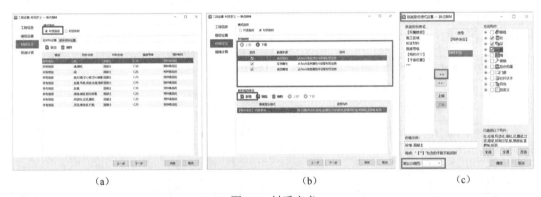

图 4.5 材质定义

① 材质指定。用于统一构件的材质，如图 4.5（a）所示，楼层、构件名称、材料名称、对应的强度等级以及搅拌制作方式都可以点击修改。

② 材质映射。用于从 Revit 数据中获取材质信息，进行材质匹配。软件提供三种默认的映射规则，即从族类型名、实例属性和类型属性，可通过上移和下移操作，更改其优先级别，如图 4.5（b）所示。如果上述不能满足要求，可单击映射规则条目中的"新增"，添加新的规则，如图 4.5（c）所示。

> 注：用户在创建 Revit 模型时，要将构件的命名规则制定好，此处才好方便地进行设置。

4.1.1.4 链接计算

把其他工程链接进本工程，此时链接工程是形成一个与原工程不同的整体，没有绑定于一体。勾选"链接计算"，对链接工程进行模型映射、属性查询、工程量汇总，如图 4.6 所示。

4.1.1.5 选项

用于用户自定义一些算量设置，显示工程中计算规则，包括 2 大项内容，分别是工程选项和软件选项。

其中工程选项的内容对计算影响最大，如映射规则和扣减规则，如图4.7所示。

> 注：最好是统一规则（构件、文件命名），导出方案，以后应用导入即可。

4.1.1.6　导入工程模板

上述各种设置，制作好模板，导出存盘，在新的工程中，可直接导入制作好的模板，从而避免了重复的设置，节约时间，提高效率。

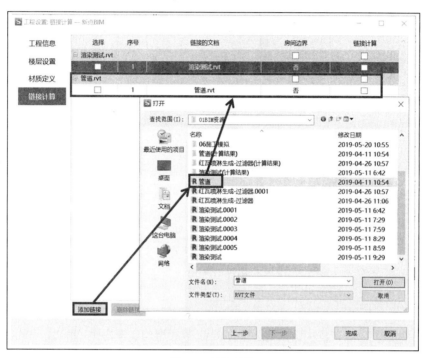

图 4.6　链接计算

（a）　　　　　　　　　　　　　　　（b）

图 4.7　选项

4.1.2　模型映射

将 Revit 构件转化成软件可识别的构件，根据名称进行材料和结构类型的匹配，当根据族名未匹配成理想效果时，执行族名修改或调整转化规则设置，提高默认匹配成功率，如图 4.8 所示。

参数含义及注意事项如下。

① 未能正确识别的，可进行单独修改。

②"覆盖实例类型"：勾选时，映射覆盖手动调整过的实例构件；不勾选时，不覆盖手动调整过的实例，如图 4.8（a）所示。

③"幕墙上嵌入的门、窗，参与映射"：勾选后，幕墙上绘制的门窗参与模型映射操作，用以进行算量中的后续操作，如图 4.8（b）所示。

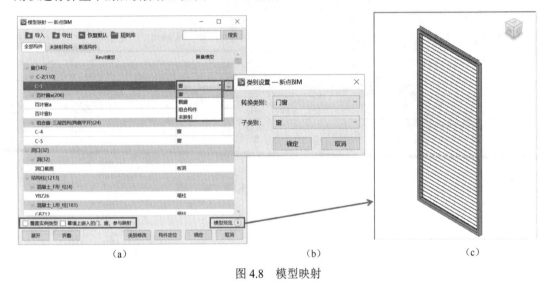

(a)　　　　　　　　　　　　(b)　　　　　　　　　　　　(c)

图 4.8　模型映射

④"模型预览"：将其展开，可查看构件三维模式，如图 4.8（a）和（c）所示。

⑤"类别设置"：如默认类别无法满足需求，可点击"下拉"进行类型设置，选择需要的类别，如图 4.8（b）所示。

⑥"构件定位"：在工程中定位到选择的 Revit 族类型的实例构件，用来查看构件的具体位置和 3D 模型。

4.1.3　套做法

软件提供了两种方法：手动套做法和自动套做法，如图 4.9 所示。

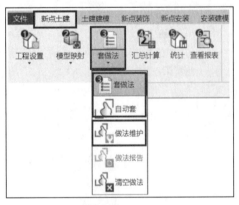

图 4.9　套做法

4.1.3.1　手动套做法

①"新点土建" ➤ "套做法"，打开套做法，弹出"套做法"对话框，如图 4.10（a）所示。

② 选择楼层与要套做法的构件，如图 4.10（a）中①和②所示。

③ 激活套做法选项栏，在右边栏找到相应内容，双击，则自动套到所选构件，如图 4.10（a）中③和④所示。

④ 根据需要可选择工程量计算式，如图 4.10（a）中⑤所示。

⑤ 根据需要可增加工作内容，如图 4.10（a）中⑥所示。

> 注：套做法栏，可切换为指引、清单或定额三种模式，如图 4.10（b）和（c）所示。

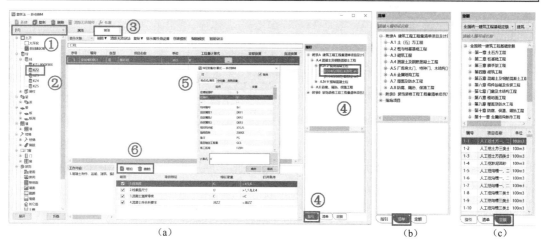

图 4.10　手动套做法

注意事项：

① 在套做法界面，把"显示关联"改为"显示相同类型"则显示出构件所有做法，包括已经被删除的做法，勾选即可，如图 4.11 所示；

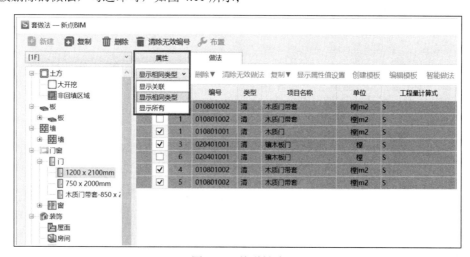

图 4.11　关联做法

② 没套做法的构件，软件不统计清单定额量，只统计实物量。

4.1.3.2　自动套做法

自动套做法是用户先创建一套内置的挂接做法规则（做法维护），软件根据用户创建的做法规则进行自动判断和挂接做法。创建做法规则的步骤如下。

① 启动做法维护，"新点土建" ➤ "套做法" ➤ "做法维护"，如图 4.9 所示。

② 选择构件：在做法维护对话框的构件列中找到要制定做法规则的构件（单击），如墙（砌体结构），如图 4.12 中①所示。

③ 增加做法：做法名称，单击"增加"，如图 4.12 中②所示，在新增的做法名称中，在套做法条件下判定列，单击如图 4.12 中③所示的图标。

④ 设置判断条件：供软件自动套做法，如图 4.12 中④所示。

⑤ 判断条件的规则，可单击如图 4.12 中⑤所示图标查看。

⑥ 判断条件说明如图 4.13 所示。

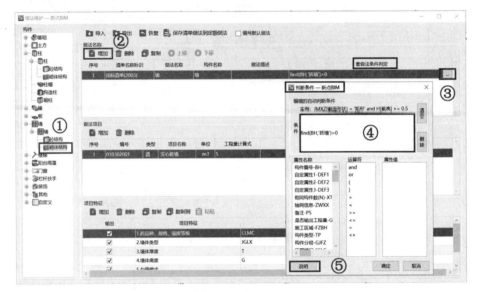

图 4.12　做法维护

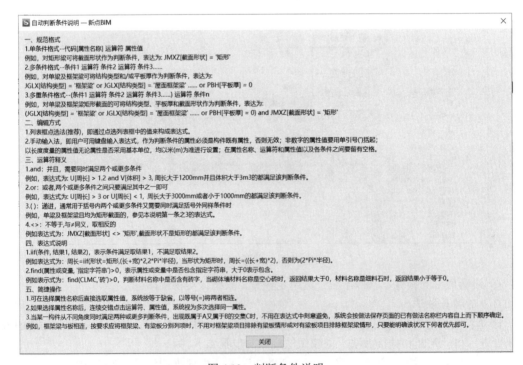

图 4.13　判断条件说明

在设置判断条件时，对构件属性及属性值，要按新点算量的构件属性处理。新点算量构件属性的查询方式有两种：①在套做法时，选中构件，在属性选项栏可查询构件的算量属性，如图 4.14（a）所示；②选中构件，"新点土建" ➤ "属性查询"，进行查询构件的属性，如图 4.14（b）所示。

（a）

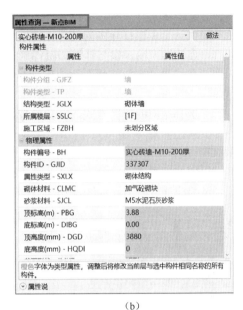

（b）

图 4.14　构件属性查询

4.1.4　计算工程量

主要是根据各个省份不同的计算规则，算出构件对应的清单量和定额量。包括汇总计算、结果管理、清空历史数据、参数算量、模型检查五项功能，如图 4.15（a）所示。下面介绍汇总计算功能，对于其他功能用户可参照其帮助文件。

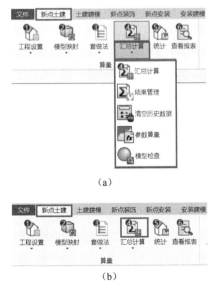

（a）

（b）

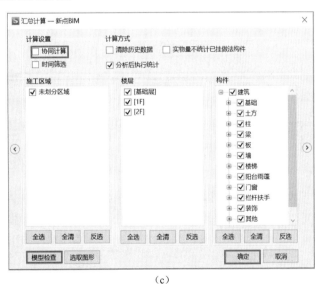

（c）

图 4.15　汇总计算

① 启动汇总计算:"新点土建" ➤ "🔧 汇总计算",如图 4.15(b)所示,则启动汇总计算设置对话框,如图 4.15(c)所示。

② 如果要多台计算机参与一个工程的计算,要勾选"计算设置"中的"协同计算",如图 4.15(c)所示,进行多计算机配置,并注意如下几点。

a. 多个资源打开相同工程,并设置协同计算配置信息,包含端口和确认等待时间等。

b. 由一个主机打开协同计算界面,添加其他资源,点击"添加客户端"。

c. 连接客户端,参与计算的资源确认请求后,准备接收任务。

d. 单击"确定"按钮进行协同计算,计算完成后汇总结果,服务端将显示工程量分析统计界面。

③ 选择相应的计算方式,执行模型检查,弹出检查报告对话框,如图 4.16(b)所示。

④ 单击如图 4.16(b)所示相应构件后的"查看",则在视图中显示有问题的构件,如图 4.16(a)所示。

⑤ 所有设置完毕,单击如图 4.15(c)所示的"确定"。

⑥ 显示计算进度,如图 4.16(c)所示,速度与模型大小、计算机计算速度等有关。

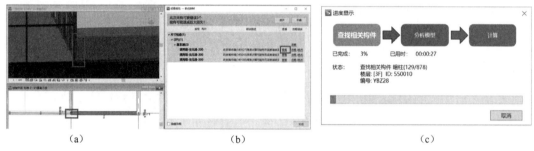

(a)   (b)   (c)

图 4.16　模型检查

⑦ 计算结束后弹出计算结果——工程量分析统计,如图 4.17 所示。

⑧ 点击"查看报表",如图 4.18 所示:可以实物量、清单和定额量的方式显示,并可导出 Word、Excel 和 PDF 格式。

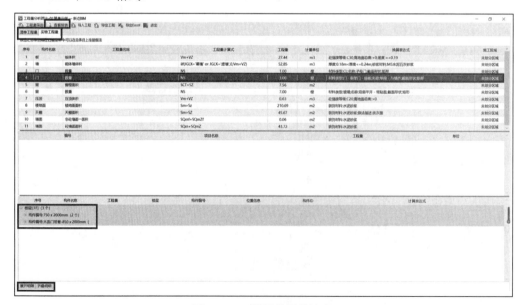

图 4.17　工程量分析统计表

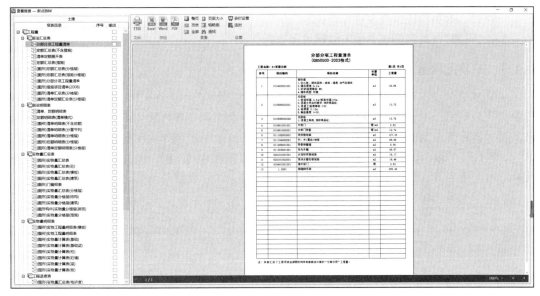

图 4.18　查看报表

4.1.5　输出报表

单击"新点土建" ➤ "查看报表"，弹出构件计算值输出报表。提供各种查看方式及输入方式，如图 4.18 所示，主要功能如下。

"报表分类"：分工程量与指标报表两大类，工程量分为做法汇总表、做法明细表、实物量汇总表、实物量明细表、工程进度表、参数法零星量汇总与明细；指标报表分为工程量指标、楼层信息表。

"做法汇总表"：工程中构件做法的汇总表，包括清单、定额汇总表等。

"做法明细表"：工程中构件做法的明细表，包括清单、定额明细表等。

"实物量汇总表"：工程量的实物量汇总表。

"实物量明细表"：工程量的实物量明细表。

"工程进度表"：工程按进度的实物量汇总表和实物量明细表。

"参数法、零星量汇总与明细"：工程中参数法与零星量汇总表与明细表，包括清单、定额参数表。

"工程量指标"：包括实物量（混凝土指标表）等。

"楼层信息表"：显示工程中楼层信息表。

"输出"：勾选输出列选项，所标注出的序号用于打印的顺序。

"报表目录"：显示输出报表项名称。

"打印"：通过外部设备将所需报表打印出来，可在打印页面填写所需的页码，方便用于打印所需的页面。

"导出"：所选报表可以进行 Excel、Word、PDF 三种格式的导出。

"整页"：对所有报表进行整页处理。

"页宽"：对所有报表进行页宽处理。

"全屏"：对当前选中报表进行全屏。

"页面大小"：对所选报表页面进行设置页面大小。

"缩略图"：对所有报表页面设置缩略图。

"查找"：对当前选中报表进行查找。

"表栏设置"：对当前选中报表进行设置表栏。

4.1.6　安装工程量计算

安装算量的操作与土建算量的操作方式基本相同，如图 4.19（a）所示。由于专业的不同，计算内容也不同，与土建算量相比增加了新的功能，如工程设置中增加了系统定义、导流叶片和沟槽卡箍设置，如图 4.19（a）所示。如单击"系统定义"可编辑系统信息，如对系统类型名称、系统代号编码、颜色、线型和线宽进行修改，如图 4.19（b）和（c）所示。如要进行导流叶片和沟槽卡箍设置，则进入如图 4.20（a）和（b）所示设置对话框。

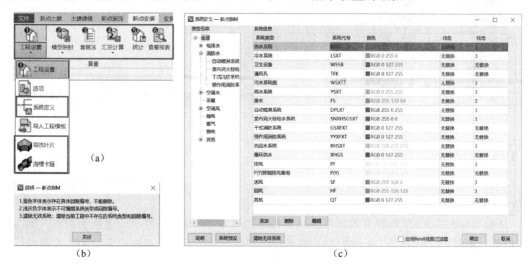

图 4.19　安装算量

图 4.20　导流叶片和沟槽卡箍设置

后面的步骤可参照土建算量。

4.2　量筋合一模型算量

本节主要讨论技术路线 3（各技术路线介绍见：商务部门根据 CAD 施工图利用算量软件建模进行工程量及成本估算。而技术部门根据商务部门的算量模型进行深化设计、施工过程模拟、施工进度及质量管理等。

为了节约时间，所选用的算量软件的模型要能传递到 Revit 中，考虑到和计价软件的互通，本节选用了新点量筋合一软件。它能与新点 5D 算量和新计价软件做到数据无缝的对接，这样量筋模型可以直接进行算量，工程量可以直接传递到计价软件中，量筋土建模型（钢筋只能传量）可以直接传到新点 5D 算量中进行算量套定额，再传到新点计价软件中进行成本计算，还可以把价板返回到新点 5D 算量中进行成本模拟，如图 4.21 所示。

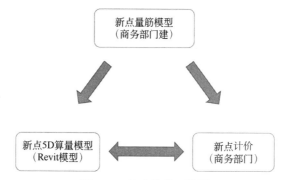

图 4.21　技术路线 3 流程

本节对这种流程及量筋软件的操作做简单介绍，5D 算量软件的操作见上节，计价软件操作见第 7 章。

4.2.1　量筋合一软件的建模操作

新点 BIM 量筋合一是基于 CAD 图纸建模出量的工程计量软件。软件采用创新的数据库平台和三维图形技术，秉持"量筋合一"的开发理念，可同时进行土建建模和钢筋平法的操作，实现土建和钢筋工程量的一体化应用，软件特点见表 4.1。本软件的算量模型还能导入到其基于 Revit 软件开发 BIM5D 算量中，即转化为 Revit 模型。本小节对软件的建模流程和方法及算量做介绍，详细操作可参见软件操作手册。

如需 BIM 量筋合一中的模型转化成 Revit，要先打开新点 BIM5D 算量正式版，进行工程设置并保存，如图 4.22（a）中①～③所示。在 BIM5D 算量中单击土建建模，进行 CAD 识别，启动量筋合一软件，如图 4.22（b）所示。如有其他需要，可单击 CAD 识别设置，进行相关设置，如图 4.23 所示。

> 注：只有执行了工程设置，才能使用后面的功能。

表 4.1　量筋合一软件特点

简单	➤ 无须安装 CAD，计算机配置要求低 ➤ 采用操作命令分区布置模式，按照常规思维即可找到操作命令，通过简单学习即可掌握软件操作 ➤ 可根据构件特征和属性，智能挂接对应清单及定额
快速	➤ 采用实时计算技术，构件画完即可查看该构件土建和钢筋工程量 ➤ 软件整体汇总计算快，可在模型修改重新汇总计算时，只计算修改部分，大幅缩短模型重算时间，操作高效便捷
准确	➤ 软件自带 CAD 图纸管理系统，CAD 转化识别建模速度快、识别率高、纠错功能强 ➤ 点击报表中计算式，可自动定位到相应构件进行反查，精准核查构件数据来源及计算过程
高效	➤ 软件可与新点清单造价软件实现数据互通，在模型出量的同时，可直接导出工程量至造价软件，还可在造价软件中打开模型，查看工程量数据来源 ➤ 软件可与新点 BIM5D 算量软件实现数据互导，快速将软件所建立的三维模型转化成 Revit 模型

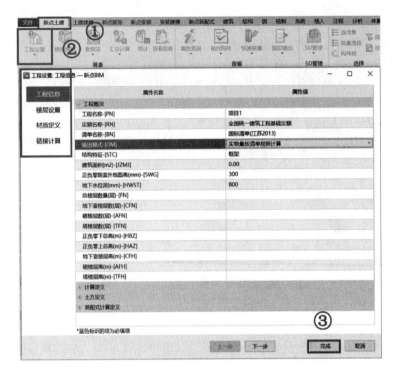

（a）

（b）

图 4.22　从 Revit 中启动量筋合一

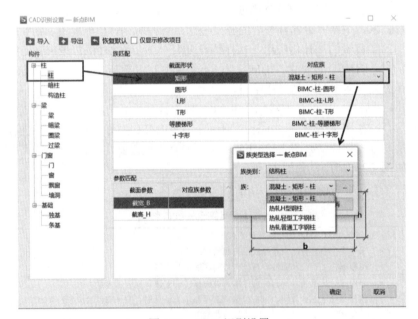

图 4.23　CAD 识别设置

4.2.1.1　界面简介

在 BIM5D 算量中，单击图 4.22（b）中的 "CAD 识别"，即可打开量筋合一软件，软件有两种界面，新界面如图 4.24 所示，采用了流行的选项卡和命令的方式，更容易找到相应命令。单击 "视图" 选项卡 ➤ 软件界面风格 ➤ 经典布局，可切换到以前布局。量筋界面介绍见表 4.2。

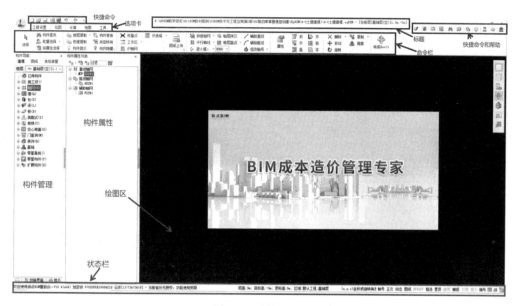

图 4.24　量筋界面

表 4.2　量筋界面介绍

序　号	名　称	功能/内容
1	标题栏	标题栏从左向右分别显示软件图标、软件名称、当前所操作的工程文件名称、存储路径、当前层（包含楼层名称、所属楼层的顶底标高）、最小化、最大化、关闭按钮
2	命令工具栏	依次为"工程设置""绘图""计算""视图""公共"工具栏
3	构件管理	在软件的各个构件类型和各个构件之间切换
4	构件属性	显示对应的构件属性
5	绘图区	用户进行绘图的区域
6	状态栏	显示各种状态下的绘图信息
7	常用命令	新建、打开、保存、打开（保存）快照、撤销和恢复
8	快捷命令或帮助	格式刷、刷新构件关系、帮助等

4.2.1.2　建模流程及操作

新点量筋软件的操作流程：工程设置，导入图纸，切换楼层，指定工作区域，建模（手动创建或拾取 CAD 图层创建）等，工程量计算流程如图 4.25 所示。也可以在量筋中建好模，导入 BIM5D 算量中，进行土建算量，操作见前述。

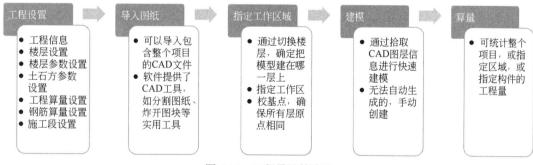

工程设置	导入图纸	指定工作区域	建模	算量
● 工程信息 ● 楼层设置 ● 楼层参数设置 ● 土石方参数设置 ● 工程算量设置 ● 钢筋算量设置 ● 施工段设置	● 可以导入包含整个项目的CAD文件 ● 软件提供了CAD工具，如分割图纸、炸开图块等实用工具	● 通过切换楼层，确定把模型建在哪一层上 ● 指定工作区 ● 校基点，确保所有层原点相同	● 通过拾取CAD图层信息进行快速建模 ● 无法自动生成的，手动创建	● 可统计整个项目，或指定区域，或指定构件的工程量

图 4.25　工程量计算流程

（1）工程设置　单击工程设置，基本设置，打开工程基本信息（全局设置）对话，进行相关设置，如图 4.26 所示，图 4.26（a）工程信息中蓝色带"★"的为必填项，其他可不填。可依次单击相应选项卡进行切换，如楼层设置，图 4.26（b）所示，进行楼层设置，也是建模前必须要设置的。也可以通过绘图，识表格中的识别楼层表，如图 4.27（a）所示，直接通过框选读取 CAD 图中的楼层表[图 4.27（b）]，自动创建楼层。

图 4.26　工程设置

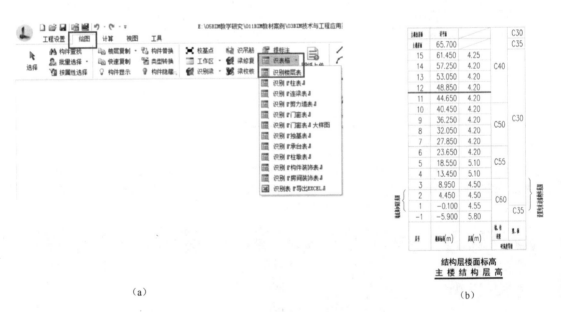

图 4.27　楼层识别创建

（2）导入图纸　单击构件导航中的图纸，可对 CAD 图纸文件进行管理，如图 4.28（a）所示。单击 ➕CAD 可添加 CAD 图纸到项目中，如图纸过多可单击 📁 创建文件夹对图纸进行分类管理，如图 4.28（a）中①所示，选中新创建的文件夹，单击或按快捷键"F2"可对文件夹进行重命名，如图 4.28（d）所示。单击 🗨 可弹出菜单，如图 4.28（a）中②所示。

> 注：整体保存、整体加载，可以将载入的 CAD 文件进行整体保存，再次需要时直接选择整体打开即可。

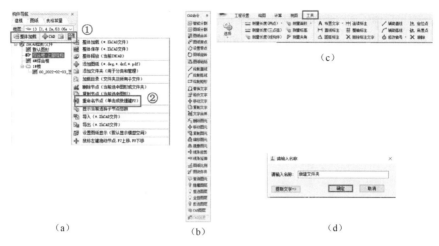

（a）   （b）   （c）   （d）

图 4.28 图纸管理

对于新点量筋合一软件，不安装 AutoCAD 软件也可对 CAD 图纸进行处理，其常用 CAD 命令如图 4.28（b）所示。当 CAD 图层为块时无法生成构件，可用图块炸开命令处理。软件还提供了一些实用的图纸处理工具，如图 4.28（c）所示。

（3）指定工作区域 量筋合一软件支持导入多张 CAD 图纸或多张 CAD 图纸在一个 CAD 文件中的情况，建模是分层创建，软件通过工作区指定当前工作层，为使在不同层上创建的模型成为一个整体，软件通过指定图纸原点或校基点来实现。操作步骤如下：

① 建模前先指定当前楼层、规划原点，原点一般为每张平面图纸都有的轴线交点，如 3 号轴线与 C 轴线交点，要确保后面建模所需的每张平面图上都有 3 号轴线和 C 轴线；

② 单击工作区，如矩形工作区域，如图 4.29（a）所示，把所需的区域框选起来，在周围形成封闭区域以虚线显示，如图 4.29（b）所示；

③ 单击校基点，在前面选择的工作区域的相应轴线交点上单击鼠标左键，即设置了模型的原点，如图 4.29（b）所示；

④ 每次更换楼层时，先切换楼层，再指定工作区域，然后校基点。

注：首次使用校基点命令时，直接选中轴线交点后单击鼠标左键即可，就设置了模型的原点。切换工作楼层和工作区域后，再次启动校基点时，选中相应轴线交点后单击鼠标左键，再单击鼠标右键，即完成基点的迁移和设置。

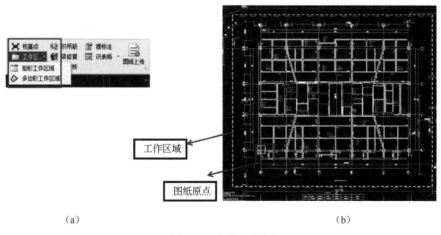

（a）   （b）

图 4.29 指定工作区

（4）建模 量筋合一软件建模流程如图 4.30（a）所示，有些没有严格的顺序，如切换楼层[图 4.30（b）]和工作区设置。一般是先创建竖向构件再创建水平构件，构件的创建有拾取图层或手动布置两种方式，如图 4.30（c）～（f）所示，软件也支持表格拾取创建构件类型，如图 4.30（g）所示。

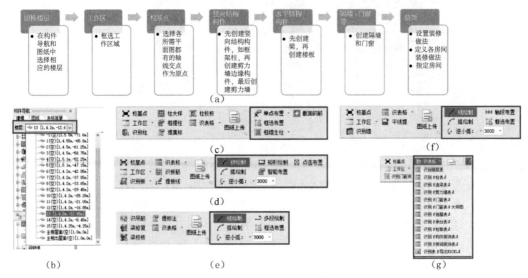

图 4.30　量筋合一建模流程

① 竖向结构构件创建。构件创建前，先进行属性定义，再放置，最后是校核与修改，如图 4.31 所示。

图 4.31　竖向构件创建流程

软件提供了手工定义属性和提取 CAD 图的方式进行定义。手工定义构件的入口如图 4.32 和图 4.33 所示。下面做简单讲解。

方法一：通过构件导航栏进入，步骤如下。

- 通过切换构件导航栏下方的切换界面，如图 4.32（a）中①和图 4.33（a）中①所示，可切换界面的两种显示风格，如图 4.32（a）和（b）所示，主要区别是构件属性与列表的显示不同。

- 单击图 4.32（b）中②和图 4.33（b）中②可控制构件属性栏的显隐。

- 单击构件属性列表左上方的"添加"可直接添加矩形柱，如图 4.32（a）中③和（b）中③所示，单击"添加"旁边的实心三角，可选择添加的截面，如图 4.32（a）中④所示。

- 在构件属性栏中点击构件编号，可修改构件名称，也单击截面类型边的"…"，在截面设置对话框中修改截面类型及尺寸，如图 4.32（b）中⑤和图 4.32（c）所示。

- 单击构件属性中"点击配置钢筋"可手动布置截面钢筋，如图 4.32（b）中⑥和（d）所示。

- 定义或修改完后直接关闭对话框，软件自动保存和更新构件列表。

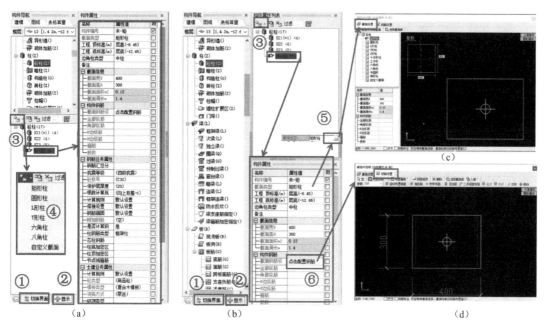

图 4.32　手工定义构件属性方法一

方法二：单击图 4.33（a）中"属性"，或按"F9"键，打开属性设置对话框，如图 4.33（d）所示。单击图 4.33（d）中①，在弹出的下拉菜单中可选择相应的构件，如图 4.33（b）所示，单击图 4.33（d）中②"添加"，在弹出的下拉菜单[图 4.33（c）]中选择截面类型，即完成构件的添加。在构件设置中进行截面尺寸、钢筋等的修改和配置，如图 4.33（d）右侧所示。

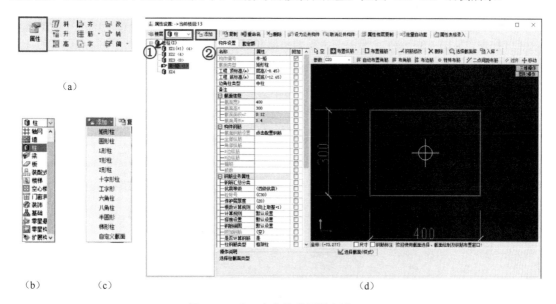

图 4.33　手工定义构件属性方法二

为提高效率，利用图纸的信息，软件还提供了读取 CAD 平面图中的构件信息或表格中的构件信息来创建构件类型。如 CAD 图提供的是如图 4.34（b）所示柱大样图，可通过柱大样提取创建柱类型、截面尺寸、配筋信息等，步骤如下：

- 单击如图 4.34（a）所示柱大样；
- 在弹出的“识别柱大样”对话框中进行相关设置，如缺省名称、钢筋等；
- 提取大样边线、标注、钢筋骨架，如图 4.34（c）所示；
- 单击如图 4.34（c）所示“识别柱大样及钢筋”则完成的柱相关属性的设置和创建；
- 软件会在大样图上创建一个柱，此柱是多余的，用户要删除，否则会造成工程量增加。

（a）

（b）

（c）

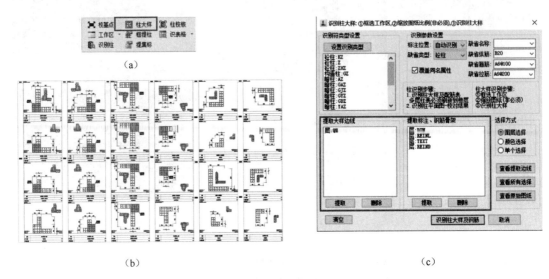

图 4.34　提取柱大样

如 CAD 图纸提供了柱配筋表或剪力墙身表[图 4.35（a）和（b）]，可通过识表格功能来创建柱和剪力墙类型及属性，命令如图 4.35（c）所示。如启动识别柱表，则打开如图 4.36（a）所示识别表格（柱表）对话框，单击图 4.36（a）中①“框选识别区域（追加）”，在图纸上框选相应柱表，如图 4.35（a）所示柱表，识别数据显示在图 4.36（a）中，在图 4.36（a）的②原始数据中修改，单击图 4.36（a）中③则应用到软件中。如要识别剪力墙表，方法与步骤同柱表识别，如图 4.36（b）中①～③所示。

框架柱配筋表

位置	编号	标高	尺寸(bxh)	角筋	b边一侧中部筋	h边一侧中部筋	箍筋类型号(mxn)	箍筋
主楼	KZ1	基础顶面~一层楼面	1000x1000	4?25	6?25	6?25	1(8x8)	?12@100
		一层楼面~五层楼面	1000x1000	4?25	6?25	6?25	1(6x6)	?12@100
		五层楼面~八层楼面	900x900	4?25	4?25	4?25	1(6x6)	?10@100
		八层楼面~十二层楼面	800x800	4?25	3?25	3?25	1(5x5)	?10@100
		十二层楼面~主楼屋面	700x800	4?25	3?25	3?25	1(5x5)	?10@100
	KZ2	基础顶面~一层楼面	1000x1000	4?25	6?25	6?25	1(8x8)	?12@100
		一层楼面~五层楼面	1000x1000	4?25	4?25	4?25	1(6x6)	?12@100
		五层楼面~八层楼面	900x900	4?25	4?25	4?25	1(6x6)	?10@100/200
		八层楼面~十二层楼面	800x800	4?25	3?25	3?25	1(5x5)	?10@100/200
		十二层楼面~主楼屋面	700x800	4?25	3?25	3?25	1(5x5)	?10@100/200
	KZ3	基础顶面~一层楼面	1000x1100	4?25	6?25	6?25	1(8x8)	?12@100
		一层楼面~五层楼面	1000x1000	4?25	6?25	6?25	1(8x8)	?12@100
		五层楼面~八层楼面	900x900	4?25	4?25	4?25	1(6x6)	?12@100/200
		八层楼面~十二层楼面	800x800	4?25	3?25	3?25	1(5x5)	?12@100/200
		十二层楼面~主楼屋面	700x700	4?25	3?25	3?25	1(5x5)	?10@100/200

（a）

剪力墙身表

编号	标高	墙厚	水平分布筋	垂直分布筋	拉筋(双向)
Q1(两排)	基础顶面~二层楼面	350	Φ14@150	Φ12@150	Φ6@450/450
	二层楼面~八层楼面	350	Φ10@150	Φ10@150	Φ6@600/600
	八层楼面~屋面	300	Φ10@150	Φ10@150	Φ6@600/600
Q2(两排)	基础顶面~二层楼面	300	Φ14@150	Φ12@150	Φ6@450/450
	二层楼面~屋面	300	Φ10@150	Φ10@150	Φ6@600/600
Q3(两排)	基础顶面~二层楼面	350	Φ10@150	Φ10@150	Φ6@450/450
	二层楼面~八层楼面	350	Φ10@150	Φ10@150	Φ6@600/600
	八层楼面~屋面	300	Φ10@150	Φ10@150	Φ6@600/600
Q4(两排)	基础顶面~二层楼面	300	Φ10@150	Φ10@150	Φ6@450/450
	二层楼面~屋面	300	Φ10@150	Φ10@150	Φ6@600/600
Q5(两排)	基础顶面~八层楼面	250	Φ8@150	Φ8@150	Φ6@600/600
	八层楼面~屋面	200	Φ8@150	Φ8@150	Φ6@600/600
Q6(两排)	基础顶面~屋面	200	Φ8@150	Φ8@150	Φ6@600/600

（b）

（c）

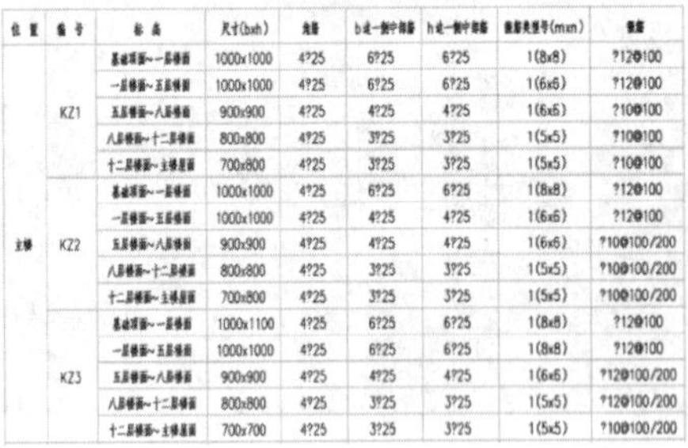

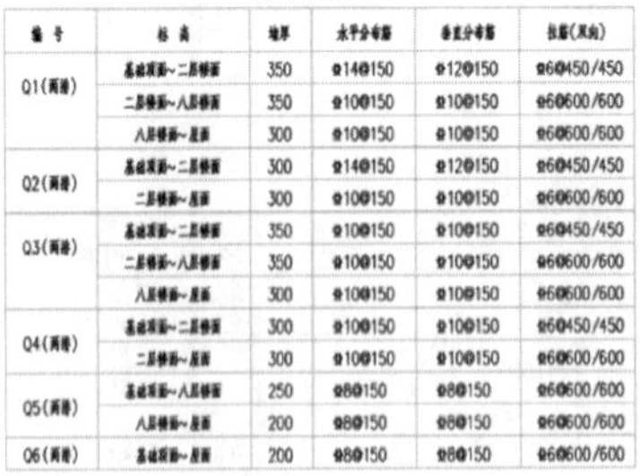

图 4.35　柱表与剪力墙表

当识别的剪力墙构件名称带有“两排”字样时，如图 4.37（a）所示，图纸中通常不带“两排”字样，导致后面拾取图纸上的剪力墙时无法用表格读取属性。用户要手动修改，删除“两排”字样，选中要删除的剪力墙类型，在构件属性的构件编号中删除即可，如图 4.37（b）所示。

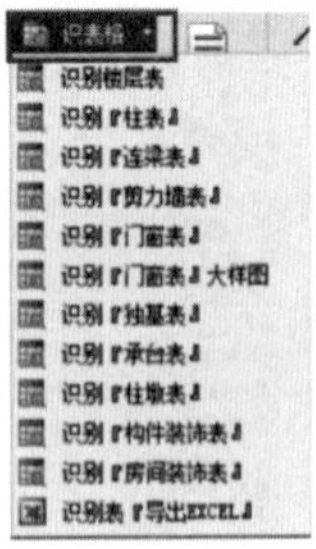

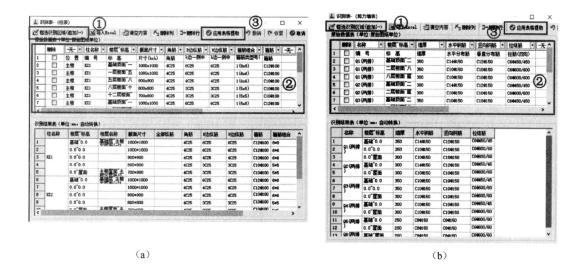

（a）　　　　　　　　　　　　　　　　　　　　（b）

图 4.36　识柱表与剪力墙表

（a）　　　　　　　　　　　　　　　　（b）

图 4.37　剪力墙名称修改

构件属性定义好后，可手动放置或通过提取构件图层信息生成构件，如图 4.38 所示。下面以柱识别为例，讲解其操作步骤：

- 单击图 4.38（a）中①手工放置柱命令，如单点布置，可通过按"F4"键切换柱定位点（角点或中心点），软件可以捕捉 CAD 图纸上的相应点，从而准确放置；
- 单击图 4.38（a）中②"识别柱"，启动识别柱平面图（原位大样图），对识别符类型、识别参数进行设置，如图 4.38（b）中①和②所示；
- 提取边线、标注、钢筋骨架等，查看选择，如图 4.38（b）中③和④所示；
- 无误后，单击图 4.38（b）中⑤"柱构件及钢筋"，则在相应位置生成柱及钢筋。

如创建墙和柱，软件提供了手工放置创建，如图 4.38（c）中①所示，以及识别 CAD 图创建构件，如图 4.38（c）中②所示（识别墙），识别步骤如图 4.38（d）中①～⑤所示。

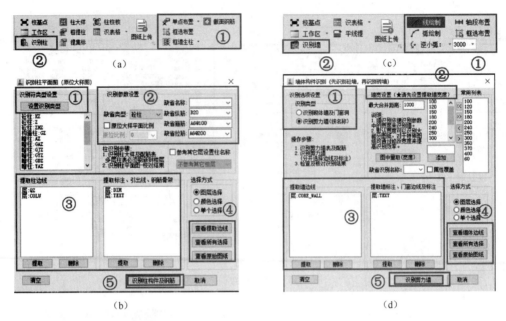

图 4.38　竖向构件放置

创建本层竖向构件后，即可创建本层水平结构构件。

② 水平结构构件创建。如有连梁表，则先提取连梁表，创建连梁属性，再通过手工放置构件或拾取创建，如图 4.39（a）所示。对于框架梁，也可以在识别梁平法图纸时和放置梁时创建梁属性。

单击"识别梁"，弹出梁构件识别对话（请炸开分解标注块图元），如图 4.39（b）所示，操作可参照柱或墙。识别梁吊筋，单击图 4.39（a）中"识吊筋"，弹出对话框如图 4.39（c）所示，设置无标注吊筋和箍筋，提取相应图层，查看无误后，单击识别转换即可。

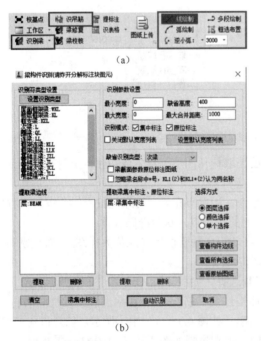

图 4.39　梁创建

软件对于板的创建也提供了手工与识别两种方案，如图 4.40（a）所示。单击"识别板"，则启动如图 4.40（b）所示板识别对话框，设置板参数，提取相应的图层，无误后，单击下方的"识别板"即可。单击"识板筋"后，弹出如图 4.40（c）所示对话框，进行相关设置并提取相应图层，单击下方的"识别板筋"即完成钢筋创建。

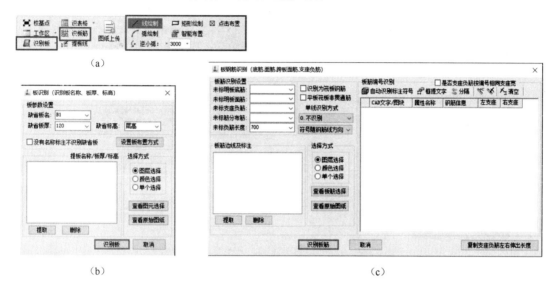

图 4.40　板创建

③ 隔墙与门窗。如果建筑图纸与结构图纸不在同一个 CAD 文件中也不受影响，直接进行切换图纸，设置工作区，校基点即可。要先拾取门窗表[图 4.41（a）]创建门窗及洞口类型，再单击"识别墙"，启动如图 4.41（b）所示墙体识别对话框，在"识别选项设置"中选择"识别砌体墙及门窗洞"，如图 4.41（b）中①所示，进行设置提取图层，查看所选，如图 4.41（b）中②～④所示，检查无误后，单击图 4.41（b）中⑤"识别砌体墙及门窗洞"，即生成墙及门窗洞口。

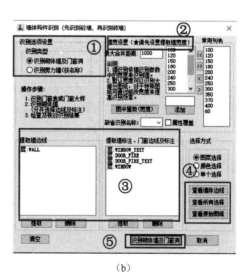

（a）　　　　　　　　　　　　　　（b）

图 4.41　隔墙与门窗洞口创建

④ 装饰。新点量筋合一软件的显示效果目前不是很好，其装饰用于算量是准确、方便和

快捷的，如要用于展示，建议在 BIM5D 算量中进行布置，其方法和操作原理相似。装饰创建的步骤如图 4.42（a）所示，流程为定义装饰属性，把定义好的装饰属性指定给房间，把定义好的装饰属性的房间布置在模型中。其操作步骤如下：

- 切换到相应楼层，打开属性设置对话框（F9 键），如图 4.42（b）所示；
- 单击图 4.42（b）中①"添加"房间，在图 4.42（b）②中更改房间名称；
- 单击图 4.42（b）中③"添加"做法，在图 4.42（b）④中更改名称及进行设置；
- 选中相应房间，在图 4.42（b）⑤中把做法指定给房间；
- 在模型中布置房间，如图 4.43 所示。

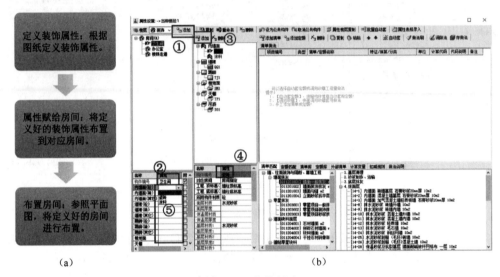

图 4.42　装饰创建

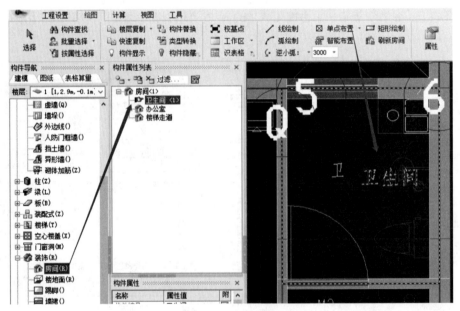

图 4.43　指定房间

⑤ 基础。不同类型的基础，其创建略有区别，其通用步骤：通过拾取表格（如有此功能），设置属性创建类型，如图 4.44 中①~④所示，通过拾取图层放置基础或手动放置。下面以独立

基础创建为例：

• 通过识别独基表创建基础属性与类型，如图 4.45（a）所示，也可按如图 4.44 中①～④进行手工创建；

• 启动识别独基，启动（独基）构件识别，通过拾取图层放置独基，如图 4.45（b）所示；

• 如手动放置，软件提供了三种放置方式，即单点布置、框选布置和依附筏板，如图 4.45（c）～（e）所示。

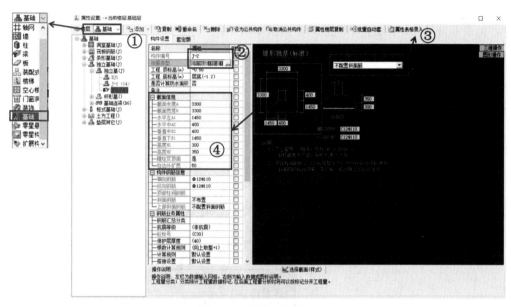

图 4.44　基础属性设置

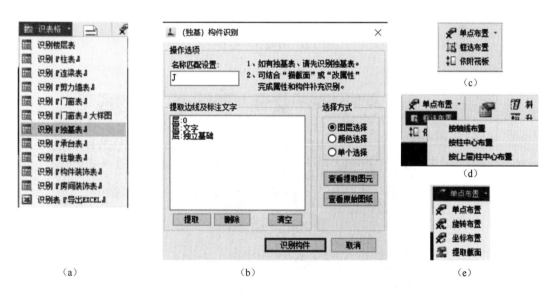

（a）　　　　　　　　　（b）　　　　　　　　　（c）（d）（e）

图 4.45　独基创建

⑥ 楼梯。算量是在已有设计图纸的基础上进行建模和计算，软件为了快速创建楼梯，提供了常用的楼梯类型，用户只要按图纸信息选择相应的楼梯类型并设置相关参数，放置在图纸相应位置即可。其主要操作步骤如下：

- 属性设置，如图4.46所示，在②中选择相应构件参数，此名称可在右侧构件设置中"构件编号"中修改；
- 设置或修改相应参数，如配筋参数（图4.46中③～⑥），在右侧构件属性栏中设置与在右侧显示区修改粉色背景的文字，两者是同步的；
- 如要修改楼梯类型，可单击参数楼梯类型后的"…"，如图4.46中①所示，弹出楼梯类型样式选择及参数设置对话框，如图4.47所示；
- 在图4.47①中选择楼梯类型样式，在左下方的属性栏或右侧的显示区修改粉色背景的文字，两者是同步的，此处的设置也同步到图4.46中；
- 设置好楼梯类型及参数后，在图纸相应区域布置即可。

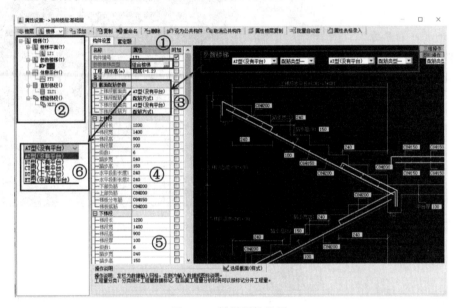

图4.46 楼梯属性设置

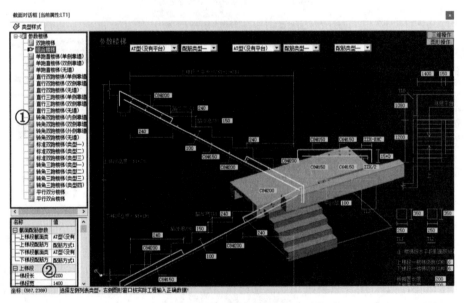

图4.47 楼梯参数设置

⑦ 其他构件。软件还支持阳台、雨篷、挑檐、压顶、栏杆、台阶坡道、地沟、后浇带等小构件建模，如图 4.48（a）中①和②所示。下面对其操作做简单介绍：

- 打开属性设置对话框，选择要定义的构件如阳台 YT1 类型，如图 4.48（c）中①所示；
- 在构件设置的构件编号中可修改构件名称，单击阳台类型后面的 "…"，如图 4.48（c）中②所示；
- 在截面属性对话框中，选择相应截面类型并设置截面参数，如图 4.49 中①和②所示；
- 有的构件支持自定义截面，如图 4.50（a）中①所示，单击图 4.50（a）②中的 "…"，则打开截面对话框，如图 4.50（b）所示，单击钢筋设置，命令如图 4.50（c）所示。

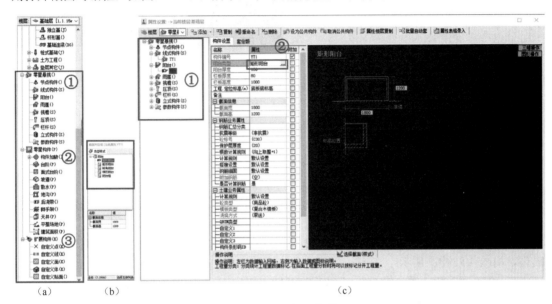

（a）　　　（b）　　　　　　　　　　　　　　　　　（c）

图 4.48　零星悬挑（构件）

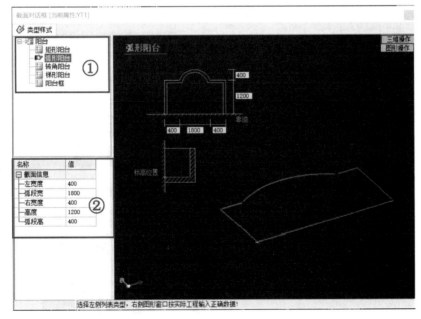

图 4.49　截面类型选择与设置

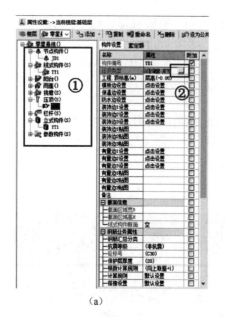

(a)

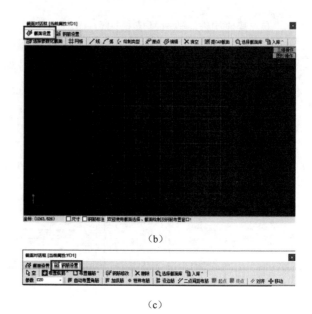

(b)

(c)

图 4.50 自定义截面的构件

　　实际项目需求是多种多样的，软件还提供了扩展构件，类似于 Revit 中的"常规模型"，让用户对构件进行自定义，如图 4.48（a）中③所示。下面以自定义体为例讲解其操作步骤：

- 在属性设置中选择相应构件如自定义体 TI1，如图 4.51 中①所示；
- 在构件设置中，单击图 4.51②中的"…"，在截面对话框中选择要操作的选项如立面旋转体，如图 4.51 中③所示；
- 在下面旋转立面中单击"…"，如图 4.51 中④所示，在弹出的截面对话框中画旋转截面，如图 4.51 中⑤所示；
- 关闭截面对话框，选择旋转等分（数量）8，结果如图 4.51 中⑥所示。

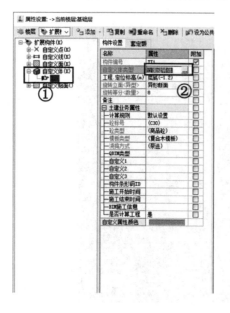

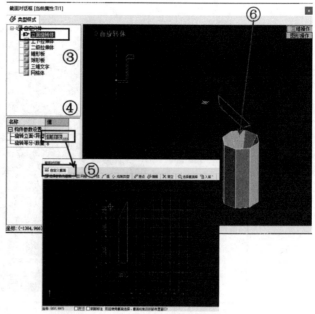

图 4.51　扩展构件

4.2.2 套做法

算量模型用量筋软件创建好，可以导入 BIM5D（Revit）中进行挂接清单和定额，也可在量筋中进行挂接清单和定额，其方法有手动套和自动套两种。手动套步骤如下：

① 打开相应构件的属性设置对话框，选择要挂接做法的构件及其所在楼层，如图 4.52 中①所示；

② 选择要挂接做法的构件，如图 4.52 中②所示，单击图 4.52③中的"套定额"；

③ 单击图 4.52④中的"添加清单"或"添加定额"，在图 4.52⑤中选择相应的"清单匹配"或"定额匹配"，双击相应的清单或定额；

④ 在弹出的"工程量计算项目"设置对话框中选择相应的内容，单击"确定"，如图 4.52 中⑥所示；

⑤ 软件把清单或定额挂接到相应构件，如图 4.52 中⑦所示。

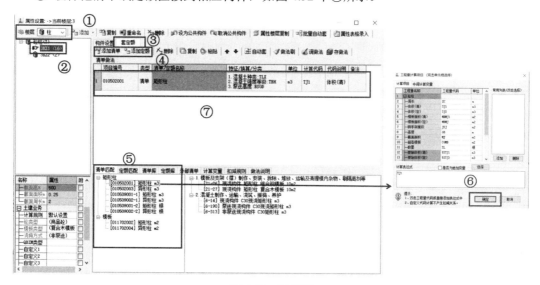

图 4.52 套定额

自动套是指软件提供了相应的规则模板，当构件属性与模板的规则相匹配时，就把相应做法挂接到选定的构件。用户可以对模板进行调整，下面简述自动套的操作步骤。

① 模板规则的调整，以调整混凝土类型及浇捣方式为例。单击工程设置 ➤ 计算设置，弹出工程基本信息（全局设置）对话框，单击"【自动套做法】设置"，打开"【工程算量】-构件项目-自动套做法管理"对话框，如图 4.53 所示。

② 选择清单或定额模式，如图 4.53 中①所示，再选择相应构件，如图 4.53②中的"混凝土柱"。

③ 在图 4.53③做法条件设置中，选择"混凝土类型"，在图 4.53④中选择"=商品混凝土"，单击图 4.53⑤中的">"，则把商品混凝土添加到规则库，如图 4.53 中⑥所示，同理添加浇捣方式。

④ 在属性设置中选择套定额，选择相应楼层及构件，如图 4.54 中①所示。

⑤ 当构件的属性中混凝土类型与浇捣方式及规则库相同时（图 4.54 中②），单击图 4.54 中③所示的自动套，软件自动把相应做法挂接给构件，结果如图 4.54 中④所示。

> 注：已套做法的构件其属性栏中的名称在软件中显示为黑色，没套做法的构件在其属性栏中的名称在软件中显示为红色。

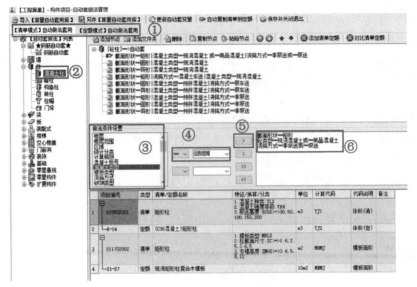

图 4.53　自动套规则调整

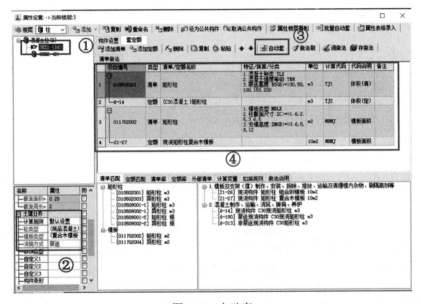

图 4.54　自动套

软件为提高套做法的效率,对于同类型构件可以通过"做法刷"工具,复制做法,也可通过"批量自动套"工具一次性给出所选择的楼层和构件,按既定的自动套的规则挂接做法。其操作步骤如下:

① 单击图 4.55①中的"批量自动套",弹出对话框如图 4.55 中②所示,可选择自动套的构件;

② 勾选"区域所有楼层"可激活按"楼层"或"构件"选择构件,如勾选"构件",如图 4.55 中③所示;

③ 如勾选"楼层",如图 4.55 中④所示。

> 注:上述②~④可单击相应的"田"展开细节进行选择。

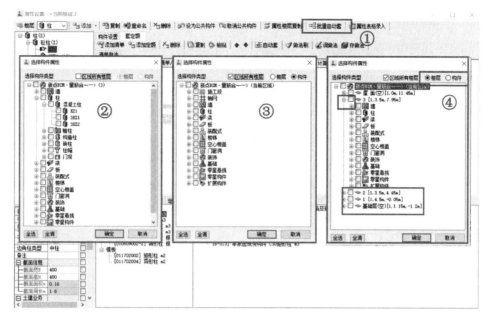

图 4.55　批量自动套

同类型构件，用"做法刷"工具复制的操作如下：

① 单击图 4.56①中的"做法刷"，弹出"批量复制构件属性做法"对话框；

② 在"批量复制构件属性做法"对话框中勾选相应构件，如图 4.56 中②所示；

③ 勾选图 4.56③中"复制到其他楼层"，在目标构件选择中按楼层选择相应构件，如图 4.56 中④所示。

④ 选择完相应构件后单击图 4.56⑤中的"确定"，软件自动进行复制。

> 注：已套做法的构件其属性栏中的名称在软件中显示为黑色，没套做法的构件在其属性栏中的名称在软件中显示为红色。

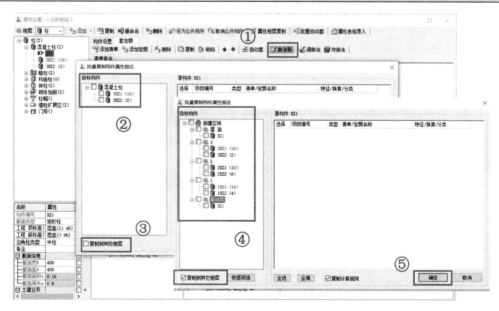

图 4.56　做法刷

4.2.3 工程量汇总

量筋合一还提供了工程量统计，可以选择相应楼层和构件进行汇总，操作步骤如下。

① 单击图 4.57（a）①中的"汇总计算"则弹出计算对话框，如图 4.57（b）所示。

② 在图 4.57（b）中勾选计算的内容如②所示，设置好相应规则及报表后，单击图 4.57③中的"计算"。

③ 弹出"选择需要计算的楼层及构件"对话框，如图 4.57（c）所示。单击图 4.57④中的"按楼层选择"或"按构件选择"，在下方选择构件区域勾选相应构件，如图 4.57 中⑤所示。

④ 选择后单击"确定"如图 4.57 中⑥所示。

⑤ 软件完成计算后，单击图 4.57（b）计算旁边的"【工程量-钢筋】报表"，可打开报表查看。

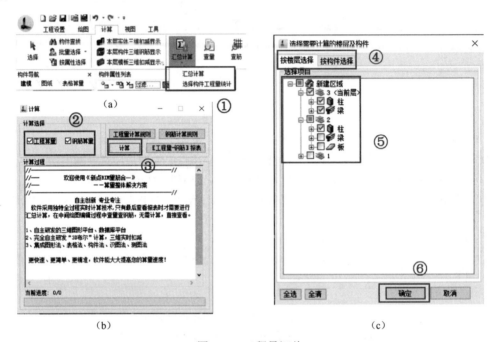

图 4.57 工程量汇总

4.3 量筋软件模型与 BIM5D 算量软件的对接

量筋合一模型创建好后，可在量筋软件中进行挂接清单和定额，然后进行工程量汇总，也可根据需要在 BIM5D 算量软件中进行挂接清单和定额，进行工程量汇总。量筋软件创建的算量模型导入 BIM5D 算量软件（即转化为 Revit 模型）的步骤如下。

① 在转入前先打开新点 BIM5D 算量，单击土建建模 ➤CAD 识别 ➤CAD 识别设置，如图 4.58（a）中①和②所示。

② 在弹出的对话框中进行转化时的族设置。如选中要设置的柱，如图 4.58（b）中③所示。在右侧选择要设置的柱类型，单击向下箭头可打开相应族类型选择，如图 4.58（b）中⑤所示。如要载入新的柱族，则单击图 4.58（b）⑤下方的"更多"，在弹出的"族类型选择—新点 BIM"对话框中单击图 4.58（b）⑥中的"…"则可载入新的族。

③ 单击图 4.58（a）中 CAD 识别，则打开量筋软件，可新建工程或打开已有项目，算量

模型创建完毕后，单击量筋软件 ➤ 绘图 ➤ 转成 Revit ✥，在弹出的选择楼层和类型对话框中选择相应的楼层和构件，如图 4.58（c）所示。

④ 软件则把模型转化为 Revit 模型，其钢筋的量也传到新点 BIM5D 算量中，但钢筋模型目前无法转为 Revit 模型。

⑤ 模型及量导入新点 BIM5D 算量，在 BIM5D 算量中单击新点土建 ➤ 汇总计算，在弹出的对话框中选择要统计的构件，如图 4.59（a）所示，单击"确定"，则统计出相应构件的量，如图 4.59（b）所示，选中相应的量，可在下方查看是哪些构件的汇总。

⑥ 可在 Revit 中进一步对模型进行深化，方法参照 Revit 相关操作以及套做法等，具体可参照 4.1 节。

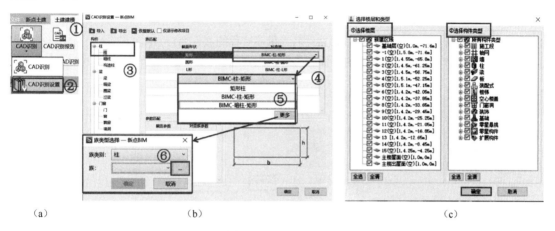

（a） （b） （c）

图 4.58　CAD 设置

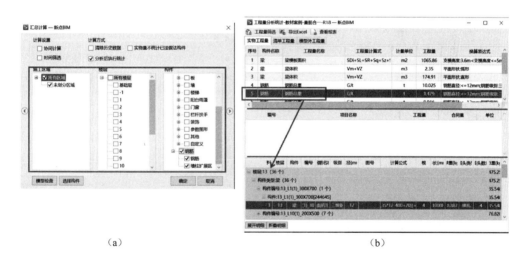

（a） （b）

图 4.59　钢筋量导入 Revit 中

4.4　量价对接——算量与计价软件的数据对接

新点量筋合一软件和 BIM5D 算量软件的工程量都可以传递到新点计价软件中，其对接流程如图 4.60 所示。本节主要讲述量筋软件和 BIM5D 算量软件与计价软件的对接。

4.4.1 量筋软件数据传递到计价软件

量筋软件在完成工程量汇总后，可导入新点计价软件中，步骤如下：

① 启动新点计价软件，在启动界面中单击退出[图 4.61（a）中①]，不创建或打开项目进入计价软件；

② 单击量筋对接 ➤ 导入工程，如图 4.61（b）中②所示；

③ 选择要导入的量筋文件，如图 4.61（c）中③所示，单击④中的"打开"；

④ 计价软件提示保存文件，默认文件名为量筋工程的文件名，如图 4.62（a）中①和②所示。

⑤ 单击图 4.62（a）右下方的"保存"，等待软件打开文件，打开后如图 4.62（b）所示，默认为量筋文件名，创建项目工程及单项工程，如图 4.62（b）中③所示。

导入计价软件后，进行相关操作，参见第 7 章。

模型
- 量筋软件创建的模型
- Revit模型（或量筋软件导入Revit中的模型）

套做法
- 在量筋软件中挂接清单或定额
- 在BIM5D（Revit模型）算量软件中挂接清单或定额

量价对接
- 量筋软件工程量输入计价软件
- BIM5D算量软件中的量到计价软件

图 4.60　量价对接流程

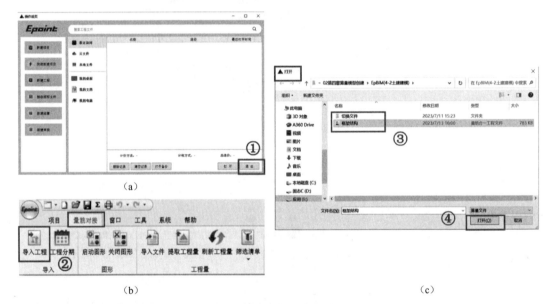

（a）

（b）　　　　　　　　　　　　（c）

图 4.61　选择量筋文件

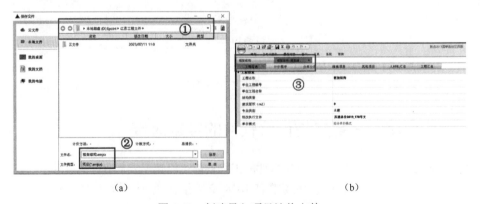

（a）　　　　　　　　　　　　（b）

图 4.62　创建导入项目计价文件

4.4.2 新点 BIM5D 算量和计价的联动

如果用户有 BIM 模型，且采用了新点算量软件进行算量，可以一键把清单工程量导入计价软件中，从而减少重复工作。下面以新点 BIM5D 算量为例介绍其一键互导的操作过程和注意事项，步骤如下：

① 在 BIM 算量"工程设置"中，定额选"江苏定额"，如图 4.63（a）所示；

② 给构件套做法，方法见前述。

③ 在汇总计算中勾选"输出造价"，选择"按做法列表输出"，如图 4.63（b）所示；

④ 或在"导入造价文件"中单击"切换至造价"按钮，如图 4.63（c）所示；

> 注：计算机中要同时安装算量和计价软件，并拥有授权；目前只支持江苏定额。

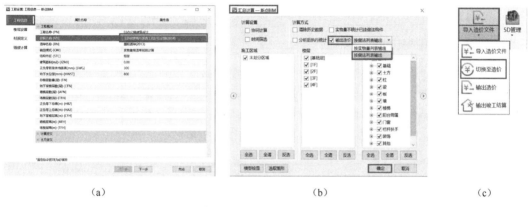

（a） （b） （c）

图 4.63 量输出至计价软件

⑤ 新点计价软件将自动打开，并弹出保存文件对话框，命名保存后，直接建立项目结构，如图 4.64 所示。单击"单位工程（土建）"，进入分部分项，如图 4.65 所示。把在算量软件中所套的清单都导入计价软件中，按前述方法进行套定额计价。

图 4.64 自动创建的项目结构

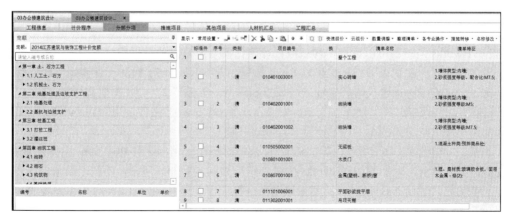

图 4.65 导入的分部分项

5 模型审阅与展示沟通

5.1 模型审阅

Navisworks 将模型轻量化处理,降低了软件对硬件的要求,能方便地对模型进行信息查询、注释、剖切等。模型审阅中常用的功能:选择、确定位置、测量距离和面积、名称材质等信息查询。下面做简单介绍,软件详细操作请参阅参考文献中的相关书籍。

5.1.1 Revit 模型导入 Navisworks 中

Navisworks 可直接打开 "*.RVT" 文件,或在 Revit 中附加模块 外部工具,选择 Navisworks***(根据所做版本而不同),如图 5.1(a)所示,其结果如图 5.1(b)所示,输入文件名,可打开 "Navisworks 设置" 对话框进行导出的相关设置。也可通过 Revit 文件 导出 NWC,如图 5.1(c)所示,启动如图 5.1(b)所示的对话框。

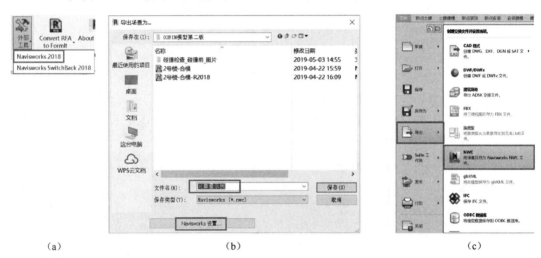

(a)   (b)   (c)

图 5.1 Revit 文件转为 Navisworks 文件

5.1.1.1 导入后的模型调整

Navisworks 是一款可以读取多种三维设计软件模型及信息的数据整合平台,如何精准地把多个模型定位在一起则很关键,这里以 Revit 模型导入 Navisworks 为例,讲解如何调整模型。

方法一:在 Revit 建模时各专业统一原点和轴网,如图 5.2(a)(模型文件 "A.RVT")和(b)(模型文件 "B.RVT")所示,在 Revit 中分别导出 ".nwc" 文件,用 Navisworks 附加的方式添加到一起,结果如图 5.2(c)所示,自动对齐原点。

方法二:如图 5.3(a)所示,当在 Revit 中建模时整个轴网向上移动了 1m,墙体位置没动,如图 5.2(a)所示。附加到 Navisworks 中时,结果如图 5.3(b)所示,不符合要求。

调整方法:利用 Navisworks 的测量移动命令把项目 "模型整合 B-2.RVT" 移到墙边,步骤如下。

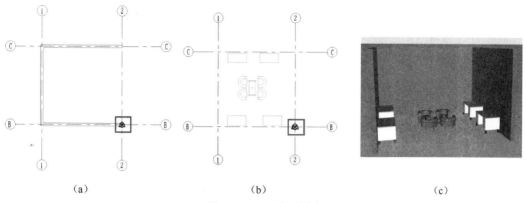

(a)   (b)   (c)

图 5.2   Revit 模型原点

① 单击"审阅" ➤ "测量" ➤ 点到点，如图 5.4（a）所示，再锁定测量方向，以获得精确的测量，如图 5.4（b）所示。

② 先选中墙面，如图 5.4（c）所示，再选择桌子的背面，如图 5.4（c）所示，单击"结果"，如图 5.4（d）所示。

③ 在项目树中选中要移动的项目 A，单击"审阅" ➤ "测量"，如图 5.4（e）所示，在展开面板中选择"变换选定项目"，如图 5.4（f）所示。

④ 结果如图 5.2（c）所示。

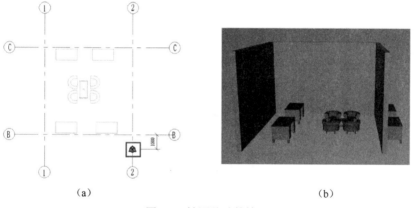

(a)   (b)

图 5.3   轴网移动的情况

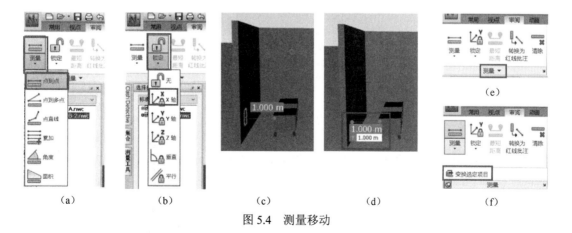

(a)   (b)   (c)   (d)   (e)(f)

图 5.4   测量移动

方法三：利用单位和变换对话框，调整原点的位置让其对齐。

① 在选择树中，选择要调整的项目，单击鼠标右键，在弹出的菜单中选择单位和变换，如图 5.5（a）所示。

② 在图 5.5（b）中，将"原点"的 Y 坐标更改为"-1.000"，单击"确定"。

③ 结果如图 5.5（c）所示。

（a）　　　　　　　　　　（b）　　　　　　　　　　（c）

图 5.5　模型调整——单位变换

如果在项目中改变了坐标原点的位置，如图 5.6（a）和（b）所示，东西向坐标值相差 1m，导入 Navisworks 中，如图 5.6（c）所示，相差 1m。在选择树窗口中，选中项目后单击鼠标右键，在弹出的对话框中选择"单位和变换"，如图 5.6（d）所示，在"原点"位，将相应坐标"1.000"修改为"0.000"即可。

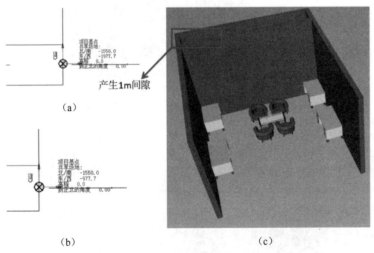

（a）

（b）　　　　　　　　　　（c）　　　　　　　　　　（d）

图 5.6　改变项目坐标值

5.1.1.2　模型的原点和单位

建模时最好用同一软件平台进行各专业的建模。本书以 Revit 为例进行介绍，建模前统一坐标原点和标高轴网，这样可避免用 Navisworks 整合模型所带来的许多不可预知的问题，具体流程可参照笔者主编的《Revit 操作教程从入门到精通》。如果没有使用统一的坐标原点和轴网，用 Navisworks 整合模型时，可用上述方法进行调整。

无论在 Revit 中建模时使用什么单位，在 Revit 中通过 Navisworks 导出模型插件导出的"nwc"文件，默认单位都是"英尺"，用 Navisworks 整合模型时要注意其单位是"英尺"。Navisworks 自动把单位换算为英尺，与显示单位无关，要修改界面（如测量）的显示单位，可参照 Navisworks 操作手册进行设置即可。如要修改模型的单位，则修改图 5.5（b）中模型单位即可，所有项目要统一，否则可能出现难以预测结果。

5.1.2 定位

（1）三维工作空间中的方向　　虽然 Navisworks 使用 X、Y、Z 坐标系，但对于每个特定轴实际"指向"的方向，并不存在任何必须遵守的规则。Navisworks 直接从载入到场景中的文件读取映射哪个方向为"向上"以及哪个方向为"北方"所需的数据。默认情况下 Z 为"向上"，将 Y 视为"北方"。对于整个模型（世界方向），可以更改"向上"方向和"北方"方向，更改方法如图 5.7 所示，而对于当前视点（视点矢量），则可以更改"向上"方向，如图 5.8 所示。

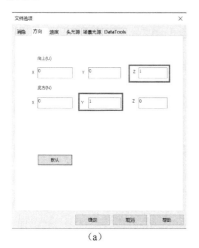

（a）

（b）

（c）

图 5.7　方向选项卡设置

（a）

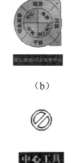

（b）

（c）

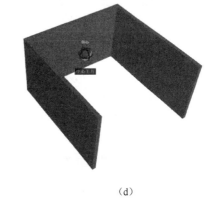

（d）

图 5.8　模型位置

在三维工作空间中的位置和方向的信息通过平视仪显示，单击"查看"选项卡 ➤ "导航辅助工具"面板 ➤ "HUD"选择要显示的内容，如图 5.9（a）所示，则在屏幕左下角显示相应内容，如图 5.9（b）所示。

① "XYZ 轴"。显示相机的 X、Y、Z 方向或虚拟人像的眼睛位置（如果虚拟人像可见），"XYZ 轴"指示器位于场景视图的左下角，如图 5.9 所示。

② "位置读数器"。显示相机的绝对 X、Y、Z 方向或虚拟人像的眼睛位置（如果虚拟人像可见）。"位置读数器"位于"场景视图"的左下角，如图 5.9 所示。

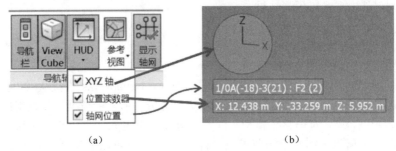

（a）　　　　　　　　　　　　　　　　　　　（b）

图 5.9　平视仪

③ "轴网位置"。显示相机位置最近的轴网交点以及当前相机位置下面的最近标高。HUD 显示基于距离当前相机位置最近的轴网交点以及当前相机位置下面的最近标高。"轴网位置"指示器位于"场景视图"的左下角，如图 5.9 所示。

（2）视图中心——轴心　轴心如图 5.8（d）所示，又叫"中心"，其位置为当前视图中心（不是模型中心）。若要定义中心，请将光标拖动到模型上。这时，除显示光标外，还会显示一个球体（轴心点）。该球体表示，当松开鼠标按键后，模型中光标下方的点将成为当前视图的中心，模型将以该球体为中心。步骤如下。

① 单击导航栏，在全导航控制盘模式下显示全导航控制盘或查看对象控制盘（大），如图 5.8（b）所示。

② 用鼠标左键，单击并按住"中心"按钮，将光标拖动到模型中所需位置上方。

③ 显示球体，在所需位置时，松开鼠标按键，如图 5.8（d）所示。

④ 平移模型，直至该球体被置于视图中心位置。

> 注：如果光标不在模型上，则无法设置中心，并且只显示光标，而不显示球体，如图 5.8（c）所示；"中心"工具定义的点为"缩放"工具提供焦点，为"动态观察"工具提供轴心点；如果想从定义的中心点缩放，请按住"Ctrl"键，然后缩放（滚动鼠标中轮）。

（3）轴网与标高　轴网是建模软件创建的，在 Naviswork 中为一系列线，线的交点即轴网点。在建筑的每一层都显示轴网和标高，默认情况下相对于相机位置来配置轴网和标高。如站在建筑模型的第一层，则在下面的地板上轴网将以绿色显示，而在上面的地板上轴网将以红色显示，如图 5.10（a）所示。

如要打开或关闭轴网显示，则单击"查看"选项卡 ➤ "轴网和标高"面板 ➤ "⊞ 显示轴网"，如图 5.10（b）所示，其结果如图 5.10（a）和（c）所示。如更改轴网的显示标高轴网的显示颜色、轴网标签上的字体大小，以及轴网线被对象挡住时是否通过透明方式绘制（称为 X 射线模式），可单击"查看"选项卡 ➤ "轴网和标高"面板 ➤ "轴网"工具启动器"🔳"，如图 5.10（b）所示。

轴网的标高模式：如要直接选择在某标高位置显示轴网，则单击"查看"选项卡 ➤ "轴网和标高"面板 ➤ "🔳 模式"，如图 5.11（a）所示。选择为固定模式后，则可以在"显示标高"下拉列表"🔳"中指定标高，如图 5.11（b）所示。

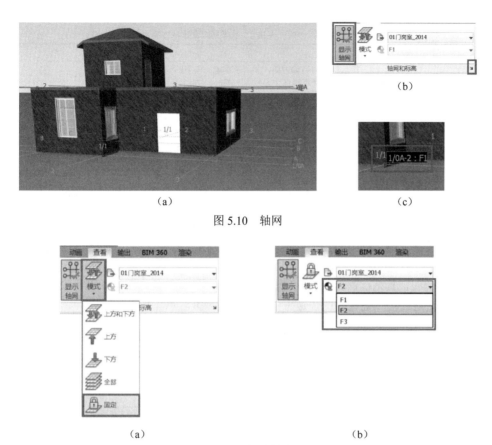

（a）

（b）

（c）

图 5.10　轴网

（a）

（b）

图 5.11　标高模式

5.1.3　浏览模型

（1）导航栏　导航栏及导航工具主要用于模型浏览，单击"查看"选项卡 ➤ "导航辅助工具"面板 ➤ "导航栏"，打开/关闭导航栏，如图 5.12（a）所示。要想对导航栏的工具进行显隐设置，则单击导航栏右下角的"按键"，如图 5.12（a）所示，在弹出的对话框上勾选/不勾选相应的工具即可，单击"固定位置"，则可设置导航栏在屏幕上的位置，如图 5.12（b）所示。导航栏上的导航工具如图 5.12（a）和（c）所示，两者差别在于图 5.12（c）有三维鼠标如⑨所示。导航工具功能属性见表 5.1。

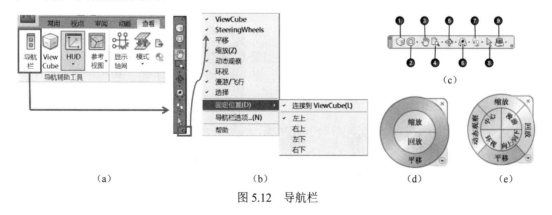

（a）

（b）

（c）

（d）

（e）

图 5.12　导航栏

表 5.1　导航工具功能属性

序　号	工　具	功　　能	二　维	三　维
①	ViewCube	指示模型的当前方向，并用于重定向模型的当前视图。单击此按钮将在场景视图中显示 ViewCube（如未显示）	不可用	可用
②	SteeringWheels	用于在专用导航工具之间快速切换的控制盘集合，如图 5.12（d）和（e）所示	可用	可用
③	平移工具	激活平移工具并平行于屏幕移动视图	可用	可用
④	缩放工具	用于增大或减小模型的当前视图比例的一组导航工具	可用	可用
⑤	动态观察工具	用于在视图保持固定时围绕轴心点旋转模型的一组导航工具	不可用	可用
⑥	环视工具	用于垂直和水平旋转当前视图的一组导航工具	不可用	可用
⑦	漫游/飞行工具	用于围绕模型移动和控制真实效果设置的一组导航工具	不可用	可用
⑧	选择工具	几何图形选择工具。无法在选择几何图形时导航整个模型	不可用	可用
⑨	3Dconnexion	一组导航工具，用于通过 3Dconnexion 三维鼠标重新确定模型当前视图的方向	不可用	可用

注：在二维工作空间中，仅二维导航工具（例如二维 SteeringWheels、平移、缩放和二维模式 3Dconnexion 工具）可用。

导航中常用的工具是缩放、平移、动态视察工具，环视工具，漫游和飞行工具，将 Shift+鼠标滚轮按下，是旋转三维视图的快速方法。导航快捷键汇总见表 5.2。

表 5.2　导航快捷键汇总

快　捷　键	说　　明	快　捷　键	说　　明
Ctrl+0	打开【转盘】模式	Ctrl+5	打开【缩放窗口】模式
Ctrl+1	打开【选择】模式	Ctrl+6	打开【平移】模式
Ctrl+2	打开【漫游】模式	Ctrl+7	打开【动态观察】模式
Ctrl+3	打开【环视】模式	Ctrl+8	打开【自由动态观察】模式
Ctrl+4	打开【缩放】模式	Ctrl+9	打开【飞行】模式

浏览工具的使用需要多多练习，在使用中体会其技巧及细节，本小节不对每个命令的操作进行讲解，只以漫游为例进行介绍。

（2）导航工具——漫游　漫游就是在模型中用类似于行走的方式进行移动，此种模式下有"重力""碰撞""蹲伏"以及"第三人"行为，具有真实环境世界当中的一些物理特性，其参数设置可参照参考文献中的相关书籍。漫游是 Navisworks 浏览模型时最常用的方式之一，当场景比较大时可采用"飞行"模式，以飞行模拟器的方式在模型中移动。

① 启动漫游。"视点"选项卡 ▶ "导航"面板 ▶ "漫游"，如图 5.13（a）所示。方法：打开全导航控制盘或巡视建筑控制盘（小）▶ 单击并按住"漫游"按钮，如图 5.12（e）所示，光标将变为"漫游"箭头光标，并且系统显示"中心点"图标，如图 5.13（b）所示。

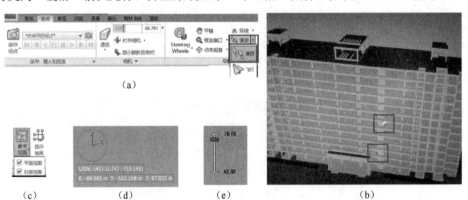

图 5.13　启动漫游

② 在模型中漫游。通过鼠标和键盘方向键都可控制行走方向，鼠标操控相对比较自由灵活。用导航模式漫游时，同时按住"Shift"键可调整视点的高度，如图 5.13（e）所示。

③ 漫游中的定位。漫游较大项目时，经常会发现失去方向感。可单击"查看"选项卡 ➤"导航辅助工具"面板 ➤"HUD"，如图 5.9（a）所示，在屏幕左下角可显示视点的坐标及轴网信息，如图 5.13（d）所示。也可单击"查看"选项卡 ➤"导航辅助工具"面板 ➤"参考视图"，勾选"平面视图"和"剖面视图"，如图 5.13（c）所示，在"平面视图"和"剖面视图"上则会显示白色箭头，显示当前视点位置，如图 5.14 所示。

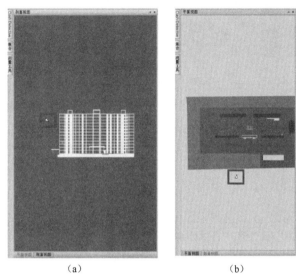

(a)   (b)

图 5.14 参考视图

④ 漫游中精确控制方向与角度。Navisworks 在室内漫游时，一般通过鼠标控制方向与视角，因鼠标控制不好，容易穿出室外，或者透视畸变，难以保持直线行走等。如在图 5.15（a）所示的走道中沿直线行走，可通过数值的方式来设置视点，从而精确控制方向与视角。

在视点面板里，点击相机面板下方的小三角"▼"，弹出相机设置框，可点"图钉"按钮将其固定，如图 5.15（b）所示，里面列出相机位置及观察点的 X、Y、Z 坐标，如图 5.15（c）所示。可通过修改坐标值控制视点，如本例修改为如图 5.15（c）所示，修改后视角自动调整如图 5.15（d）所示。

为了保持稳定的视点（尤其是在定义动画的关键帧的时候），如果是横平竖直的路径，建议不要用鼠标来控制行进路线，改用键盘的四个箭头控制，这样可避免鼠标的不稳定因素，从而进行精确的控制。

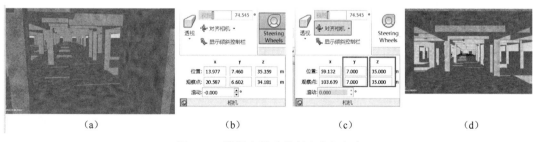

(a)   (b)   (c)   (d)

图 5.15 漫游中精确控制方向与角度

⑤ 漫游时的模型裁剪。Navisworks 软件为了提高大模型的处理性能，对基于当前视点太

近和太远的物体进行剪裁，以提高显示的性能。默认情况下 Navisworks 是自动处理的，但有时候会出现人们不希望出现的情况，如远处或近处的物体被剪裁了，而这些物体又是希望显示的，如图 5.16（a）所示。

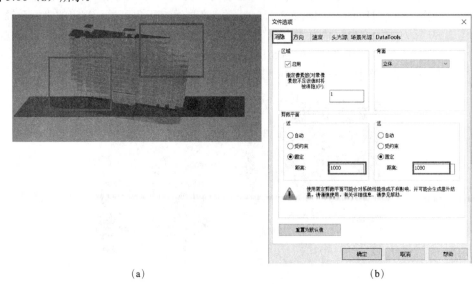

（a）　　　　　　　　　　　　　　　　（b）

图 5.16　漫游时模型裁剪

可通过文件夹选项进行调整，具体步骤如下：

a．"常用"选项卡 ➤ "项目"面板 ➤ "文件选项"，如图 5.16（b）所示；

b．在文件选项窗口选择"消隐"选项卡，如图 5.16（b）所示；

c．把剪裁平面的"近"和"远"从"固定"调整为"受约束"或"自动"，即可显示全，如图 5.16（b）所示；

d．或选"固定"把近剪裁平面距离改小，把远剪裁平面改大，直至看到全部模型为止，如图 5.17 所示。

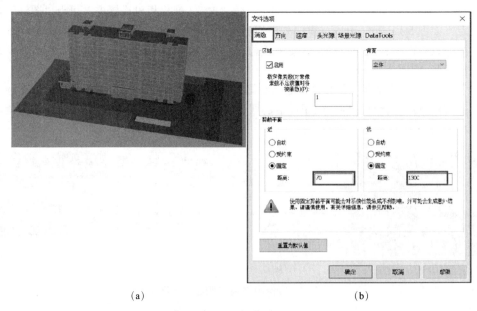

（a）　　　　　　　　　　　　　　　　（b）

图 5.17　远近剪裁平面设置

（3）调整浏览真实效果 激活漫游功能后[图 5.18（a）中①]，可以在导航面板的"真实效果"中选择性地打开某些物理特性和表现效果的功能，分别有"碰撞""重力""蹲伏"以及"第三人"，如图 5.18（a）中②所示。

①"碰撞"。打开此功能后，在行走过程中遇到障碍物时会被阻挡，无法通过，当然如果障碍物比较低，且"重力"开关被打开，那么可以产生一个向上爬的行为结果。如爬上楼梯或随地形走动。快捷键是"Ctrl+D"。

②"重力"。此功能会模拟在真实世界环境中，当前视角的观察者具有重力向下拉的一个作用力。此功能仅能与"碰撞"功能一起使用。快捷键是"Ctrl+G"。

③"蹲伏"。在观察者遇到障碍物时，会运用蹲下这个动作来尝试通过此区域，此功能是配合"碰撞"功能一起使用的。

④"第三人"。此功能启用后，会在当前观察者正前方看到一个人物或物体的实体角色，如图 5.18（b）所示。而且这个实体角色与"碰撞""重力""蹲伏"功能一起使用时，会更加真实地表现出这些物理特征。"第三人"还可更换角色，如挖掘机，以及自定义其尺寸、外形和视角角度的位置。

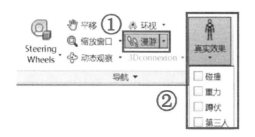

（a）

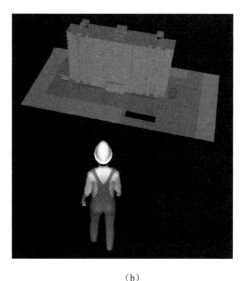

（b）

图 5.18　调整浏览真实效果

5.1.4　剖切模型

要查看模型内部情况，就要进行模型剖切，Navisworks 提供多种剖切模型的方式，简述如下。

Navisworks 提供在三维工作空间中为当前视点启用剖分，即创建模型的剖面，如图 5.19（a）所示，或选取模型的局部进行观察，如图 5.19（b）所示。

在软件中可显示带有颜色的箭头及剖切面：淡蓝色半透明的面即为剖切面，红色、绿色、蓝色箭头代表方向，默认红色为 X 坐标方向，绿色为 Y 坐标方向，蓝色为 Z 坐标方向，如图 5.19（c）～（e）所示。

注：剖分功能不适用于二维图纸，只能在三维空间中打开。

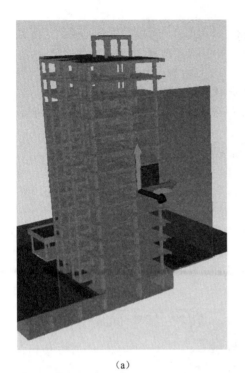

（c）

（d）

（a） （b） （e）

图 5.19　部分模式

单击"视点"选项卡 ➤ "剖分"面板 ➤ " 🔲启用剖分"，即可打开剖分选项卡与功能面板，其功能如图 5.20（a）所示，分别有"启用"面板、"模式"面板、"平面设置"面板、"变换"面板、"保存"面板。如要关闭剖分工具，直接单击图 5.20（a）中"启用"面板的" 🔲启用剖分"按钮即可。

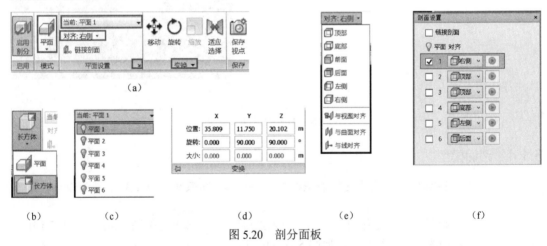

（a）

（b）　　　　　（c）　　　　　（d）　　　　　（e）　　　　　（f）

图 5.20　剖分面板

Navisworks 提供两种剖切模型的方式：平面和长方体，如图 5.20（b）所示。平面模式为用一个半透明的蓝色平面去剖切模型，可通过移动、旋转其控件来调整剖面的位置，如图 5.19所示。

Navisworks 剖切面为长方体的六个面，编号为 1～6，如图 5.20（c）所示，默认情况 6 个面与模型顶底、左右、前后面的对应关系如图 5.20（f）所示，可通过单击图 5.20（a）中"平面设置"面板上对话框启动器箭头" ⯯ "，启动平面设置对话框，设置 1～6 个平面与模型面的对应关系。

启用剖分工具后，如视图中无图5.19（a）所示的控件工具，可通过单击图5.20（a）中"变换"面板上的移动工具，使其显示。

剖面位置的调整可通过单击图5.20（a）中"变换"面板上的移动和旋转按钮，以及用鼠标操控控件上的坐标和平面来实现，相对简单，读者可尝试练习。通过鼠标方式，难以实现准确定位，要实现准确定位，可通过单击图5.20（a）中"变换"面板上的"▼"，滑出"变换"面板，然后将数字值键入"位置"和"旋转"，手动输入框中相应的数值，实现精确移动和旋转剖面，如图5.20（d）所示。

如果要剖切出模型的局部，可启动"长方体"的模式，如图5.20（b）所示，如剖切"长方体"太大，可通过单击图5.20（a）中"变换"面板上的"缩放"功能对其缩放。

（1）剖分出建筑的某一层 从上述剖分功能来看，模型剖切功能还是比较精确、自由和方便的。上述平面剖切只实现单一方向的剖切。如果要把一个楼层完整地剖切出来，单一剖切则无法实现，下面就以剖切一个楼层为例介绍同时打开两个剖切面时的操作与应用。

剖切出一个完整楼层的步骤：

① "视点"选项卡 ➤ "剖分"面板 ➤ "▣∥启用剖分"，激活平面1和平面2（点亮平面1和平面2的两个灯泡），如图5.21（a）所示；

② 把平面1的"对齐"设定为顶部，把平面2的"对齐"设定为底部，如图5.21（b）和（c）所示；

③ 设置平面1和平面2的变换参数中的Z值为36m及32m，如图5.21（b）和（c）所示，两者的差值为层高值即可，结果如图5.21（d）所示。

> 注：平面1和平面2的变换参数中的Z值，为所剖切楼层的顶和底面的高度值。

（a）

（b）

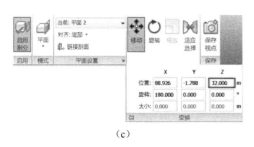

（c）

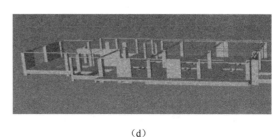

（d）

图5.21 楼层剖分

如果上述平面1或平面2，变换参数Z中设置了数值，如图5.22（b）和（c）所示，并激活链接剖面，如图5.22（a）所示，相当于把剖面1和剖面2之间的差值固定下来。即此时无论移动平面1或平面2，它们都会同时以固定间距的层高进行剖切移动。

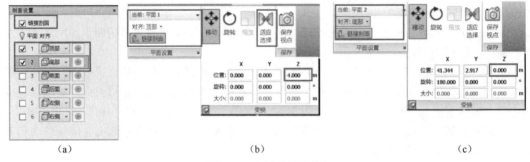

| (a) | (b) | (c) |

图 5.22　固定距离剖切

如果激活六个平面，并分别把其与长方体的六个面相对应，则可激活一个三维剖切，一一指定面的对应是比较烦琐的，Navisworks 提供了三维剖切功能——剖分模式"长方体"，如图 5.23（a）所示，结果如图 5.19（b）所示。

（2）自适应剖切　通过调整三维剖切的八个面可实现三维多面剖切的功能，但想快速实现某个指定区域的剖切框定位还是不太方便，因为定位操作都是通过移动和缩放来实现的，Navisworks 自 2014 年版后增加了一个三维剖切的新功能——"适应选择"，在"剖分工具"中的"变换"面板中，如图 5.23（a）所示。该命令操作步骤如下：

①"视点"选项卡 ➤ "剖分"面板 ➤ "✂启用剖分"，模式选择"长方体"，如图 5.23（a）所示；

② 在场景视图中选择两根柱（按住"Ctrl"键），如图 5.23（b）所示；

③ 单击变换面板，"适应选择"如图 5.23（a）所示，结果如图 5.23（c）所示。

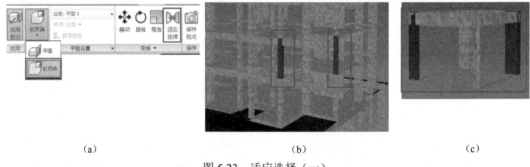

| (a) | (b) | (c) |

图 5.23　适应选择（一）

"适应选择"功能的原理就是可以自动适应选择到的当前模型的最大空间坐标，然后把这个坐标值换成三维剖面框的坐标区域，可快速生成剖切框范围。也可选择多个构件，如图 5.24（a）所示，或选择楼面生成一层的剖切图，如图 5.24（b）所示。

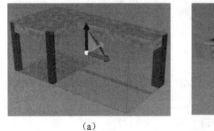

| (a) | (b) |

图 5.24　适应选择（二）

5.1.5 对象选择与查找

对项目的审阅，要了解对象的各种信息，首先要选择所了解的对象。Navisworks 提供了多种选择方式，如单个选择、框选、全选、选择相同对象、选择树，对于复杂项目，构件很多时，Navisworks 提供了查找功能，如图 5.25 所示。选择集的创建应用较广，内容较多，具体参见相关书籍。

图 5.25 对象选择与搜索面板

Navisworks 提供了多种选择对象的方式，主要集中在"常用"选项卡 ➤ "选择和搜索"面板，如图 5.26（a）所示，选择工具使用相对简单，本小节对其关键点做讲解，具体操作读者自行练习。

（1）选择相关的术语   在使用"选择"之前，先了解 Navisworks 中与"选择"相关的术语，这样能帮助人们更好地掌握和使用"选择"功能。

① 复合对象。复合对象是在选择树中被视为单一对象的一组几何图形。如"窗"对象可能由一个框架和一个窗格组成。如果"窗"对象是复合对象，则"窗"对象既包括框架也包括窗格，可以一起选中。

② 实例。实例是一个单一对象，在模型中会多次参考到它，如桌子。它的优点在于，可以通过消除不必要的对象重复而减小文件的大小。

③ 项目类型。Navisworks 中的每个项目都有一个类型。类型的示例有参照文件、图层、实例（有时称为"插入"）和组。每个 CAD 包还包含许多几何图形类型，如多边形、三维实体等。

④ 项目名称。原始 CAD 或 Navisworks 指定的标识符。任何项目都可以有一个名称，此名称通常来自创建该模型的原始 CAD 包。

⑤ 选取精度。选取精度是用户开始选取时在选择树中所处的级别。通过在选择过程中按住"Shift"键，可以在树中的项目之间循环。

⑥ 用户名称和内部名称。每个类别和特性名称都有两个部分，一个已本地化的用户可见字符串和一个未本地化并主要由 API 使用的内部字符串。默认情况下，当在"智能标记"和"查找项目"对话框中匹配名称时，两个部分必须是相同的，但可以使用这些标志仅在一个部分上匹配。如果希望在匹配时不考虑使用哪个本地化版本，则可以使用"忽略用户名"。

⑦ "选择树"是一个可固定窗口，其中显示模型结构的各种层次视图如图 5.26（d）所示。

（2）选择前的设置——选取精度   对象选择前要先设置选取精度，这可能会影响到后面的选择对象，设置不合适，会导致无法选取要选择的对象。可单击"常用"选项卡 ➤ "选择和搜索"面板旁的"▼"，滑出"选取精度"的选项，在相应选项上单击鼠标左键即可完成设置。

选取精度的可用选项如下。

① 文件。使对象路径始于文件级别；此设置，当在场景视图中进行选择时，将选中处于当前文件级别的所有对象（如整个文件）处于选择中的第一层级，如图 5.26（b）、（c）和图 5.27（a）所示的文件名。

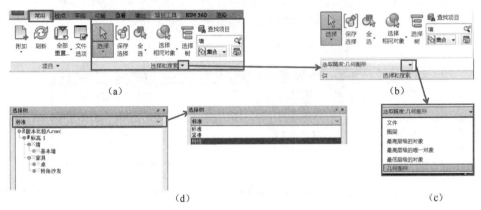

图 5.26　对象的选择

② 图层。对象路径始于图层节点；因此，将选择图层内的所有对象，如某一层，如图 5.27（a）所示。

③ 最高层级的对象。对象路径始于图层节点下的最高级别对象（如果有），如图 5.27（a）所示的系统嵌板。

④ 最低层级的对象。对象路径始于"选择树"中的最低级别对象。Navisworks 首先查找复合对象，如果没有找到，则会改为使用几何图形级别，这是默认选项，如图 5.27（a）所示嵌板下的"玻璃"。

⑤ 最高层级的唯一对象。对象路径始于"选择树"中的第一个唯一级别对象（非多实例化）。

⑥ 几何图形。对象路径始于"选择树"中的几何图形级别。

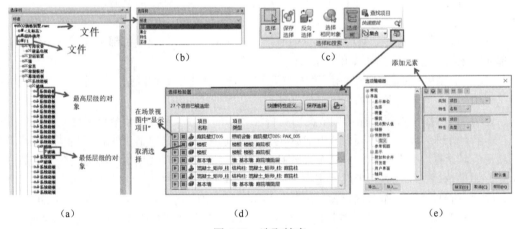

图 5.27　选取精度

（3）选择树　Navisworks 提供了多种选择工具或选择方式，方便人们选择对象。

①"选择"。有选择和选择框两种方式，直接通过鼠标在场景视图中单击对象进行选择、在场景视图中框选对象等，如图 5.28（a）所示。

②"全选"。有三个选项。全选：选中模型中所有对象。取消选定：取消选择模型中当前选择的对象。反向选择：选择除当前选择对象外的所有对象，如图5.28（b）所示。

③"选择相同对象"。选中场景视图中的某个项目后，可以从"选择相同对象"下拉列表中通过几种不同的方法选择具有相同特性的图元，如相同名称、类型、材质等，如图5.28（c）所示。

④"选择树"。窗口展示了模型结构的一系列层级视图，如图5.27（a）所示，使用"选择树"能够确定所选对象的路径（从文件名到具体的对象）。默认情况下，"选择树"窗口中提供4个选项，如图5.27（b）所示。

a．标准。显示默认的选择树层级，包括所有的实例。层级按字母顺序进行排序。

b．紧凑。显示"标准"选项所示层级的简化模式，能够忽略很多项目。用户可通过"选项编辑器" ➤ "界面" ➤ 选择面板自定义对"紧凑树"的要求。

c．特性。根据项目的特性显示层级，使用户可按项目特性轻松地手动搜索模型。

d．集合。显示一系列的选择集和搜索集。如当前没有创建或已保存的选择集或搜索集，下拉列表框中的"集合"选项则不显示或不可用。

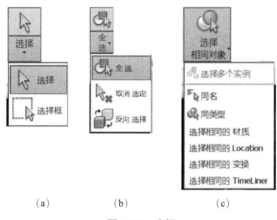

(a)　　　　(b)　　　　(c)

图5.28　选择

（4）选择检验器　单击"常用"选项卡 ➤ "选择和搜索"面板 ➤ "选择检查器"按钮，打开"选择检查器"对话框，如图5.27（c）和（d）所示。通过对话框中的"▶"按钮可实现对象在场景视图中最大化显示，又按钮"✖"，可取消对象的选择，对话框还显示所有选定对象的列表以及与这些对象关联的快捷特性。可通过单击"快捷特性定义"按钮，在弹出的"选项编辑器"对话框中为检测结果添加元素，如图5.27（e）所示，结果可以"CSV"格式的文件输出。

（5）构件查找

① 快速查找。单击"常用"选项卡 ➤ "选择和搜索"面板 ➤ 在"查找选项"中输入一个词（如柱）或数字就可以启用快速查找功能，如图5.29（a）所示。单击查找按钮 "🔍" 后将定位符合要求的第一个实例，继续单击该按钮将依次定位符合要求的各个实例。如果先在"选择树"中选范围（如某层），再单击查找按钮 "🔍"，场景视图中将显示此层所示符合条件的构件，如图5.29（b）所示。

> 注：查找文本框中文本不区分大小写。

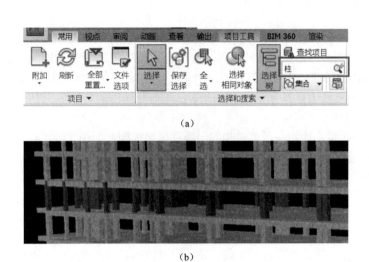

(a)

(b)

图 5.29　快速查找

② 查找项目。单击"常用"选项卡 ➤ "选择和搜索"面板 ➤ "查找项目",如图 5.30(a)所示,弹出"查找项目"对话框,如图 5.30(b)所示。"查找项目"对话框中有两个窗格可以用于设置搜索条件,左边的窗格控制的是查找"选择树",可以通过项目的层级来设定搜索的范围,如图 5.30(c)所示,在第 4 层搜索包含柱的构件。或不设定搜索范围,直接在整个项目中搜索"柱",如图 5.30(b)所示,单击"查找全部",结果如图 5.30(d)所示。

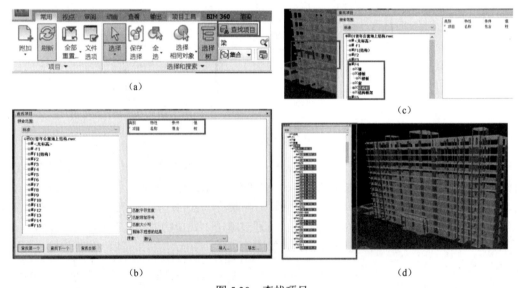

(a)

(c)

(b)

(d)

图 5.30　查找项目

5.1.6　信息查询

通过轴网和标高,基本定位构件的位置,借助选择与查找工具可选择要了解的构件。要对其信息进一步了解,需借助特性工具,如要了解其距离和面积则要借助测量工具。

(1)快捷特性　单击"常用"选项卡 ➤ "显示"面板 ➤ "快捷特性"按钮,如图 5.31(a)所示。此时将光标在模型对象表面移动并稍做停留时,会显示对象的特性,如图 5.31(b)所示。默认情况下,快捷特性显示对象的名称和类型,如图 5.31(c)所示,可以使用"选项编辑器"定义显示哪些特性,如图 5.31(d)所示。

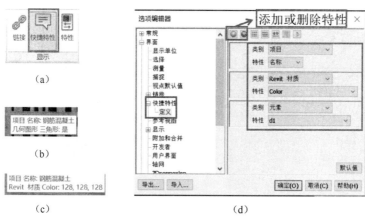

图 5.31　快捷特性

（2）特性查看　Navisworks 中所有项目的对象特性都可通过单击"常用"选项卡 ➤ "显示"面板 ➤ "特性"按钮显示，如图 5.32（a）所示，打开"特性"窗口如图 5.32（b）所示，"特性"窗口是一个可固定窗口，其中包含专用于与当前选定对象关联的每个特性类别的选项卡。在"特性"窗口的空白处单击鼠标右键，则弹出三个选项，如图 5.32（b）所示，选择复制所有，则可将相关内容复制到任意文本编辑器中，如图 5.32（c）所示。如特性显示项目过多，可单击特性窗口右上角的左右箭头来移动让其显示。

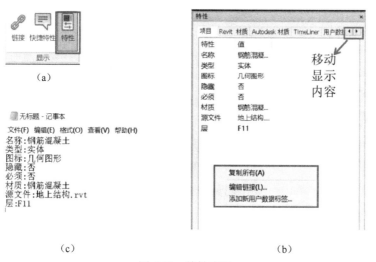

图 5.32　特性查看

5.1.7　测量与注释

5.1.7.1　Navisworks 的单位

Navisworks 的显示单位可根据需要修改，与原模型使用的单位无关。测量显示单位的更改步骤：

① 单击"Navisworks 程序按钮"选项卡 ➤ "选项"，打开选项编辑器对话框，如图 5.33（a）所示；

② 在选项编辑器对话框中单击"界面" ➤ "显示单位"，修改单位，单击"确定"即可，如图 5.33（a）所示；

③ 当长度单位选择"毫米"时，结果如图 5.33（b）所示，如按图 5.33（c）所示，设置为"米"，结果如图 5.33（d）所示，程序自动换算。

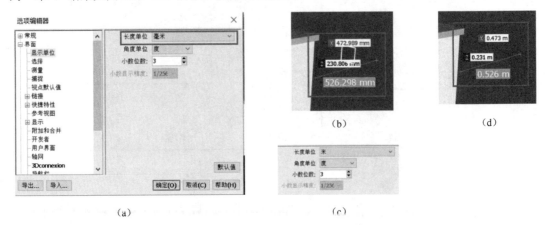

图 5.33　测量单位

5.1.7.2　测量工具功能

在审阅选项卡测量面板中，包含了常用的测量工具，如图 5.34（a）所示。

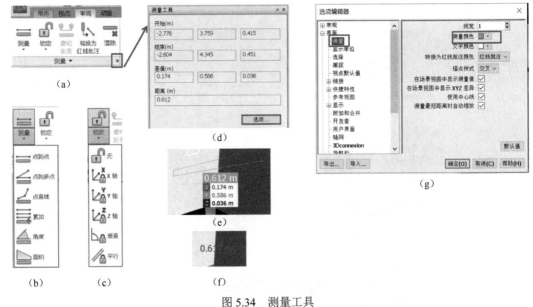

图 5.34　测量工具

> 注：红色为 X 轴；绿色为 Y 轴；蓝色为 Z 轴，如图 5.34（e）所示。

（1）测量　审阅选项卡的"测量"面板中，测量下拉表中包含以下测量方式，如图 5.34（b）所示。

① 点到点：测量两点之间的距离。

② 点到多点：测量基准点和各种其他点之间的距离。

③ 点直线：测量一条直线上多个点之间的总距离。

④ 累加：计算多个点到点测量的总和，如图 5.35（a）所示。

⑤ 角度：测量两条线之间的夹角。

⑥ 面积：计算平面上的面积（至少选三个点），如图 5.35（b）和（c）所示。

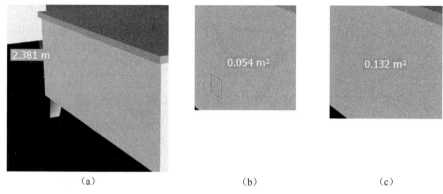

（a）   （b）   （c）

图 5.35　累加和面积

进行测量时，单击"测量"面板上对话框启动器"▾"，弹出如图 5.34（d）所示对话框，显示了开始点和结束点的坐标、差值和距离。单击图 5.34（d）中的"选项"时，弹出如图 5.34（g）所示对话框，可对测量线宽和颜色等参数进行设置。

（2）锁定　在测量距离时，保持直线（即要测量的方向）很重要，为了防止移动或偏离，可以使用锁定工具，如图 5.34（c）所示。锁定后光标只能沿着选中的轴移动，因此也只能在选中的轴上进行测量。

若使用此功能要先启动测量工具，并选择测量类型，系统会启动"锁定"工具，如图 5.34（c）所示，在下拉列表中选择将尺寸锁定到哪个表面或轴上。

如启动测量两点间距离，再选择锁定到 Z 轴，选择相应表面上的点即可，如图 5.36（a）所示；如改为锁定到"垂直"，起点不变，结果如图 5.36（b）所示；如选择锁定到 Y 轴，起点不变，则只能在 XY 平面上移动，如图 5.36（c）所示。

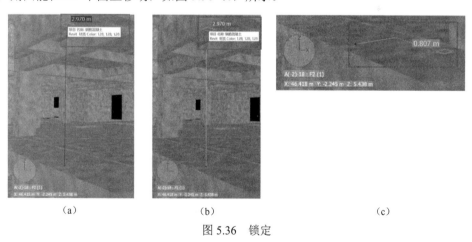

（a）   （b）   （c）

图 5.36　锁定

Navisworks 中不同的维度用不同的颜色表示，用来提示选中的测量对象位于哪个轴或表面上。这些颜色有以下 5 种。

① 红色：锁定到 X 轴的测量。
② 绿色：锁定到 Y 轴的测量。
③ 蓝色：锁定到 Z 轴的测量。
④ 黄色：锁定到与起始点垂直的表面的测量。

⑤ 粉红色：锁定到与起始点平行的表面的测量。

注：要进行精确测量就要用锁定功能并配合捕捉功能。

（3）最短距离　在场景视图选中两个对象，如图 5.37（a）所示，此时测量面板上"最短距离"按钮激活，如图 5.37（c）所示，结果如图 5.37（b）所示，显示两梁的最短距离，此时单击测量面板上的"转换为红线批注"，结果如图 5.37（d）所示，转换为批注。

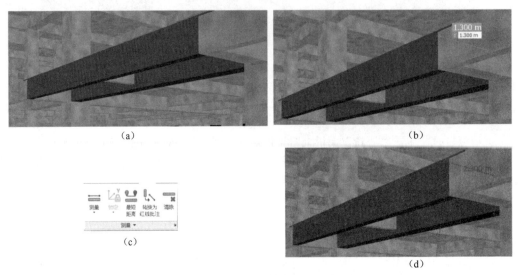

图 5.37　最短距离与红线批注

（4）转换为红线批注　将测量值转换为红线批注。完成转换后，测量值本身会被清除，红线批注会采用当前设置的颜色和线条精细特性。

（5）清除　单击测量面板上的"清除"，则清除当前的测量值。

5.1.7.3　红线批注

前面介绍了测量功能，有时需要把测量保存下来，便于传阅，Navisworks 提供了"转换为红线批注"功能：测量后，直接单击如图 5.34（a）所示的"转换为红线批注"按钮，结果如图 5.38（g）所示。软件同时把其以视点的形式保存下来，关于视点将在下一小节中介绍。如果还需要一些文字说明对测量值进行描述，以便于更清楚地说明问题，可用文字功能添加文字，步骤如下：

① 单击"红线批注"面板，如图 5.38（a）所示；

② 在弹出的对话框中输入相应的文本，如图 5.38（b）所示；

③ 单击"确定"，结果如图 5.38（c）所示。

在审阅时发现有疑问或问题的地方，还可通过"绘图"来标示出现问题的区域，如图 5.38（a）和（d）所示，例如选择绘制椭圆，在相应区域画一个蓝色面域即绘制一个椭圆，如图 5.38（e）和（f）所示。

5.1.7.4　标记和注释

如果某处问题较多，若把所有的文字注释都反馈到视点图面的话，可能使得视点描述复杂，以至于影响图面表达。针对此情况，Navisworks 提供了"添加标记"功能，如图 5.39（a）所示，在场景视图中要进行注释的地方单击鼠标左键，如图 5.39（c）所示，按顺序生成一个标记的编号，在随后弹出的添加注释对话框中填写相关意见，如图 5.39（b）所示，对已添加的标记还可在"查看注释"当中进行汇总与管理，如图 5.39（d）所示。

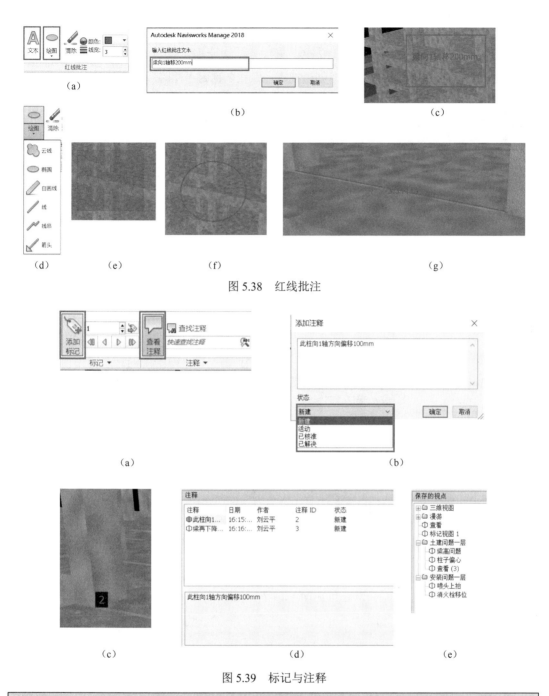

图 5.38　红线批注

（a）　　　　　　　　（b）　　　　　　　　（c）

（d）　　（e）　　（f）　　（g）

（a）　　　　　　　　　　　　　（b）

（c）　　　　　　　（d）　　　　　　　（e）

图 5.39　标记与注释

> 注：对于之前保存相关批注的视点，可从管理的角度上优化它，把视点做一些命名和归类，如以文件夹实行归类和汇总，如图 5.39（e）所示。

5.1.8　视点

视点在 Navisworks 中即为模型特定角度的快照，其保存的不仅仅是模型相关的视图信息，还可保存用红线批注和注释对模型进行的审阅及校审工作。视点不保存模型的几何信息，几何信息一般保存在"NWF"格式文件中，所以后期模型被更新，也不会影响之前保存的视点以及在视点上输入的相关批注信息，相当于在几何模型上建一个信息覆盖层。

视点创建方法有两种。

方法 1：单击"视点"选项卡 ➤ "保存、载入和回放"面板 ➤ "保存视点"下拉菜单 ➤
"保存视点"，如图 5.40（a）所示，即创建视点，默认名称为"视图"，如图 5.40（b）所示。

方法 2：如果"保存的视点"窗口已经出现，如图 5.40（b）所示，在其空白处单击鼠标右
键，弹出如图 5.40（c）所示对话框，选择"保存视点"，结果如方法 1。

注：保存的视点窗口是一个可固定窗口，可通过单击图 5.40（a）中"☒"打开。

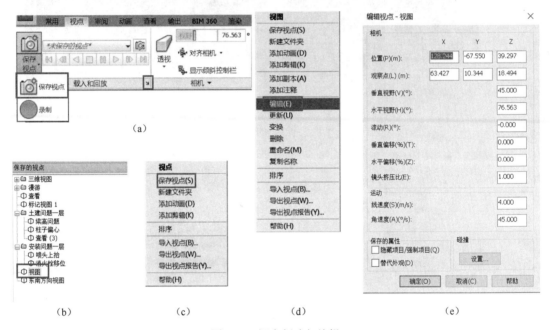

图 5.40　视点创建与编辑

对于已创建的视点，如发现不满意，可通过两种方式进行更改。

方法 1：调整场景视图，包括添加文字、注释等信息，在保存的视点窗口，要修改的视点
视图上，单击鼠标右键，在弹出的对话框选择"更新"，如图 5.40（d）所示。

方法 2：在保存的视点窗口中要修改的视点视图上，单击鼠标右键，在弹出的对话框选择
"编辑"，如图 5.40（d）所示，在弹出如图 5.40（e）所示的对话框中进行相应更改。下面对其
选项做相关解释。

（1）相机

① 位置。输入 X、Y 和 Z 坐标值可将相机移动到此位置。Z 坐标值在二维工作空间中不可用。

② 观察点。输入 X、Y 和 Z 坐标值可更改相机的焦点。Z 坐标值在二维工作空间中不可用。

③ 垂直/水平视野。定义仅可在三维工作空间中通过相机查看的场景区域。可以调整垂直
视角和水平视角的值。值越大，视角的范围越广；值越小，视角的范围越窄，或更紧密聚焦。

注：修改"垂直视野"时，会自动调整"水平视野"（反之亦然），以与 Navisworks 中的纵横比相
匹配。

④ 滚动。围绕相机的前后轴旋转相机。正值将以逆时针方向旋转相机，而负值则以顺时
针方向旋转相机。

注：当视点向上矢量保持正立时（即使用"漫游""动态观察"和"受约束的动态观察"导航工具
时），此值不可编辑。

⑤　垂直偏移。相机位置向对象上方或下方移动距离。例如，如果相机聚焦在水平屋顶边缘，则更改垂直偏移会将其移动到该屋顶边缘的上方或下方。

⑥　水平偏移。相机位置向对象左侧或右侧（前方或后方）移动的距离。例如，如果相机聚焦在立柱，则更改水平偏移会将其移动到该柱的前方或后方。

⑦　镜头挤压比。相机的镜头水平压缩图像的比率。大多数相机不会压缩所录制的图像，因此其镜头挤压比为 1。有些相机（如变形相机）会水平压缩图像，在胶片的方形区域上录制具有很大纵横比的图像（宽图），默认值为 1。

（2）运动

①　线速度。在三维工作空间中视点沿直线的运动速度。最小值为 0，最大值基于场景边界框的大小。

②　角速度。在三维工作空间中相机旋转的速度。

（3）保存的属性　此区域仅适用于保存的视点。如果正在编辑当前视点，则此区域将灰显。如果选择编辑多个视点，则仅"保存的属性"可用。

①　隐藏项目/强制项目。选中此复选框可将有关模型中对象的隐藏/强制标记信息与视点一起保存。再次使用视点时，会重新应用保存视点时设置的隐藏/强制标记。

> 注：将状态信息与每个视点一起保存需要较大的内存量。

②　替代材质。选中此复选框可将材质替代信息与视点一起保存。再次使用视点时，会重新应用保存视点时设置的材质替换。

> 注：将状态信息与每个视点一起保存需要较大的内存量。

（4）碰撞　单击"设置"，打开"碰撞"对话框，如图 5.41 所示，该功能仅在三维工作空间中可用。

图 5.41　碰撞设置

5.2　展示与沟通

本节主要以 Navisworks 为例进行介绍，用户也可选择其他软件。

5.2.1 集合

集合在 Navisworks 中是一个重要的功能，所需创建的动画、渲染、碰撞检查和进度模拟等核心功能都建立在集合的基础上。集合在 Navisworks 中指某些特定性质模型的总体，是模型被选中状态的一种保存。如模型中所有门或窗、直径 40mm 以下的消防管道、所有家具、一层的照明设备等，是具有某些共同特征的模型集合。

5.2.1.1 集合创建

在 Navisworks 中创建集合有两种形式：第一种叫选择集，是通过手动选择一些指定的模型形成的集合，此种操作方法最简单；第二种叫搜索集，是通过 Navisworks 中内置的查找工具，通过一些特定的规则来形成的模型的集合，如前述 40mm 以下消防管道等一些具有特定属性的集合体。下面分别介绍选择集和搜索集的创建方法。

（1）选择集　选择集是通过手动行为来指定的一级静态的模型集合。所谓静态是指模型如果更新，那么之前创建的选择集不会更新。多用于局部区域一些专用构件的选择或行为特征的调整，如指定的某个或某几个门需要调整材质，或某个区域中，建筑和结构的模型里同一个位置有重叠的墙、楼梯或楼板需要局部隐藏，或者在漫游的路线当中某个门或窗需要自动打开来形成动画。像这样，没有什么特定规则而又需要满足某些指定功能且通过手动指定的一组模型集合，称为选择集。当选择集被选中的时候，集合里面包含某个或某几个构件也会被同时选中，这样后期可方便地查看或指定某些特征，如颜色、材质、透明度、可见性、动画、时间等。选择集创建步骤如下。

① 选择相应的构件，如图 5.42 中①所示。

② 可采用下列步骤之一。

• 单击"常用"选项卡 ➤ "选择和搜索"面板 ➤ "保存选择"，如图 5.42 中②所示，则打开集合窗口，并出现选择集。

• 单击"常用"选项卡 ➤ "选择和搜索"面板 ➤ "集合"下拉列表 ➤ "管理集"，在集合窗口空白处单击鼠标右键，选择"保存选择"，如图 5.42 中③所示。

• 单击"常用"选项卡 ➤ "选择和搜索"面板 ➤ "⬚选择检验器"，单击选择检验器上的"保存选择"，如图 5.42 中②所示。

③ 选中新创建的"选择集"，点击鼠标右键重命名，如图 5.42 中④所示。

（2）搜索集　搜索集是一种动态的模型集合，它保存的是一些搜索条件或项目特性，而不是一个选择结果。所以它是一种可智能更新的、定制的、符合要求的规则。比如，先定制一个搜索条件标高为 F1 的所有结构柱，如果模型有变化并重新更新 Navisworks 文件后，这个之前定制的搜索集会自动再去查找符合条件的模型构件并加入进来，即如果更新后的模型中新增或减少了结构柱，这个搜索集的状态会实时更新，同样也会增加或减少这个集合里的模型。这也是用户所期望的，可以根据模型实时更新集合状态。下面简述搜索集创建的步骤：

① 设置对象选取精度为"最高层级的对象"，如图 5.43 中①所示；

② 单击"常用"选项卡 ➤ "选择和搜索"面板 ➤ "🔍查找项目"，如图 5.43 中②所示；

③ 在"查找项目"对话框中设置查找条件，如图 5.43 中③所示；

④ 单击"查找全部"，如图 5.43 中④所示，结果如图 5.43 中⑤所示；

⑤ 在集合窗口空白区域单击鼠标右键，选择"保存搜索"，如图 5.43 中⑥所示；

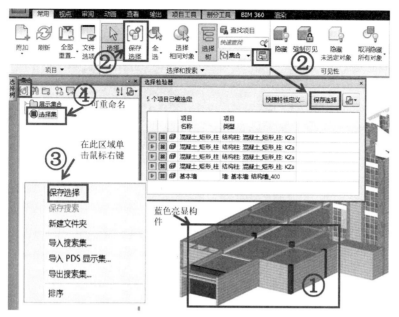

图 5.42　选择集创建

⑥ 创建的搜索集如图 5.43 中⑦所示，可右键单击新创建的搜索集（或选中按"F2"键），给新创建的搜索集进行重命名。

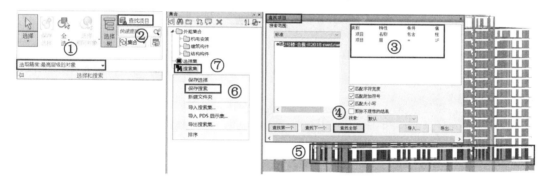

图 5.43　搜索集创建

（3）更新与传递

① 集合更新。如果发现创建的选择集或搜索集不符合要求，或是规则不完整，则需要修改并更新。对于已创建好的集合，可采用如下方法更新。

对于选择集，因为是手动选择构件创建的，所以如果要修改此集合，需要在"集合"窗口中先选择这个集合（也选择了集合中的构件），然后在视图中手动增加或减少里面符合要求的构件，接着再在"集合"窗口中，在刚才修改的选择集上点击鼠标右键，如图 5.44 中①~③所示。

② 搜索集更新。搜索集的更新也是类似的流程，先在"集合"窗口上点击需要更新的搜索集，然后在"查找项目"中修改之前的规则，在重新点击"查找全部"之后，在"集合"窗口中用鼠标右键选中需要修改的搜索集，再选中菜单中的"更新"命令即可，如图 5.45 中①~④所示。

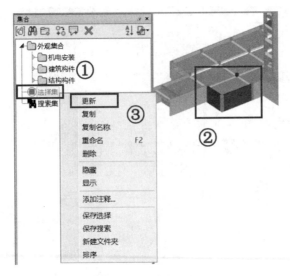

图 5.44　选择集更新

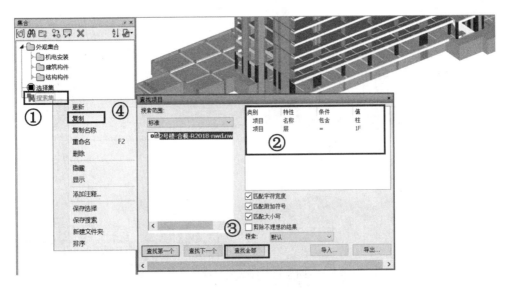

图 5.45　搜索集更新

③ 集合传递。集合传递也称为集合共享，是一个非常高效和实用的功能，相当于如果在一个大项目中有很多个子项，那么只需要在其中一个子项的 Navisworks 文件中建立起一套合适的选择集或搜索集，那么这套集合就可以被独立地保存下来，其他子项文件就不用重新建集合，可很好地提高工作效率。

集合文件的导出/导入操作很简单，只在"集合"窗口中右上角点击"导出搜索集/导入搜索集"，在导出的对话框中输入搜索集名称，单击"保存/打开"即可，如图 5.46 中①和②所示。

集合的传递或共享是有前提的，那就是需要有一套标准和规则。通俗一点，也就是人们常说的共用性。比如，如果两个项目之间存在各种构件的命名方式不统一、材料说明不一致等情况，那么这两个项目的集合文件也就不通用，也没有共享的必要了。

所以说，这关系到上一级的流程，建模和设计的标准及规则需要统一与规范。比如设计绘图的时候，墙体、结构柱、门窗、机电专业的管道的命名和分类，系统的划分，以及建模过程中墙体和结构柱等竖向构件需要分层建立等，这些行为要形成一个统一的标准和规范，这样各个项目之间的集合传递才有意义。

图 5.46　搜索集的导入与导出

5.2.1.2　集合分类

集合是 Navisworks 中最重要的基础功能，而创建集合的目的也是为了配合后面的渲染、碰撞、动画以及进度等主要功能。所以针对不同的功能，集合在创建的时候也会有一定的区分和针对性，当然也可能会有一些功能的集合存在一些共性，即有些集合可以同时属于不同的集合分类。如结构的梁柱集合可以既属于外观集，又属于碰撞集，这样可以重复利用。下面对常用集合分类简述其如何创建。

（1）外观集合　外观集合主要是为了快速修改模型外观而定制的集合。这里的外观指的是模型的颜色和透明度，通常和"外观配置器"一起来配合使用。"外观配置器"具有通过集合来创建和管理模型外观配置文件的功能。所以要使用这个功能，一定需要先创建好合适的外观集合。

要创建的这个外观集合分别包含所有的墙体、门窗和楼板、幕墙，以及结构梁和柱，其集合规则参照见表 5.3。

表 5.3　外观集合规则参照

序　号	集合名称	逻　辑	类　别	特　性	条　件	值
1	墙体		元素	类别	"="或"包含"	墙
2	门窗		元素	类别	"="或"包含"	门
		OR	元素	类别	"="或"包含"	窗
3	幕墙		元素	类别	"="或"包含"	幕墙嵌板
		OR	元素	类别	"="或"包含"	幕墙竖梃
4	楼板		元素	类别	"="或"包含"	楼板
5	结构梁		元素	类别	"="或"包含"	结构框架
6	结构柱		元素	类别	"="或"包含"	结构

注：条件中"="或"包含"要根据模型图元的特性中名称而定，如类别名称为××墙，则选"包含"。

创建好搜索集后，在"集合"窗口空白处，点击鼠标右键，选择"新建文件夹"命令，建立一个名为外观的文件夹，把按上述规则创建好的搜索集拖拽到此目录中，分类后，便于后面工作的组织和管理。具体步骤可参照上小节集合创建。

外观集合创建完成后，就可进行外观的配置，步骤如下：

① 单击"常用"选项卡 ➢ "工具"面板 ➢ Appearance Profiler（外观配置器），如图

5.47（a）中①所示；

② 打开"外观配置器"对话框，在左边"选择器"中选"按集合"，如图 5.47（c）中②所示；

③ 在已创建的集合中选择要设置的集合如"建筑墙（内外墙）"，如图5.47（c）中②所示；

④ 点击"测试选择"，则在视图中选择相应构件，在外观中对其颜色和透明度进行设置，如图5.47（c）中③所示；

⑤ 点击"添加"则显示在选择器中，如图5.47（c）中④所示，如要修改颜色和透明度，修改后按"更新"即可；

⑥ 所需的选择集设置好后，点击右下角的"运行"，如图 5.47（c）中⑤所示，即可把这些设置应用到模型上面，在视图中可进行浏览和观看。

> 注：如模型没有按照设置的某些外观效果显示，则单击"视点"选项卡 ➤ "渲染样式"面板 ➤ "模式"下拉菜单，然后单击"☐着色"，如图5.47（b）所示。这是因为在"完全渲染"模式下不会显示模型的外观颜色，只会显示模型的材质贴图及纹理，调到着色模式下即可正常显示。

对于外观配置器来讲，如果定义好了某些状态的外观图例（颜色和透明度），这些图例也可以保存成本配置文件，而且由于软件当中的一些设计缺陷，即当把 Navisworks 关闭以后，重新打开会发现，之前设置过的外观配置内容有很大的概率都丢失了。如果修改之前设置过一些集合颜色，那么就只能重新再做一次设置了。所以建议用户当把外观设置好后，尽可能地把配置保存，如图 5.47（c）中⑥所示，如果需要选择"载入"即可。

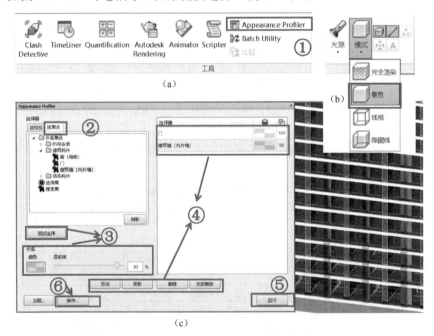

图 5.47　外观配置

（2）材质集合　外观集合通常只用于对模型的颜色和透明度进行调整，大多数情况下都只针对属于这个集合的模型整体进行设置。而材质集合从字面上看就知道是对模型的渲染材质，包括可以对贴图、纹理、反射、折射、透明度等参数进行设定的构件集合。在很多时候，针对的都不是这些构件的整体模型，而是其中的某一部分子构件。如窗的窗框搜索集、门窗的玻璃搜索集等，诸如此类的需要对某些构件的子构件进行材质划分的集合体，称为材质集合。只有这些构件的子构件被选中的时候，才能对其局部材质进行设定。

材质集合的创建方法和其他集合一样，在创建了很多构件材质搜索集的时候，最好适当地在集合窗口里建立一些文件夹对其进行分类和汇总。要注意的是，对于 Revit 软件导出的 Navisworks 文件格式，能被选择出子构件的构件在 Revit 里需要注意一些细节。

① 如果构件是独立族，那么子构件能被识别出来的条件除了各子构件之间是独立创建的之外，还有就是必须有独立的材质参数和材质。以固定窗为例，在 Revit 的族编辑环境当中，需要给这些不同的子构件以不同的材质和参数，如图 5.48（a）所示，这样才可以在 Navisworks 中被识别出来。

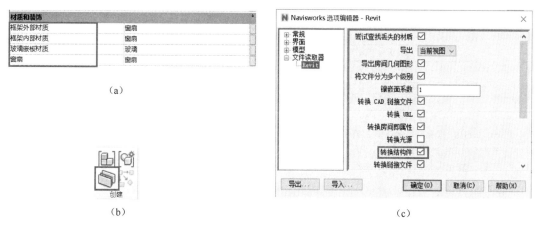

图 5.48　材质集合

② 如果需要给诸如墙体、楼板以及屋顶等具有复合构造层和做法的系统族在 Navisworks 里设置材质，比如区分墙体的抹灰、结构层等构造设置不同的材质，又或者独立识别和选择墙体或楼板的某个区域来做材质的设定，首先需要在 Revit 环境当中使用零件功能把墙体、楼板或屋顶这些构件进行拆分，如图 5.48（b）所示，然后在导出 Navisworks 文件的时候，注意在导出设置里，把"转换结构件"勾选上，才能把这些拆分过的零件转换成独立构件传递出去，如图 5.48（c）所示。

③ 在模型选择的精度上，一般是设置到"几何图形"这一级别，才能够把这些子构件选择出来，做成相关的搜索集。在按住"Shift"键的情况下，同时用鼠标点击模型，会在不同的模型精度之间进行轮回切换。

注意上述几点，基本上就可以方便地创建相关的材质集合了。

（3）碰撞集合　碰撞集合就是配合碰撞检测功能的集合体。按照碰撞检测的规则，即大方向上按照专业进行分类的集合原则划分。也就是说，定制集合的时候，要把模型按照建筑、结构、暖通、给排水、消防和电气专业进行划分，在集合上体现专业性，然后再对这些单专业进行细化。

关于分专业集合定制的一些情况，下面列出部分规则供用户参考，见表 5.4。

表 5.4　碰撞集合参考规则

序号	专业	集合名称	逻辑	类别	特性	条件	值
1	建筑	吊顶		元素	类别	"=" 或 "包含"	
		门窗		元素	类别	"=" 或 "包含"	
			OR	元素	类别	"=" 或 "包含"	
2	结构	结构柱		元素	类别	"=" 或 "包含"	
		结构梁		元素	类别	"=" 或 "包含"	
		剪力墙		元素	名称	"=" 或 "包含"	

序号	专业	集合名称	逻辑	类别	特性	条件	值
3	暖通	空调回风		系统类型	名称	"="或"包含"	
		空调送风		系统类型	名称	"="或"包含"	
		采暖热水供水		系统类型	名称	"="或"包含"	
		采暖热水回水		系统类型	名称	"="或"包含"	
4	给排水	热水给水		系统类型	名称	"="或"包含"	
		冷却循环给水		系统类型	名称	"="或"包含"	
		污水		系统类型	名称	"="或"包含"	
5	消防	自动喷水		系统类型	名称	"="或"包含"	
				元素	直径	≥	40（0.1312）
		室内消火栓		系统类型	名称	"="或"包含"	
6	电气	消防耐火线槽		元素	名称	"="或"包含"	
		安防线槽		元素	名称	"="或"包含"	
		电缆桥架		元素	名称	"="或"包含"	

注：1. 条件中"="或"包含"要根据模型图元的特性中名称而定，如类别名称为××墙，则选"包含"。

2. 40（0.1312）含义为40mm=0.1312ft。

3. 消防专业直径≥40mm的规则，即只有大于此直径的管道参与碰撞。

4. 在Revit中电气桥架没有系统类型，经常会使用元素名称或项目名称等信息进行桥架功能分类。

通常创建完碰撞集合后，还要通过外观配置器给这些集合设定明显易区分的外观，便于直观地区分出相关的构件或管道系统。具体步骤可参照外观集合。

下面再介绍一个比较实用的集合创建方法，那就是在把 Revit 导出的"nwc"模型载入 Navisworks 中以后，在其默认的环境中，其实已经有大量创建好的搜索集规则可供用户使用，找到和应用这些搜索集的方法如下：

① 单击"常用"选项卡 ➤ "选择和搜索"面板 ➤ "选择树"，如图 5.49 中①所示；

② 把下拉列表点开，从"标准"切换到"特性"上，如图 5.49 中②所示，模型当中与特性有关的所有属性信息就会按树形目录分别列出来；

③ 打开"查找项目"窗口，代表这个集合的搜索规则就会被列出来，如图 5.49 中③所示；

④ 在"集合"窗口中点击鼠标右键，选择"保存搜索"，即以此特性默认的规则创建了搜索集，具体步骤可参照搜索集的创建。

> 注：也可不打开"查找项目"，直接按步骤④操作。

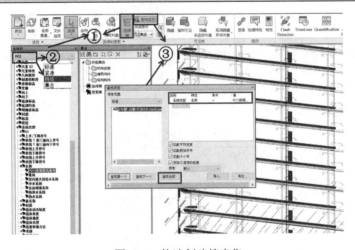

图 5.49　快速创建搜索集

在"选择树"特性目录下面，有大量已经创建好的搜索集。下面列几个常用的规则：系统类型——名称；元素——类别；材质——名称。

这些规则就像是 Navisworks 后台给用户建好的默认的特性数据库，之前创建的那些选择集实际上就是在这些已经分好类的数据上建立起来的，只不过在使用的时候进行了一些自由的定制和组合。

（4）可见性集合　在 Navisworks 中，如果选择隐藏了某些模型，再想恢复回来只能通过"常用"选项卡上"可见性"面板中的"取消隐藏所有对象"才能恢复之前被隐藏的构件。使用中会产生一个问题，如果已隐藏大量的对象，但是只想有选择地恢复其中的一部分。如先隐藏 F1 层的顶板，再隐藏家具，此时如果只想恢复显示家具，但是却没有一个记录功能，只能先恢复所有的隐藏对象后，一个一个再重新隐藏，那将会在很大程度上影响工作效率。

所以，建议先在"集合"窗口里创建一个名为"隐藏区"的文件夹，然后把需要隐藏构件的选择集或搜索集创建并放到这个文件夹里，这样便于随时隐藏或恢复需要操作的对象，也便于后期进行汇总和管理，让工作变得更加有效率。

（5）施工模拟集合　施工模拟集合是指对模型按照工序或日程进度进行划分的集合体。通俗地讲，就是如果需要创建某个局部区域的施工工序模拟，需要对此处的模型构件进行工序上的划分。如某个局部区域施工的时候，需要进行先挖地基，然后放置基础模板，再绑钢筋，浇筑混凝土。

5.2.2　模型展示和渲染

本小节所介绍的模型展示，主要为双方的沟通交流，涉及漫游、查询、注释等行为，即双方在三维可视化的条件下了解和探索模型，主要用到软件的漫游、选择集、可见性、测量和批注、特性查询、渲染、图像导出等功能，如图 5.50 所示。

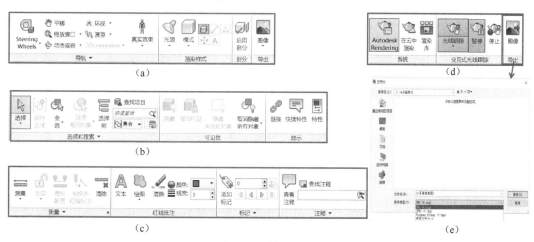

图 5.50　模型展示

如图 5.50（a）～（c）所示功能操作步骤见前述或参考文献中的相关书籍。下面简述在 Navisworks 下如何渲染和导出汇报用的图片。

Navisworks 提供了 Autodesk 渲染器，其和 3DSMAX、Revit 都是同一个渲染器。Autodesk 渲染器可设置日期和位置，渲染结果比较贴近真实环境。自 Autodesk2015 后还新增一个 Autodesk 云渲染平台，此功能只对注册了 Autodesk 账户的用户开放。

Autodesk 渲染器渲染图像的流程如下。

① 创建材质选择集，见前述"集合分类"。

② 单击"常用"选项卡 ➤"工具"面板 ➤"🗔Autodesk Rendering"，打开 Autodesk Rendering 窗口，如图 5.51（a）所示。

③ 将材质应用于几何图形——材质选择集，在集合窗口，选中要修改材质的集合，如图 5.51（c）中①和②所示，在渲染窗口的文档材质中，选中相应材质，单击鼠标右键，把选中的材质指定给材质选择集，如图 5.51（c）中③所示；

④ 将光源（仿真光源和自然光源）添加到模型中，按如图 5.51（b）中①～④所示步骤创建光源并修改相应参数。

⑤ 渲染环境与自定义曝光设置，如图 5.52（a）～（c）所示。

⑥ 渲染图像：按图 5.52（d）中①所示按键，在下拉菜单中选择渲染质量，单击功能区上"渲染"选项卡中的"🗔光线跟踪"按钮，如图 5.52（d）②所示，在"场景视图"中直接进行渲染。

⑦ 保存或导出渲染的图像。渲染场景后，在"导出"面板中，单击如图 5.52（d）中③"🖼"，如图 5.50（d）和（e）所示。

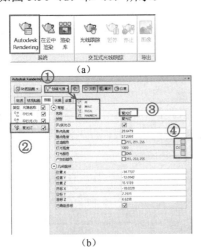

（a）

（b）

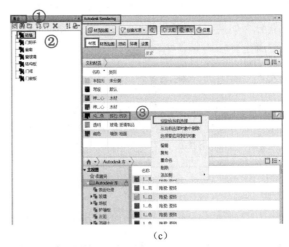

（c）

图 5.51　材质与光源

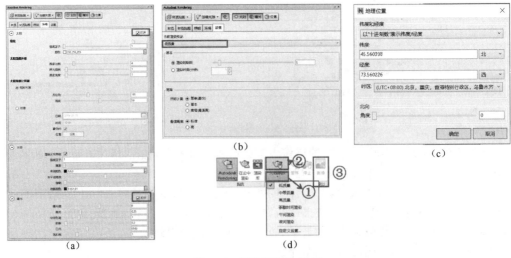

（a）　　（b）　　（c）　　（d）

图 5.52　渲染环境与设置

5.2.3 动画

Navisworks 的动画类型主要分为两类：一类是视点动画，也就是常说的漫游动画，主要分为实时录制、相机视点保存、剖面等创建方法；另一类是对象动画，分为场景动画、交互式动画及进度模拟动画。

本小节主要讲解视点动画中的相机视点直接保存动画和剖面动画创建，以及对象动画中的场景动画和交互式动画，进度模拟动画见 6.4 节施工模拟。

5.2.3.1 视点动画

视点动画也叫相机动画，在 Navisworks 中是最简单也是最灵活的一种动画创建形式。它是在漫游项目的过程中，通过手动保存一系列当前场景相机视点的快照（视点），并连续播放创建的视点而生成的动画过程。在这个过程中，Navisworks 会自动在这些关键视点之间加入插值，即过渡场景。所以，虽然通过手动的方式来人为记录并保存相机的视点数量相对较少，但由系统自动补充并拟合各相机之间的过渡场景生成的动画还是比较流畅的，步骤如下。

① 如有必要，请显示"保存的视点"窗口（单击"视点"选项卡 ▶ "保存、载入和回放"面板 ▶ "窗口"下拉菜单 ▶ "保存的视点"），如图 5.53（a）和（b）所示。

② 在"保存的视点"窗口上单击鼠标右键，然后选择"添加动画"，如图 5.53（c）所示。

③ 导航到某个位置，然后将新位置另存为一个视点，根据需要重复此步骤。每个视点将变成动画的一个帧。帧越多，视点动画将越平滑，并且可预测性越高，如图 5.53（b）所示。

> 注：建议保存的视点前用数字进行编号。

④ 创建所有所需视点后，请将其拖动到刚刚创建的空视点动画中。可以逐个拖动它们，也可以使用"Ctrl"和"Shift"键选择多个视点，然后一次拖动多个视点。

> 注：也可直接用鼠标右键单击"动画创建视点"，新创建的视点直接作为动画下的一个帧。

⑤ 此时，可以使用"动画"选项卡的"回放"面板上的"动画位置"滑块在视点动画中向后和向前移动，以查看它的外观，如图 5.53（a）所示。

⑥ 可以编辑视点动画及内部的任何视点，用鼠标右键单击"保存的视点"，如图 5.53（d）和（e）所示。

⑦ 创建多个视点动画后，可以将其拖放到主视点动画中，以制作更复杂的动画组合，就像将视点作为帧拖放到动画中一样。

图 5.53 视点动画

5.2.3.2 剖面（分）动画

部分动画主要是利用"部分"功能对模型进行剖切，使剖面发生位移，然后记录剖面位移的过程来简单地模拟建筑项目进展的状态。剖面动画也属于相机动画的范畴，只不过影响动画效果的不再是视点里的属性，而是部分工具，步骤如下：

① 如有必要，请显示"保存的视点"窗口（单击"视点"选项卡 ➤ "保存、载入和回放"面板 ➤ "窗口"下拉菜单 ➤ "保存的视点"），如图5.53（a）和（b）所示；

② 单击"视点"选项卡 ➤ "剖分"面板 ➤ "启用剖分"并调整，如图5.54（a）和（b）所示；

③ 调整剖面位置，保存相应视点，如图5.54（e）所示；

④ 可在"视点"选项卡 ➤ "保存、载入和回放"面板进行回放，如图5.54（d）所示；

⑤ 也可点击鼠标右键编辑视点与动画，如图5.53（d）和（e）所示，参照视点动画。

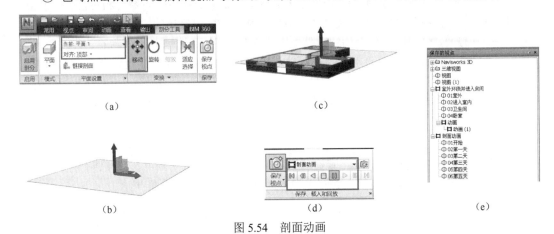

（a）　　　　　　　　　　　　　　　（c）

（b）　　　　　　　　　　　（d）　　　　　　　　　　（e）

图5.54　剖面动画

5.2.3.3 场景动画

场景动画指的是在一定的时间、空间内发生的，为完成某一故事情节而定制的动画。大多数时候它属于对象动画的一种。对象动画可以控制模型构件的颜色、透明度、大小、角度以及位置的变化，由此可以衍生出各种动画行为为人们需要表达的动画情节服务。交通环境动画：如车辆运行、交通灯闪烁等动画。机械设备动画：如挖掘机、塔吊等动画。工序动画：如某一局部节点安装顺序模拟等动画。在此过程中，还可以结合视点动画使故事情节更加丰富，如漫游的过程中开门、关门，或者做一段当前视点跟随电梯一起同步上升的运动等。下面以一个混凝土运送车入库的过程介绍场景动画的制作过程：混凝土运送车行驶，缩放，开车库门，车辆转弯入库，关门等，步骤如下。

① 打开Animator（场景动画制作工具）："动画"选项卡 ➤ "创建"面板 ➤ "Animator"，如图5.55（a）和（b）所示。

② 在场景动画制作工具栏左侧，单击鼠标右键，选择添加场景，并修改新建场景的名称，如图5.55（b）中①和②所示。

③ 选择混凝土运送车，如图5.55（c）所示，单击鼠标右键，选择添加动画集，单击"从当前选择"，并修改动画集名称，如图5.55（c）中③～⑥所示。

> 注：可通过选择集或选择树或直接选择的方式选中混凝土运送车；如修改动画集名称时无法输入中文，可在记事本中写好后复制过来。

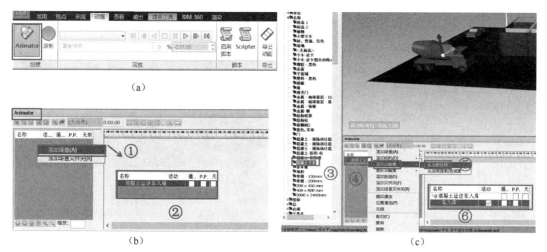

图 5.55　场景动画（一）

④　选中创建的动画集"车入库"并在活动列方框中勾选，如图 5.56（a）所示。

⑤　时间设置为"0"，如图 5.56（a）所示，单击"捕捉关键帧"，如图 5.56（b）中④所示，在 0 点创建了车的起始状态。

⑥　设置时间如 3s[图 5.56（b）中①]，单击"平移动画集"，如图 5.56（b）中②所示，在视图中移动车辆到相应的位置，单击"捕捉关键帧"，如图 5.56（b）中④所示。

注：要注意把 Z 值设置为 0，否则会出现车轮在地上或地下情况，如图 5.56（b）中③所示。

⑦　设置时间如 5s，单击"缩放动画集"创建关键帧，如图 5.56（c）中⑤所示，在底部 XYZ 框中输入缩放比例，如图 5.56（c）中⑥所示。

⑧　单击"捕捉关键帧"，如图 5.56（b）中④或图 5.56（c）中⑦所示。

⑨　同理可创建下一个关键帧。

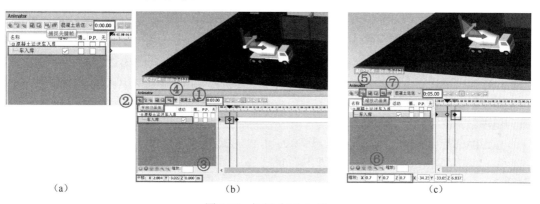

图 5.56　场景动画（二）

⑩　车库门的开启（卷帘门）：选中"车库门创建动画集"（重命名）并在活动列只勾选"车库门动画集"，把时间设置为 0，捕捉关键帧（车库门的起始状态），如图 5.57（a）中①所示。时间设置为 5s（车库门打开状态），启动缩放动画集功能，设置如图 5.57（a）中②～④所示。再启动平移动画集功能，进行缩放后的门的移动，如图 5.57（b）中⑤～⑦所示，调整门的状态，如图 5.57（b）中⑥的状态，单击"捕捉关键帧"。

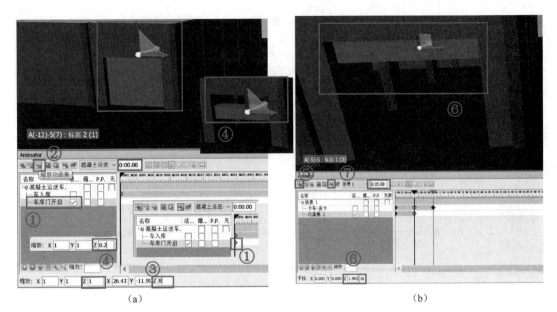

（a）　　　　　　　　　　　　　　　　　（b）

图 5.57　车库门开启

依次创建好相应的关键帧即可。

5.2.3.4　交互式动画

交互式动画通常都是通过脚本和场景动画配合使用来实现的，可以让 Navisworks 在某些环境中触发一些符合特定规则的动画行为，从而使其具有一定的智能判断机制，来模拟一个人机交互的环境，使动画更加智能与合理。

交互式动画常用的术语如下。

脚本：指在满足特定事件条件发生时的动作的集合。每个脚本可以包含一个或多个"事件"，也可以包含一个或多个"操作"。即从树形结构上来讲，"脚本"级别最高。

事件：指发生的操作或情况，它包含事件类型和事件条件。事件类型有七种：启用触发、计时器触发、按键触发、碰撞触发、热点触发、变量触发、动画触发。

操作：可理解为是一个动作或者说是一个活动。当一个或一组"事件"被触发时，"操作"会被执行。一个脚本中可以包含多个动作，并被逐个执行。操作类型有八种情况：播放动画、停止动画、显示视点、暂停、发送消息、设置变量、存储特性、载入模型。下面以碰撞触发动画为例进行介绍：

① 用场景动画制作好车库门的开启和关闭，方法见上小节；

② 单击"动画"选项卡 ➤ "脚本"面板 ➤ "动画互动工具"，打开脚本动画制作对话框，如图 5.58 所示；

③ 创建新的脚本，如图 5.58（a）中①所示；

④ 创建碰撞触发事件，如图 5.58（a）中②所示；

⑤ 关联动画设置相应参数，如图 5.58（b）中③～⑤所示。

5.2.3.5　动画导出

制作好的动画，第一种是可以在 Navisworks 环境中，使用 F11 键全屏模式进行相关展现。在此环境中，没有任何菜单、工具栏以及功能窗口，各种功能的调用可以使用快捷键，可以用最大区域把模型全景展示出来。要退出全屏状态，再按一次 F11 键即可。第二种就是输出成视频或图片，并可在外部环境进行二次加工和直接展示。

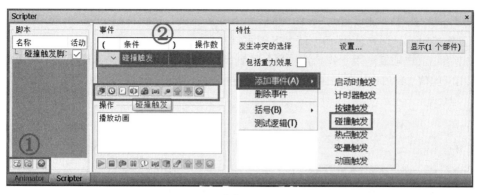

（a）

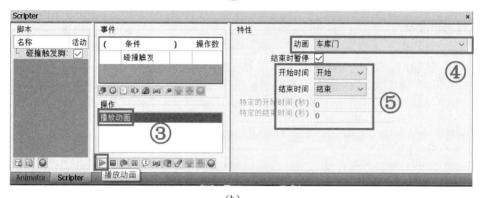

（b）

图 5.58　碰撞触发动画

动画导出步骤如下。

① 单击"动画"选项卡 ▶ "导出"面板 ▶ "◈导出动画"，将打开"导出动画"对话框。

② 选择导出对象，如图 5.59（a）中①所示。

- 要导出当前选定的视点动画，请在"源"框中选择"当前动画"。
- 要导出当前选定的对象动画，请在"源"框中选择"当前的 Animator 场景"。
- 要导出 TimeLiner 序列，请在"源"框中选择"TimeLiner 模拟"。

③ 选择渲染模式，如图 5.59（a）中②所示。

- 视口：快速渲染动画，是当前场景窗口的"所见即所得"版，如当前场景视图设定的是"着色"模式，导出的就是着色的样式；如设定的是"渲染"模式，那么就是带贴图和日光设置的样式。

- Autodesk：Navisworks 使用自带的渲染引擎，对当前动画进行逐帧渲染，导出内容比较精美，但时间长。

④ 设置视频输出格式，如图 5.59（a）中③所示。

AVI 非压缩的类型，效果不错，但文件太大，可选择 MicrosoftVideol。还可下载 MPEG4 的 XVID 格式的 AVI，或者选择 ffdshow MPEG-4 格式的 AVI 的解码器或工具，导出相应格式。

⑤ 设置尺寸。

- 显式：使用户可以完全控制宽度和高度（尺寸以像素为单位）。
- 使用纵横比：使用户可以指定高度。宽度是根据当前视图的纵横比自动计算的。
- 使用视图：使用当前视图的宽度和高度。

⑥ 设置帧数和抗锯齿参数，如图 5.59（a）中④所示。

指定每秒的帧数：此设置与 AVI 文件相关。FPS 越大，动画将越平滑。但使用高 FPS 将显著增加渲染时间。通常使用 10～15 FPS 就可以接受。

抗锯齿：该选项仅适用于视口渲染器。抗锯齿用于使导出图像的边缘变平滑。从下拉列表中选择相应的值。数值越大，图像越平滑，但是导出所用的时间就越长。4x 适用于大多数情况。

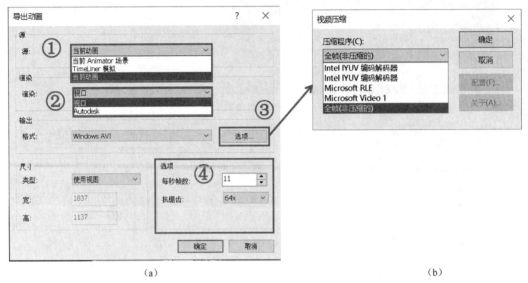

图 5.59　动画导出

上述没有脚本动画的导出，因为脚本的支行机制是需要 Navisworks 环境来启用脚本行为的，那么在导出的视频中，不可能有这种启用脚本的机制，所以无法导出带脚本的视频。常用的变通解决方法有两种。

第一种：把脚本动画行为做到场景动画里，如开门的效果，直接用动画集的方式做进去，然后作为场景动画直接输入即可。

第二种：在脚本配合场景动画播放的过程中，把 Navisworks 打开成全屏模式，然后用录屏软件录制在 Navisworks 当中播放的动画，这种方法最简单，但需要播放的过程比较流畅才可以。

6 碰撞检查与施工模拟

6.1 碰撞检查

本章以 Revit 文件导出到 Navisworks 做碰撞为例介绍其主要流程：从 Revit 中导出 "*.NWC" 文件，在 Navisworks 中进行模型整合，创建碰撞选择集并设置颜色，碰撞规则设定，运行碰撞检查，结果查看与定位，与 Revit 的交互。具体软件操作可参照参考文献中的相关书籍及 Navisworks 帮助。

6.1.1 导出与整合

下面以 Revit 导出 "*.NWC" 文件为例介绍导出步骤：

① 在 Revit 中打开相关文件，文件 ➤ 导出 ➤ NWC，如图 6.1（a）所示；

② 在导出场景对话框中单击 Navisworks 设置，进行导出参数与选项的设置，如图 6.1（b）所示。

在导出参数中有三个选项：整个项目，当前视图，选择。如果要在导出前进行处理模型显示样式、构件的隐藏和过滤，可选择当前视图，只导出在视图中能看到的内容，视图中看不到的内容无法导出。如参与碰撞检测的结构构件以结构专业的模型为主，则在导出建筑专业模型的时候，要把建筑文件里的结构体系下的构件如结构框架和结构柱都关闭；如有管网时要视图的详细程度设置为精细等；如分层导出时在视图范围中设置上下楼板可见等。

（a）

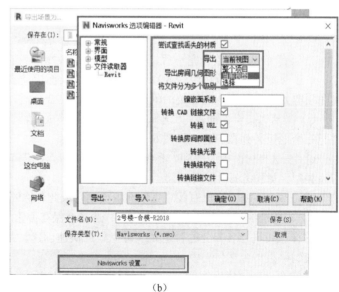

（b）

图 6.1 导出 "*.NWC" 文件

导出各专业需要进行碰撞检查的同一区域的楼层模型，在 Navisworks 中通过使用 "附加"

的方式，把多个专业的文件进行组装来进行整体或局部 BIM 模型碰撞检查，在此期间要保证模型之间位置关系正确，步骤如下。

① 把导出的各专业文件放置在同一个文件夹中，通过使用"附加"的方式，如图 6.2（a）所示，把所有".nwc"类型文件全部选中，并点击"打开"。

② 在"选择树"的每一个专业文件上，点击鼠标右键，选择"单位和变换"命令，如图 6.2（b）所示，把"原点"和"旋转"的数值全部归零，如图 6.2（c）所示，这样可用最简单的方式把各专业原点坐标统一并精确地整合在一起。

每个专业的文件都这样归零后，就完成了全专业模型的定位与整合工作，记得保存文件。

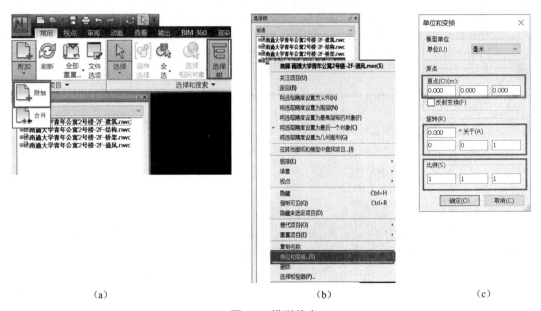

(a)　　　　　　　　　　　　　　(b)　　　　　　　　　　　　(c)

图 6.2　模型整合

6.1.2　创建选择集与颜色图例

在所有专业模型整合完毕后，开始创建进行碰撞检测的对象集合，也就是人们常说的碰撞集。对于碰撞集，大致按照专业来分，在"集合"面板建立结构、暖通、给排水、消防、电气和吊顶等几个文件夹。碰撞集的创建方法见前述集合分类，本小节主要介绍其工作流程。

① 激活"集合"面板、"选择树"面板并切换成"特性"模式，激活"查找项目"面板，并把三个面板并列在一起，如图 6.3 所示。

② 在选择树面板中找到"系统类型"的"名称"，便可在"名称"中看到此文件中的所有管道类型，如图 6.3 中①所示。

③ 选择其中一个，"查找项目"面板自动生成此名称的搜索规则，如图 6.3 中②和③所示。

④ 在集合窗口空白处单击鼠标右键，选择"保存搜索"，并重新命名，如图 6.3 中④所示。

这样就可进行各专业的管道系统碰撞集的快速创建，完成后建立碰撞集合文件夹，把碰撞集拖拽到碰撞集合文件夹中。

通常在创建完碰撞集后，还要通过外观配置器给这些集合设定明显易区分的外观，便于直观地区分出相关的构件或管道系统。颜色图例创建的详细方法参见外观集合中外观配置器的设置。此处设置的颜色，要在着色模式下才能显示。

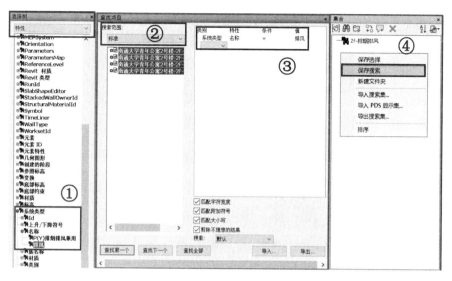

图 6.3　碰撞集合快速创建

6.1.3　碰撞检查

各专业颜色配置完成之后，开始定制专业间的碰撞行为及规则。如所有专业之间的大碰撞、结构与暖通、结构与电气、结构与给排水、结构与消防、暖通与给排水、暖通与消防、暖通与电气、暖通与吊顶等诸如此类的专业之间的碰撞定制，流程如下：

① 单击"常用"选项卡 ➤ "工具"面板 ➤ "🌀 Clash Detective"，打开碰撞设置窗口，如图 6.4 所示；

② 添加检测并重新命名，如图 6.4（a）中①所示；

③ 在选择窗口中选择要碰撞的内容，如图 6.4（a）中②所示；

④ 碰撞类型的设置，如图 6.4（a）中③所示；

⑤ 设置碰撞规则，内置规则如图 6.4（b）中④所示，新建规则如图 6.4（b）中⑤所示；

⑥ 单击"运行检测"，如图 6.4（a）中⑥所示。

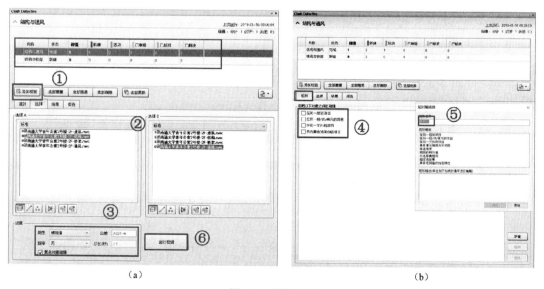

（a）　　　　　　　　　　　　　　　　（b）

图 6.4　碰撞规则

下面对选择窗口下的按钮的功能进行简单说明。

⊡面碰撞：指发生了真实模型的物理表面的碰撞，默认选项。

↗线碰撞：指空间线发生的碰撞，多指管道中心线发生的碰撞行为。

⊹点碰撞：指空间点发生的碰撞，多用在处理测绘或激光扫描等点云数据上。

⊠自相交：指在选择 A 或选择 B 集合里的对象本身发生的碰撞行为。如果在选择 A 里选择了暖通集合，并勾选了"自相交"，那么在最终的碰撞结果中将包含暖通集合内的所有构件与自己发生碰撞的行为，如暖通集合本身包含风管与防火阀，那么如果这个集合中的这两组对象发生碰撞，在结果中就会被检查出来。而且碰撞结果只包含"自相交"的内容，多数情况下用不上此功能。

在设置选项中，碰撞类型有四个选项，各项含义如下。

● 硬碰撞：具有真实物理表面碰撞的行为，"公差"是真实发生碰撞的深度。如公差为20mm，代表着碰撞深度只有超过 20mm 才会被认为是有效碰撞——即此时已发生碰撞，且已撞进去 20mm 或更深的深度。如果碰撞深度小于 20mm，则不认为是有效碰撞，很多小的碰撞在施工现场很容易就能解决，没必要完全在设计模型中解决，否则会极大增加设计阶段的工作量。

● 硬碰撞（保守）：此选项执行与"硬"碰撞相同的碰撞检测，但是它还应用了"保守"相交策略。标准的"硬碰撞"检测类型应用"普通"相交策略，会设置碰撞检测以检查在定义要检测的两个项目的任何三角形之间是否相交（所有 Navisworks 几何图形均由三角形构成）。这可能会错过没有三角形相交的项目之间的碰撞。如两个完全平行且在其末端彼此轻微重叠的管道。管道相交，而定义其几何图形的三角形都不相交，因此在使用标准"硬"碰撞检测类型时会错过此碰撞。但是选择"硬碰撞（保守）"会报告所有项目可能的碰撞。有时可能会使结果出现误报，但这是一种更加彻底、更加安全的碰撞检查方法。

● 间隙碰撞：俗称为软碰撞，是指没有发生真实的物理表面接触，而是类似于一个安全距离的检测行为。如果选择此种碰撞行为，后面所设定的公差将代表的是如果小于此安全距离，将被认为是不符合设计要求的，属于有效的碰撞行为，同时也会出现在检测结果中。

● 重复项碰撞：主要是用来检测同一位置是否有重复的模型。如同一位置绘制了两段同样长的管道，或者是同一位置放置了两次相同的设备，此功能可帮助建模软件检查重复放置的模型，以提高统计或与算量相关的准确性，品茗 HiBIM 可在 Revit 中做此项检查。

在运行碰撞前，还要了解"规则"选项卡。因为有些碰撞是合理的，或者是不重要的，又或者是需要忽略的，而如果这些情况不被排除掉，那么碰撞结果的使用效率可能会被降低，所以应该定制一些例外的"规则"。

软件自带规则有四种，如图 6.5 中①所示，含义如下。

同一层中的项目：通常情况下指的是楼层的意思，在选择树中如果选择了这个规则，那么将不会检查本楼层内所有对象的碰撞，但本层之外的其他层还是会检查。

同一组/块/单元中的项目：比如一个复合构件，由多个零件组成，零件之间的碰撞不参与检查。

同一文件中的项目：即忽略同一个专业中的碰撞，此种情况会用在综合碰撞检查的情况里。

具有重合捕捉点的项目：即中心线连接完整的构件不参与碰撞。如管道与管路附件（阀门）和弯头在连接完好的情况下，虽然有物理接触，但不参与碰撞。

上述规则是不需要定制，直接就可以用的，还有一些规则是需要根据某些特定的选择集或特征值来定制的，点击"规则"选项卡右下角的新建按键，如图 6.5 中②所示，即打开规则编辑器，如图 6.5 中③所示，下面举例说明。

"与选择集相同"：即如果发生碰撞的构件在同一选择集中，则不报告。单击图 6.5 中④"设置"，在图 6.5 中⑤输入选择集名称，即创建了新的选择集，则在此同一选择集中的构件则不发生碰撞。

"指定的选择集"：在指定的两个选择集中发生的碰撞将不会被报告。

对于这些定制的规则，大部分情况下，只要选择集做得规范、合理，那么基本用不着定制这些忽略规则集合。

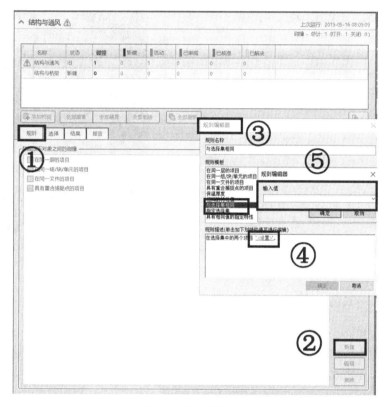

图 6.5　碰撞规则制定

6.1.4　结果查看与定位

在指定好忽略规则、碰撞类型以及公差后，点击"运行检测"，如图 6.4 中⑥所示，转入碰撞"结果"选项卡中，这里 Navisworks 会提供一个统计清单和碰撞列表出来，如图 6.6 所示。会显示碰撞的名称及位置，选择此碰撞信息，模型上会反映此碰撞的现状，并在视图中高亮显示。如勾选"高亮显示所有碰撞"，还可以看到模型当中所有碰撞点同时高亮显示，以帮助优先判断碰撞密集点的位置。

在碰撞结果审查的过程当中，如发现某些碰撞行为是合理的、可以存在的，建议调整其碰撞的状态参数，如图 6.6 中①所示为"已解决"，等所有问题都进行归类后，重新进行检查的时候，可以在对应的测试名称上点击鼠标右键选择"精简"，如图 6.6 中②所示，排除（不显示）已解决的问题，这样可以有效减少后期二次检查的工作量，提高效率。

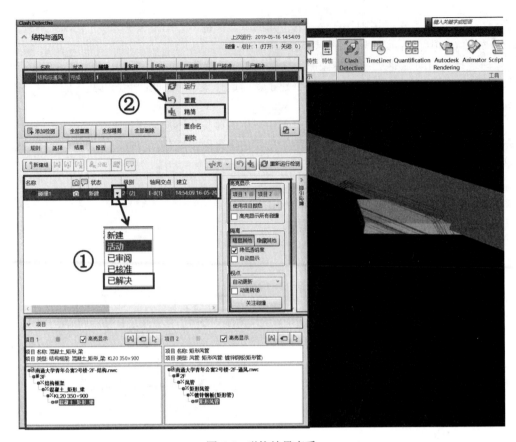

图 6.6　碰撞结果查看

6.1.5　碰撞报告与交互

　　所有碰撞点都汇总完成后，整合导出碰撞报告。此报告可以作为某阶段成果的总结，为下一版碰撞结果留作数据对比。当然重要的是，可以把此碰撞报告提供给没有安装 Navisworks 的设计师，作为设计成果修改的依据，进行模型调整。导出碰撞报告步骤如下。

　　① 切换到报告选项卡，如图 6.7 中①所示。

　　② 选择报告内容，如图 6.7 中②所示。

　　③ 选择报告类型，如图 6.7 中③所示。

　　● 当前测试：只为当前测试创建一个报告。

　　● 全部测试（组合）：为所有测试创建一个报告。

　　● 全部测试（分开）：为每个测试创建一个单独的报告。

　　④ 选择报告格式，如图 6.7 中④所示。

　　● XML：创建一个 XML 文件。

　　● HTML：创建 HTML 文件，其中碰撞按顺序列出。

　　● HTML（表格）：创建 HTML（表格）文件，其中碰撞检测显示为一个表格。可以在 Microsoft Excel 2007 及更高版本中打开并编辑此报告。

　　● 文本：创建一个 TXT 文件。

　　● 作为视点：在"保存的视点"可固定窗口（当运行报告时会自动显示此窗口）中创建一个名为"测试名称"的文件夹。该文件夹包含保存为视点的每个碰撞，以及用于描述碰撞的附加注释。

> 注：使用 XML、HTML 或文本格式选项时，在默认情况下，"Clash Detective"尝试为每个碰撞包含一个 JPEG 视点图像；请确保选中"内容"框中的"图像"复选框，否则该报告将包含断开的图像链接；对于碰撞组，视点图像是该组的聚合视点；需要为报告及其视点图像创建一个单独的文件夹。

保持结果高亮显示：此选项仅适用于视点报告。选中此框将保持每个视点的透明度和高亮显示。用户可以在"结果"选项卡和"选项编辑器"中调整高亮显示。

⑤ 写报告，如图 6.7 中⑤所示。

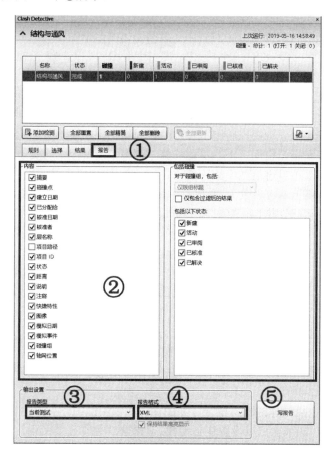

图 6.7　碰撞报告导出

碰撞检测后，如何与 Revit 交互修改呢？常用的有两种模式：手动与自动。

手动即根据报告中的碰撞点的位置如轴网和轴网的间距，还有通过 ID 号进行直接查找和选定构件。如安装同一版本的 Revit 和 Navisworks 可通过如下步骤。

① 同时打开同一版本的 Revit 和 Navisworks，并在 Revit 中激活 NavisworksSwiTchBack 功能。

② 在 Navisworks 中选择相应的碰撞点，单击项目工具 ↠ 返回，直接返回到 Revit 中。

③ 虽然碰撞点的构件被选中了，但是由于大部分在室内，不能直接看到此构件的现状，需要借助相关的插件，如品茗、橄榄山等，以及 Autodesk 应用程序商店提供的免费小插件 COINSSectionBox，可快速产生一个此构件周边某个范围的三维剖切图，能快速、直观地看到此构件的所对应的问题。

模型调整完成后，可再次导出每个专业的"NWC"模型，覆盖之前的同名文件，然后再次运行碰撞检查功能，审阅优化后的设计成果。

碰撞检查是一个需要进行多次交互的工作流程，碰撞检查介入太早，也并不一定合适。因为项目前期各专业的很多东西都没有确定下来，此时介入，碰撞意义不大。但也不要等项目快结束了再来进行，因为项目越到后期，变更的难度就越来越大，与此同时带来的工作量也就越大，工作效率也会降低。

6.2　施工模拟

施工的过程是人、材、机随时间的变化在空间变化的一个过程，本节主要涉及人、材、机随时间的变化在空间上变化的一个模拟，即 BIM 4D 模拟。施工模拟的软件常用的是Navisworks、Fuzor、Synchro 4D 等。

Navisworks 施工模拟用的是 TimeLiner 模块，TimLiner 即时间轴，即在建筑项目原有的三维空间的基础上又多了一个时间维度，即项目在建造过程中不同时间点上不断变化的一个过程。并可在此时间维度上分析模拟出施工项目随时间的变化，不断完善的可视化建造过程。如建筑机械的行进路线和操作空间、土建工程的施工顺序、设备管线的安装顺序、材料的运输堆放安排等，都需要随着项目进展做出相应变化。

从 4D 模拟的应用上，可以分为两个层面，分别是微观和宏观。在微观层面上，可以对项目中的难点部分进行可行性模拟，来对施工安装方案进行分析优化。而在宏观层面上，进行进度模拟，把 BIM 模型与进度计划关联，分析不同施工方案的优劣来得到最佳施工方案。

本节主要从宏观层面以 Navisworks 为例介绍施工模拟的应用流程和方法。

① 创建施工模拟集合，方法见前述集合分类。

② 单击"常用"选项卡 ➤ "工具"面板 "TimeLiner"，打开施工模拟对话框，如图 6.8中①所示。

③ 创建任务，建立施工模拟集合和时间的关联：

- 切换到"TimeLiner"任务选项卡，如图 6.8 中②所示；
- 添加新的任务，修改任务的名称，计划开始和结束日期，实际开始和结束日期（如果有），如图 6.8 中③和④所示；
- 为任务附着前面创建的施工集合，如图 6.8 中⑤所示。

④ 通过"配置"选项卡可以设置任务参数，如图 6.9 中①~③所示，例如任务类型、任务的外观定义以及模拟开始时的默认模型外观。

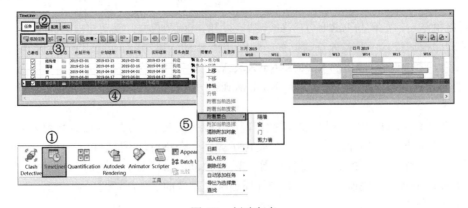

图 6.8　创建任务

- 构造：适用于要在其中构建附加项目的任务。默认情况下，在模拟过程中，对象将在任务开始时以绿色高亮显示并在任务结束时重置为模型外观。
- 拆除：适用于要在其中拆除附加项目的任务。默认情况下，在模拟过程中，对象将在任务开始时以红色高亮显示并在任务结束时隐藏。
- 临时：适用于其中的附加项目仅为临时的任务。默认情况下，在模拟过程中，对象将在任务开始时以黄色高亮显示并在任务结束时隐藏。

> 注：模拟开始外观代表建造之前的外观，开始外观代表的是开始建造，结束外观代表的是建造完成；外观设置中的"无"并不是不显示，而是没有进行任何设置，将以开始外观为主要显示样式。

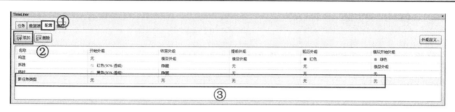

图 6.9　施工模拟——"配置"选项卡

⑤ 动画展现施工过程：通过"模拟"选项卡可以在项目进度的整个持续时间内模拟"TimeLiner"序列，如图 6.10 中①~③所示。

⑥ 导出施工动画：导出动画按钮"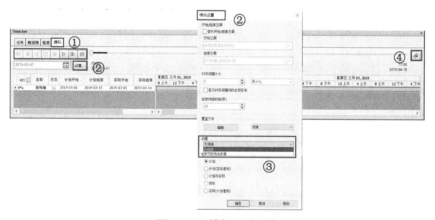"可打开"导出动画"对话框，以便于将 TimeLiner 动画导出为 AVI 文件或一系列图像文件，如图 6.10 中④所示。

图 6.10　"模拟"选项卡

7 工程造价与BIM5D算量

本章主要介绍工程造价的基本概念，并选用新点清单造价软件、BIM5D算量软件为工具，介绍如何实现造价及成本模拟分析。

7.1 工程造价的基本概念

项目是指一系列独特的、复杂的并相互关联的活动，这些活动有着一个明确的目标或目的，必须在特定的时间、预算、资源限定内，依据规范完成。工程项目是以工程建设为载体的项目，是作为被管理对象的一次性工程建设任务。它以建筑物或构筑物为目标产出物，需要支付一定的费用、按照一定的程序、在一定的时间内完成，并应符合质量要求。通常指在一个总体设计或初步设计范围内，由一个或几个单项工程所组成，经济上实行统一核算，行政上实行统一管理的建设单位，如一个小区的建设。单项工程是建设项目的组成部分，是具有独立的设计文件，在竣工后可以独立发挥效益或生产能力的独立工程，如一个仓库、一幢住宅。单位工程是指不能独立发挥生产能力，但有独立的施工组织设计和图纸的工程，如土建工程、安装工程。分部工程是指按部位、材料和工种进一步分解单位工程后的工程。每一个单位工程仍然是一个较大的组合体，它本身由许多结构构件、部件或更小的部分所组成，把这些内容按部位、材料和工种进一步分解，就是分部工程。分项工程是指分部工程的细分，是构成分部工程的基本项目，又称工程子目或子目，它是通过较为简单的施工过程就可以生产出来并可用适当计量单位进行计算的建筑工程或安装工程。一般是按照选用的施工方法、所使用的材料、结构构件规格等不同因素划分施工分项。上述分类的相互关系如图7.1所示。详细内容见附录2。

工程造价就是工程项目的建设价格，是指为完成一个工程项目建设，预期或实际所需的全部费用总和。工程造价主要由直接费（含材料费、人工费、机械费、措施费）、间接费（主要为管理费）、利润、规费和税金组成。其中直接费为施工企业主要支出的费用，是构成造价的主要部分，也是预算取费的基础，直接费的变化对造价高低起主要作用，而其中，材料费比重最大；间接费和利润根据企业自身情况可弹性变化；规费和税金是非竞争性收费，费率标准不能自由浮动。

工程造价大部分的工作量是计量（清单工程量）和计价（套做法和套定额）。目前常用的计价方式是清单计价和定额计价，两者区别见表7.1。

表7.1 清单计价与定额计价的区别

序号	比较项	清单计价	定额计价
1	计算规则	清单项目工程计价按照实体已安装完的部位及构件进行计算，不包括工程施工后所需预留量，而定额工程量包括认为规定的预留量。清单计价预留量的值要根据实际的施工方法进行选取	
2	构成	清单计价采用综合单价进行计算，即为人工费、材料费、工程设备费、施工机具使用费、企业管理费、利润，以及一定范围内的风险费用 其由工程量清单费（=Σ清单工程量×项目综合单价）、措施项目清单费、其他项目清单费、规费、税金五部分构成	定额计价则是预算单价，只包括单位定额工程量所需要的人、机、料的费用，不将管理费、利润、风险等因素算在内

序号	比较项	清单计价	定额计价
3	程序和机制	清单计价则是要根据我国颁布的《建设工程工程量清单计价规范》（GB 50500—2013）统一建设工程量清单计价办法、计算规则及项目设置规则，以规范清单计价行为	定额计价根据施工图纸进行工程量的计算，套用预算定额计算直接费用，之后采用费率进行间接运算，最后确定优惠幅度或其他费用的浮动大小，确定最终报价
4	依据不同	工程清单计价的工程造价是在国家相关部门管控下由工程承包方和发包方双方根据市场供求变化而自主确定的工程价格，其具有自发性、自主控制的特点	定额计价将定额作为唯一依据由国家统一定价
5	结算方法	工程清单计价的结算方式为：设计变更或业主计算有误的工程量适量地增减，属于合同约定范围内的按照原合同进行结算，其综合单价不会发生变化。但遇到合同规定范围以外的情况时，须按照合同约定对综合单价进行调整。对于项目漏项或设计变更所引发的综合单价变化应当由承包人提出，经发包人确认无误后可作为结算的依据。因工程变更出现的取消项目或增加项目给承包人造成的损失，其可提出索赔要求，与发包人协商后可予以一定的补偿	定额计价的工程结算方法为：依据图纸、变更计划来计算工程量，按照相关定额的相关子目及投标报价时所确定的各项取费费率进行计算

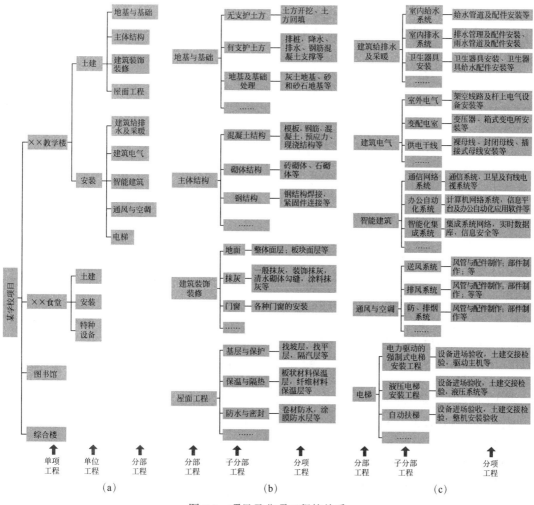

图 7.1 项目及分项工程的关系

清单工程量的计算，前面以新点 BIM5D 算量为例已进行了介绍，下面以新点计价软件为例对计价流程进行介绍。

7.2 新点计价软件简介

本小节所采用的软件版本为新点 2013 清单造价 V10.X，此版本根据 GB 50500—2008 清单规范和 GB 50500—2013 清单规范编制，同时支持 2013、2008 清单计价和定额计价三种模式，采用统一平台，各地区个性化开发的方式，满足不同地区的要求，追求造价的专业化、精细化，实现工作的批处理化，协助工程造价人员在招标投标阶段快速、准确地完成报价工作。

7.2.1 工作流程

造价工作的整体流程可按实际流程分为招标文件编制和投标（或招标控制价）文件编制。招标控制价文件与投标文件的编制方法相同，只是编制主体不一样。

招标文件是招标工程建设的大纲，是建设单位实施工程建设的工作依据，是向投标单位提供参加投标所需要的一切情况。因此，招标文件的编制质量和深度，关系着整个招标工作的成败。

投标文件是指投标人应招标文件要求编制的响应性文件，一般由商务文件、技术文件、报价文件和其他部分组成。

两者的主要内容与对比见表 7.2。

表 7.2　招标文件与投标文件的比较

项目	编制人	主要内容		
招标文件	招标人	一是招标公告或投标邀请书、投标人须知、评标办法、投标文件格式等，主要阐述招标项目需求概况及招标和投标活动规则，对参与项目的招标和投标活动各方均有约束力，但一般不构成合同文件	二是工程量清单、设计图纸、技术标准和要求、合同条款等，全面描述招标项目需求，既是招标和投标活动的主要依据，也是合同文件构成的重要内容，对招标人和中标人具有约束力	三是参考资料，供投标人了解分析与招标项目相关的参考信息，如项目地址、水文、地质、气象、交通等参考资料
投标文件	投标人	一是商务部分，包括公司资质、公司情况介绍等一系列内容，同时也是招标文件要求提供的其他文件等相关内容，包括公司的业绩和各种证件、报告等	二是技术部分，包括工程的描述、设计和施工方案等技术方案，工程量清单、人员配置、图纸、表格等与技术相关的资料	三是价格部分，包括投标报价说明、投标总价、主要材料价格表等

招标文件由招标人（买方）发起，投标文件由投标人（意向卖家）发起——对招标文件的响应，要求、性质和内容也不同。

招标控件价是招标人根据国家或省级、行业建设主管部门颁发的有关计价依据和办法，以及拟定的招标文件和招标工程量清单，结合工程具体情况编制的招标工程的最高投标限价。国有资金投资的工程建设项目应实行工程量清单招标，并应编制招标控制价。招标控制价准确地说是最高限价，又叫拦标价，招标控制价一般是指上限，也就是投标人报价不能超过这个价格，否则就会超出招标人的支付能力，如果投标人的投标报价高于招标控制价，则该投标就会被拒绝（为废标）。招标控制价是依据消耗量定额编制的。

标底是招标人按预算定额编制的认为最合理的价格，标底是建设单位心理期望的价格，标底是评标的参考。根据招投标法及 2008 清单计价规范的规定，两者可能存在于同一项目中，不过并没有强制规定必须编制标底，是否编制标底，由招标人自主决定。

① 招标文件编制流程如图 7.2 所示。

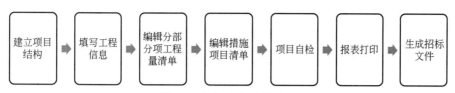

图 7.2 招标文件编制流程

② 投标（或招标控制价）文件编制流程如图 7.3 所示。

图 7.3 投标（或招标控制价）文件编制流程

7.2.2 新点计价软件基本操作步骤

本小节以招标文件的编制流程为例介绍软件的基本操作。

（1）建立项目结构　打开新点计价软件时，操作首页如图 7.4（a）所示，单击"新建项目"，弹出如图 7.4（b）所示对话框，填写项目编号如 001 和项目名称"南通大学啬园校区建设"，并选择计价方法、操作状态和计税方式，如图 7.4（c）和（d）所示。

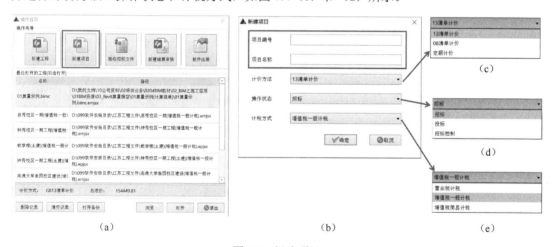

图 7.4 新建项目

增值税一般计税适用于一般纳税人，增值税简易计税适用于小规模纳税人。两者税金计算方法和税率不同，用户根据企业性质进行选择。通常选择"增值税一般计税"。

新建项目后，点击"确定"，进入如图 7.5（a）所示界面，单击"取消"，如图 7.5（a）中①所示，选择单项工程"南通大学啬园校区建设"，如图 7.5（b）中②所示；修改单项工程名称为"1 号教学楼"，如图 7.5（b）中③所示；回车确定后如图 7.5（b）中④所示。

如要再创建新的单项工程，其步骤如图 7.6（a）所示，操作如下：

① 选择"项目"，如"南通大学啬园校区建设"，如图 7.6（a）中①所示；

② 单击新建单项，如图 7.6（a）中②所示；

③ 在弹出的对话框中，输入单项工程的编号和名称，如图 7.6（a）中③所示；

④ 依次如此操作，结果如图 7.6（b）中④所示。

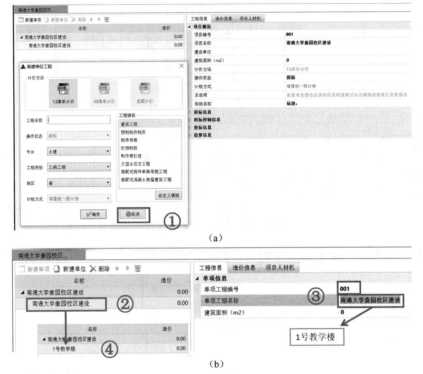

（a）

图 7.5 修改单项工程名称

图 7.6 创建新的单项工程

选中创建的单项工程，单击"新建单位"，即可创建单位工程，如图 7.7（a）中①和②所示。在"新建单位工程"对话框中输入工程名称，如图 7.7（a）中③所示，依次选择相应选项，如图 7.7（b）中④和图 7.7（a）中⑤～⑦所示。建成后的项目结构如图 7.7（c）所示。

建筑工程中工程类别有三类，其划分标准如下。

① 一类工程。

a. 跨度 30 m 以上的单层工业厂房；建筑面积 9000 m^2 以上的多层工业厂房。

b. 单炉蒸发量 10t/h 以上或蒸发量 30t/h 以上的锅炉房。

c. 层数 30 层以上的多层建筑。

d. 跨度 30m 以上的钢网架、悬索、薄壳屋盖建筑。

e. 建筑面积 12000m^2 以上的公共建筑，20000 个座位以上的体育场。

f. 高度 100m 以上的烟囱；高度 60m 以上或容积 100m^3 以上的水塔；容积 4000m^3 以上的池类。

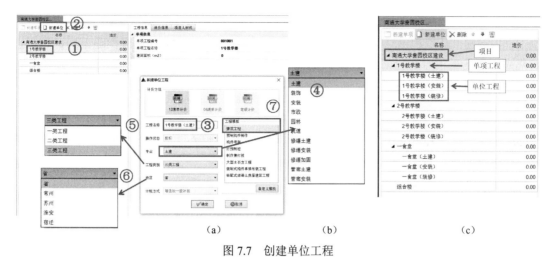

图 7.7 创建单位工程

② 二类工程。

a. 跨度 30m 以内的单层工业厂房；建筑面积 6000m² 以上的多层工业厂房。

b. 单炉蒸发量 6.5t/h 以上或蒸发量 20t/h 以上的锅炉房。

c. 层数 16 层以上的多层建筑。

d. 跨度 30m 以内的钢网架、悬索、薄壳屋盖建筑。

e. 建筑面积 8000m² 以上的公共建筑，20000 个座位以内的体育场。

f. 高度 100m 以内的烟囱；高度 60m 以内或容积 100m³ 以内的水塔；容积 3000m³ 以上的池类。

③ 三类工程。

a. 跨度 24m 以内的单层工业厂房；建筑面积 3000m² 以上的多层工业厂房。

b. 单炉蒸发量 4t/h 以上或蒸发量 10t/h 以上的锅炉房。

c. 层数 8 层以上的多层建筑。

（2）填写工程信息　选中项目树任一节点，可在界面右侧"工程信息"页签中查看、编辑对应的工程信息。可以编辑项目的招投标信息、招标控制信息和结算信息，如图 7.8（a）所示；单项工程和单位工程的相关信息如图 7.8（b）和（c）所示。

（a）工程项目信息　　　　　　（b）单项工程信息

（c）单位工程信息

图 7.8　工程信息

（3）计价程序设定　在项目树中双击"单位工程"，如图7.8（c）所示，即可打开该单位工程，点击"计价程序"页签，进入计价程序界面，如图7.9所示。界面显示的计价程序和费率与新建工程时选择的专业工程模块是一致的。例如，新建工程是土建专业，工程模板选择的是"建筑工程"，默认的计价程序就为"建筑工程"，对应的费率与规范的参考值一致。

> 注：表中的管理费和利润的费率可直接修改，双击"管理费"和"利润后的费率"，如图7.9所示，修改后回车，在弹出的"是否修改费率"对话框中点击"是"即完成修改，也可通过双击界面下方列出的"参考费率"来修改；计价程序列表中蓝色字体（计算机中显示为蓝色）表示本工程中有使用此计价程序的定额。

（4）分部、清单和定额的创建　分步与清单的添加步骤：

① 设置好计价程序后单击"分部分项"，如图7.10中①所示；

② 单击"清单"，如图7.10中②所示；

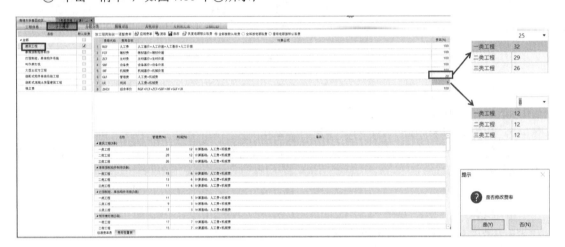

图7.9　计价程序设定

③ 双击左侧的清单树中的"分部"即可将分部插入预算书中，或先新增/插入一个空白行，在项目编号中直接输入分部编号（与国标一致），软件会自动输入分部名称，完成分部的录入；

④ 清单的添加和分部的添加方法类似，激活清单如图7.10中②所示，选中要添加清单的分部如"土方工程"，双击相应的清单，如"平整场地"，即添加到相应的分部下，如图7.10中④所示。

> 注：其编码及添加后对应位置和关系，如图7.10中③所示；选中清单，可在下方的清单指引中，显示清单的详细内容，如图7.10中⑤所示。

工程量清单的项目编码，采用12位阿拉伯数字表示，1～9位应按《房屋建筑与装饰工程工程量计算规范》（GB 50854—2013）附录的规定设置，10～12位应根据拟建工程的工程量清单项目名称和项目特征设置，同一招标工程的项目编码不得有重码。各位数字的含义是：1、2位为专业工程代码清单编码的含义（01——房屋建筑与装饰工程；02——仿古建筑工程；03——通用安装工程；04——市政工程；05——园林绿化工程；06——矿山工程；07——构筑物工程；08——城市轨道交通工程；09——爆破工程）；3、4位为专业工程顺序码；5、6位为分部工程顺序码；7～9位为分项工程项目名称顺序码；10～12位为清单项目名称顺序码。

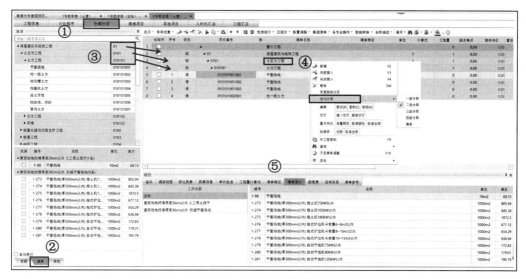

图 7.10　分部与清单的创建

当同标段（或合同段）的一份工程量清单中含有多个单位工程且工程量清单是以单位工程为编制对象时，在编制工程量清单时应特别注意对项目编码 10～12 位的设置不得有重码的规定。如要反映土方工程三个不同平整场地的工程量时，则第一个单位工程平整场地的项目编码为 010101001001，第二个单位工程平整场地的项目编码为 010101001002，第三个单位工程平整场地的项目编码为 010101001003，如图 7.10 所示。

修改清单特征和添加清单工程量的步骤如下：

① 选中相应的清单，在下方辅助对话框中单击"清单特征"，填写相应的特征描述，结果如图 7.11（a）中①～③所示；

② 选中相应的清单，在辅助中单击"清单指引"，选中相应分项，双击即可为清单添加，如图 7.11（b）中④、⑤和图 7.11（a）中⑥所示；

③ 双击工程量列对应的内容，即可修改工程量，如图 7.11（a）所示。

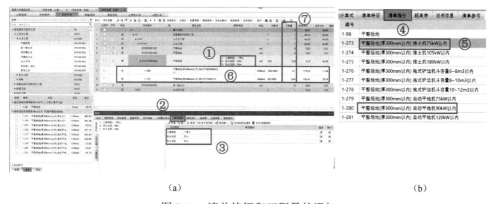

（a）　　　　　　　　　　　　　　　　　　（b）

图 7.11　清单特征和工程量的添加

添加完清单，下面就可以为清单挂定额，步骤如下：

① 激活"定额"，如图 7.12 中①所示，选择要挂定额的清单，如图 7.12 中⑥所示；

② 在定额树上选择相应的定额，如图 7.12 中②所示；

③ 在下方选择相应的编写的定额，如图 7.12 中③所示；

④ 在弹出的定额换算对话框中，选中相应的定额，单击"确定"，如图 7.12 中⑤所示，如

需要换算则勾选"换算",如图 7.12 中④所示;

　　⑤ 结果如图 7.12 中⑥所示,挂到相应清单下方,类别"单"。

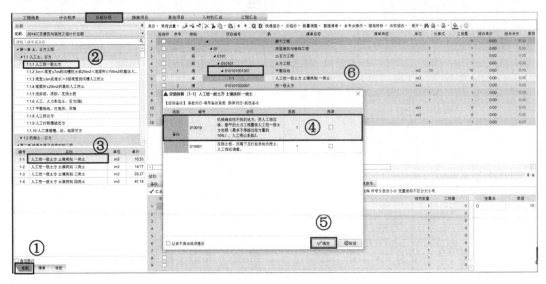

图 7.12　挂定额

　　(5)措施项目　发生于该工程施工前和施工过程中非工程实体项目,主要包括技术、生活、安全等方面,见表 7.3。

表 7.3　措施项目

类　别	内　容	类　别	内　容
通用项目	1.1　环境保护	安装工程	4.4　焦炉施工大棚
	1.2　文明施工		4.5　焦炉烘炉、热态工程
	1.3　安全施工		4.6　管道安装后的充气保护措施
	1.4　临时设施		4.7　隧道内施工的通风、供水、供气、供电、照明及通信设施
	1.5　夜间施工		4.8　现场施工围栏
	1.6　二次搬运		4.9　长输管道临时水工保护设施
	1.7　大型机械设备进出场及安拆		4.10　长输管道施工便道
	1.8　混凝土、钢筋混凝土模板及支架		4.11　长输管道跨越或穿越施工措施
	1.9　脚手架		4.12　长输管道地下穿越地上建筑物的保护措施
	1.10　已完工程及设备保护		4.13　长输管道工程施工队伍调遣
	1.11　施工排水、降水		4.14　格架式抱杆
	1.12　冬雨季施工	市政工程	5.1　围堰
	1.13　地上、地下设施,建筑物的临时保护设施		5.2　筑岛
建筑工程	2.1　垂直运输机械		5.3　现场施工围栏
装饰工程	3.1　垂直运输机械		5.4　便道
	3.2　室内空气污染测试		5.5　便桥
安装工程	4.1　组装平台		5.6　洞内施工的通风、供水、供气、供电、照明及通信设施
	4.2　设备、管道施工的安全、防冻和焊接保护措施		5.7　驳岸块石清理
	4.3　压力容器和高压管道的检验		

措施项目分为"总价措施项目"和"单价措施项目",总价措施项目是以"费率"为计价的措施项目;单价措施项目是以"项"为计价的措施项目,与分部分项类似,需要套用相应的定额。软件根据新建工程时选择的模板已经预置了部分措施项目,如果需要新增措施项目,可从左侧"清单树"选择输入。下面以单价措施项目为例,介绍添加步骤:

① 选择单价措施项目,如图 7.13 中①所示;

② 激活定额,在定额目录中选择要添加的措施项目,如图 7.13 中②和③所示;

③ 双击图 7.13 中的③,在弹出的对话框中(如果有)选择是否换算,单击"确定",即完成添加,如图 7.13 中④所示;

④ 选择添加的项,可在单价组成或清单特征中,调整相应的参数,如量、价和调整系数等,如图 7.13 中⑤所示;

(6)人材机汇总 进入人材机汇总界面,人材机汇总界面汇总了工程中的所有人材机信息,包括人材机编码、名称、规格、单位、单价、现行价、消耗量等信息。人工、材料、机械界面大部分功能类似,以材料界面最为齐全,如图 7.14 所示。下面介绍主材设置和信息价下载,软件暂时没有市场价,步骤如下:

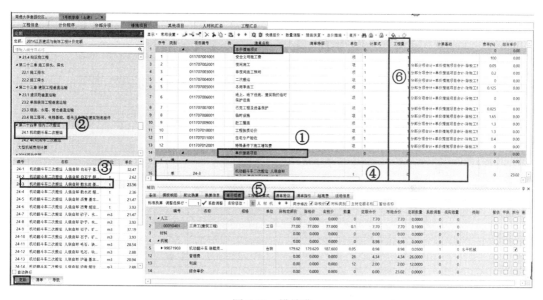

图 7.13 措施费

① 选择人材机汇总,单击"从材料汇总选择",弹出设置对话框,如图 7.14 中①和②所示;

② 在"从材料汇总选择"对话框中选择要设置类别的材料,如图 7.14 中③所示,选择"主材";

③ 依次设置相应的主材,结果如图 7.14 中④所示;

④ 单击信息价及信息价下载,如图 7.15 中①所示;

⑤ 在弹出的"下载材料信息的文件"对话框中选择要下载的地区、年份和名称,单击"下载",如图 7.15 中②所示;

⑥ 在信息价选项卡中,设置地区、时间和所下载的信息价文件,结果如图 7.15 中③所示。

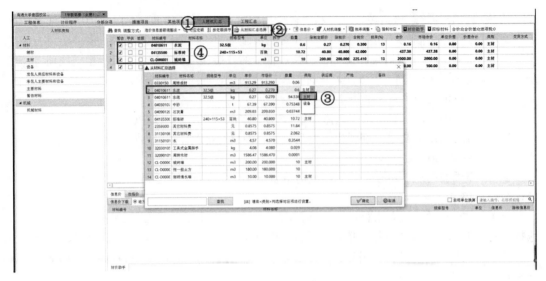

图 7.14　添加主材

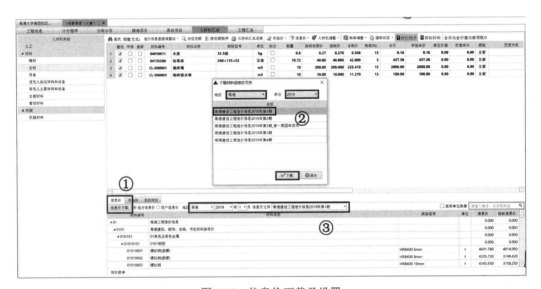

图 7.15　信息价下载及设置

如果要建立"我的材料"库，步骤如下：

① 切换到分部分项，选择要添加的主材，点击下面的"单价组成"，如图 7.16 中①～③所示；

② 在单价组成中选择相应的材料，单击鼠标右键，在弹出的菜单中选择"保存到我的材料库"，如图 7.16 中④和⑤所示；

③ 切换到人材机汇总界面，依次点击"我的材价" ▶ "我的材料"，在弹出的"我的材料"对话框［图 7.17 中①～③］的选择步骤②中添加的材料，如图 7.17 中④所示；

④ 退出后即添加到"我的材料库"中，如图 7.17 中⑤所示。

（7）工程汇总　工程汇总界面详细罗列了工程的各项费用。如果要对费用汇总表进行修改，可点击工具栏的按钮进行相应操作，如图 7.18 所示。

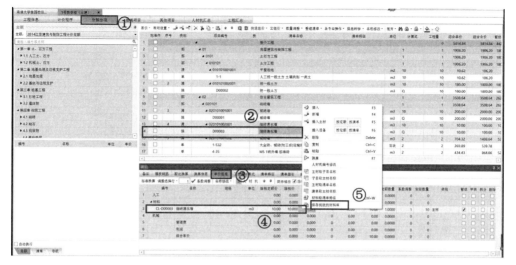

图 7.16　添加到"我的材料库"

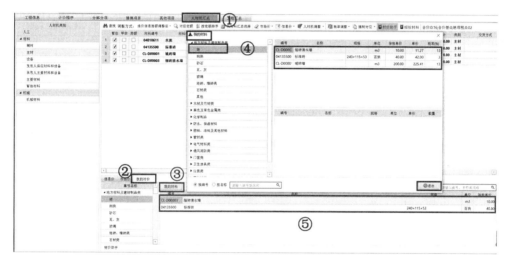

图 7.17　我的材价库

图 7.18　工程汇总

（8）生成招标文件　工程汇总完成后，点击快速访问工具栏的打印按钮"🖨"，进入报表打印界面，选择需要浏览和打印的报表，如图 7.19 所示。

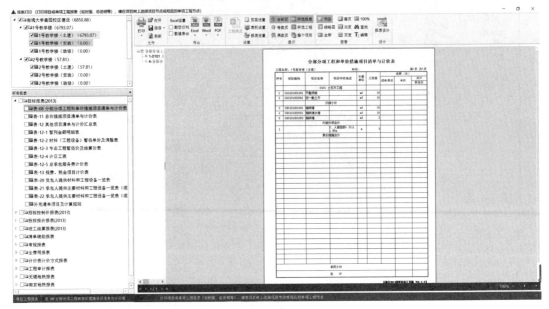

图 7.19　报表打印

点击"项目页签"回到项目结构界面，如图 7.20 中①和②所示，填写好项目和单位工程的电子招投标信息之后如图 7.20 中③所示，点击"项目"菜单"生成招标"，选择好文件保存路径即可生成电子招投标文件，如图 7.20 中④和⑤所示。

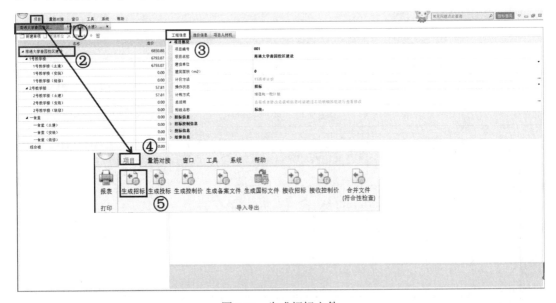

图 7.20　生成招标文件

上面是新点计价软件的工作流程，实际工程中在生成招标文件前，要进行相应的调整，清单量也较多，有很多重复性的工作。下面简述软件对量、价和费率如何调整及一些快速操作技巧，如何快速准确地计价，还需要用户掌握专业知识和地方性政策，以及对软件经常使用。

7.2.3 常用的调整

（1）量价费（率）的调整　每个公司的管理成本和期望利润值都可能不尽相同，清单组价完成之后，有时需要对整个项目的管理费和利润费率进行调整，或根据报价的需要调整子目工程量、人材机含量和价格。软件提供了统一调整功能，步骤如下。

① 关闭项目中的单位工程，单击"项目" ➤ 量价费调整，如图 7.21 中①和②所示。

② 在量价费调整对话框中，单击"费率"，如图 7.21 中③所示。因调整后不可恢复，建议先进行备份，输入管理费系数和利润系数，如图 7.21 中④所示。

③ 先单击"预览"，软件会显示调整前后的值，以及调整额，如接受，单击"调整"即可，如图 7.21 中⑥所示。

④ 如通过费率方式调整，则勾选"直接调整费率"，直接在管理费和利润列填入期望费率即可，如图 7.21 中⑤所示。

⑤ 激活"子目工程量"如图 7.21 中⑦所示，输入调整系数如图 7.21 中⑧所示。

⑥ 调整方式和内容选择如图 7.21 中⑨所示，所有参数设置完毕后单击"预览"，满意后单击"确定"，如图 7.21 中⑩所示。

⑦ 激活人材机含量和单价窗口，即可调整相应的参数，如图 7.22 所示。

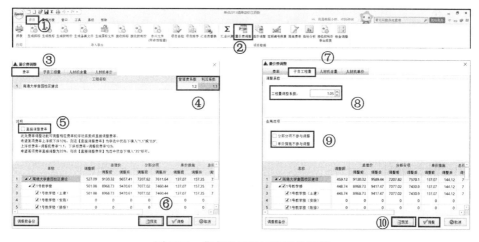

图 7.21　费率和子目工程量的调整

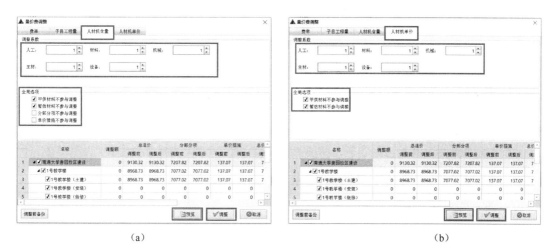

（a）　　　　　　　　　　　　　　　　　（b）

图 7.22　人材机含量和单价的调整

（2）造价调整　在投标过程中，组价完成之后，通常会根据投标策略，不断地调整项目造价，以提高中标概率。项目"造价调整"功能能够帮助投标方快速、准确地调整到目标价位，是辅助调价非常有效的一种调整方式。步骤如下。

① 关闭项目中的单位工程，单击"项目" ▶ 造价调整，启动项目造价调整对话框，如图7.23（a）中①和②所示。

② 填写下浮系数，如图7.23（b）中③所示；选择调整方式，如图7.23（b）中④所示。

③ 单击"预览"，如图 7.23（b）中⑤所示，人工费、辅材费和机械费会进行下调，并显示新报价。若符合要求，单击"确定"即可。

④ 也可以手动调整人工费、辅材费和机械费的系数，先勾选"手动调整系数"，如图7.23（b）中⑥所示。

⑤ 单击"人材机下浮"，调整系数列，如图7.23中⑦所示，人工费、辅材费和机械费后的系数即可进行调整，单击"预览"，若符合要求，单击"确定"即可，如图7.23中⑧所示。

> 注：调整后不可恢复，建议调整前先备份。

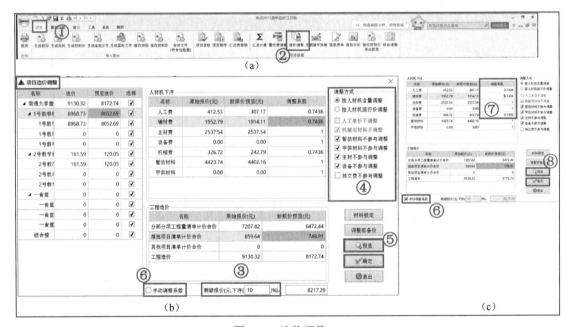

图7.23　造价调整

（3）定额编号替换　此功能主要是更改定额的编号，如果清单组价完成之后在检查时若发现子目编号错误或者需要替换成其他子目，则可以使用此功能，步骤如下。

① 关闭项目中的单位工程，单击"项目" ▶ 定额编号换算，启动定额编批量替换对话框，如图7.24（a）中①和②所示。

② 在定额库中选择相应的定额，如图7.24（b）中③所示。选择替换内容，如图7.24（b）中④所示。填写原定额编号及新定额编号，如图7.24（b）中⑤所示。

③ 填写完毕，单击"确定"，如图7.24（b）中⑥所示，则软件自动替换。

（4）汇总表替换与工程合并

① 汇总表替换。如当前项目各单位工程的工程汇总表不符合要求，需要替换成软件中的标准汇总表，但是又不想打开每个单位工程进行汇总表提取，可以使用此功能批量替换。步骤：

进入项目视图，点击"项目" ➤ "汇总表替换"。双击左侧模板会自动对应到右侧选中项目或其子节点项目，设置好后点击"确定"，如图7.25所示。

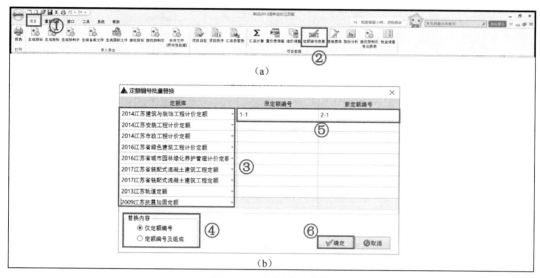

（a）

（b）

图 7.24 定额编号替换

图 7.25 汇总表替换

② 工程合并。如在实际的投标报价过程中，有些比较大的标清单编制和组价的工作量比较大，有时或是投标报价的时间比较紧张，在这些情况下往往需要多人协作，几个人同时做，最后将工程进行合并。例如甲完成一项工程的1～5层，乙完成该工程的6～10层，最后再将这两个文件进行合并。软件提供了导入并合并工程的功能，步骤如下。

打开项目文件，在项目树上选中需要导入工程的节点，用鼠标右键点击"导入项目工程"或"导入单位工程"，选择需要合并的工程，确定导入即可将多个工程合并为一个项目文件，如图7.26所示。

图 7.26 导入工程

> 注：2013 清单计价可以在"项目" ➤ "合并文件（符合性检查）"中打开"合并 2013 清单规范招投标文件"对话框进行合并及符合性检查。

7.2.4 软件操作技巧

（1）项目自检 投标方编制完标书后，在正式投标之前通常都要核查一下组价过程是否有遗漏或错误的地方，软件提供了"项目自检"的功能，主要检查清单编码规范、工程量为 0 等，且可双击错误项自动跳转到错误行，方便修正，步骤如下：

① 进入项目视图，如图 7.27（a）中①所示，点击"项目" ➤ "项目自检"，如图 7.27（b）中②和③所示；

② 界面左侧按严重问题和一般问题列出了项目的所有检查内容，点击"检查项"可分别查看各项检查内容检查的结果，如图 7.27（c）中④和⑤所示；

③ 双击错误项可自动跳转到错误行，修正之后可单击"重新检查"，如图 7.27（c）中⑥所示，直至检查无错误为止。

> 注：严重问题是影响招投标的，一般情况下必须修改。一般问题可根据情况选择性忽略。

（a）

（b）

（c）

图 7.27 项目自检

（2）项目树回收站　软件操作过程中，如果单位工程较多，可能会出现误删除或删除后又需要的情况。软件特意增加了"项目树回收站"这个功能。用户若万一错删了工程，可以从回收站中还原，步骤如下：

① 在项目树处点击鼠标右键，点击"显示回收站"，如图 7.28（a）中①～③所示；

② 在项目树下方显示回收站（删除的项目），如图 7.28（b）所示；

③ 在项目树中选中要恢复的位置，如图 7.28（b）中④所示；

④ 在回收站要恢复的项目上点击鼠标右键，单击"恢复到选中位置"，如图 7.28（b）中⑤和⑥所示。

（3）清单文件操作　如果已经有 Excel 格式的清单文件，可以直接将 Excel 格式的清单导入软件中。如是其他软件所计算的工程量清单，步骤如下：

① 整理 Excel 格式的清单文件，如图 7.29（a）所示；

② 激活单位工程，分部分项，如图 7.30（a）中①所示；

③ 点击"编制" ➤ "Excel 文件"，如图 7.30（b）所示，会弹出读取 Excel 清单的界面，如图 7.30（c）所示；

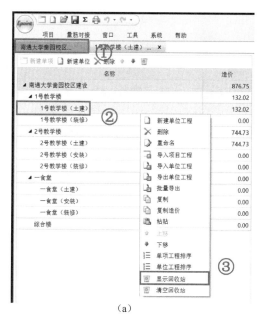
（a）

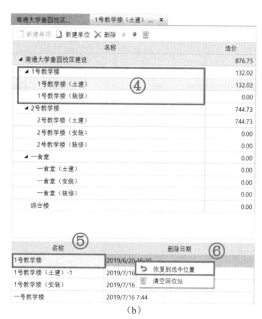
（b）

图 7.28　项目树回收站

④ 如没有对 Excel 文件进行整理，也可在要导入 Excel 文件后，在纵向设置列的下拉列表中选择识别的字段，与 Excel 清单中的列（项目编码、名称、单位等）相匹配，如图 7.29（b）所示；

⑤ 如一个 Excel 文件中有多个表格，在工作表中进行选择相应表，如图 7.30（c）中③所示，下方会有预览，如图 7.30（c）中④所示；

⑥ 点击导入工程，如图 7.30（c）中⑤所示，在弹出的对话框中根据需要选择是否删除原有的；

⑦ 导入后的清单默认为锁定的，可单击"解锁键"进行解锁，如图 7.31 所示。

注：在横向识别行的下拉列表中选择这一行数据的类型，可以是清单、定额等，使用者可以在下拉列表中进行调整，分部设置为"标题"行，清单设置为"清单"行，定额设置为"定额"行，其他

设置为"无效行";设置为"标题"行的分部导入软件中默认是二级分部,如图 7.29(b)所示;在导入工程中之前,将界面切换到"数据预览",若预览数据没有错误,点击"导入工程"就可以将 Excel 清单中的数据导入工程中;先将 Excel 清单调整到标准格式,然后再导入,以保证文件的正确导入,标准格式如图7.29(a)所示。

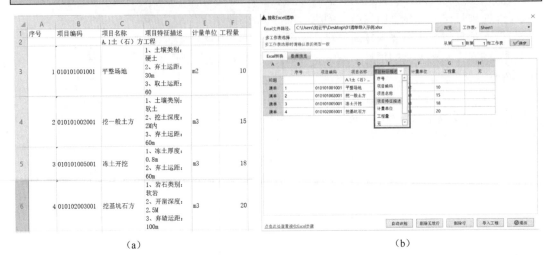

图 7.29　清单格式

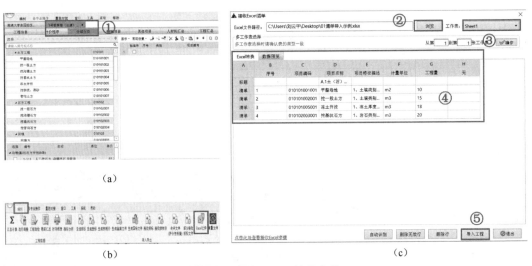

图 7.30　导入 Excel 清单文件

	标准件	序号	类别	项目编号	换	清单名称	清单特征	单位	计量	
1	☐					整个工程				00
2	☐		部	◢		A.1土(石)方工程			1	0.00
3	☐	1	清	010101001001	锁	平整场地	1、土壤类别:硬土 2、弃土运距:30m 3、取土运距:60	m2	10	0.00
4	☐	2	清	010101002001	锁	挖一般土方	1、土壤类别:软土 2、挖土深度:2M内 3、弃土运距:60m	m3	15	0.00
5	☐	3	清	010101005001	锁	冻土开挖	1、冻土厚度:0.8m 2、弃土运距:60m	m3	18	0.00
6	☐	4	清	010102003001	锁	挖基坑石方	1、岩石类别:软岩 2、开凿深度:2.5M 3、弃碴运距:100m	m3	20	0.00

解除全部清单的锁定
解除选择清单的锁定

图 7.31　清单解锁

（4）定额换算　定额应用中经常遇到下列四类情况。

直接套用定额：当分项工程的工程内容与定额规定的工程内容完全一致时可以直接套用定额。例如：M5 水泥砂浆砖基础和定额规定的内容完全一致，可以直接套用定额。这种情况在预算定额的应用中占大多数，应用最简单。

套用换算后的定额：当分项工程的工程内容与定额规定的工程内容不完全一致，定额规定允许换算时，套用换算后的定额。例如：M7.5 水泥砂浆砖基础和定额规定的内容不完全一致，按定额规定可以换算，换算时要保证定额水平不变。

套用相应的定额：当分项工程的工程内容与定额规定的不完全一致，定额规定又不允许换算时，可以套用相应的定额。例如：预制混凝土空心板的场外运输距离为 8km，与定额规定不完全一致，定额规定不允许换算，可以套用相应的定额（运距 10km）。

编制补充定额：当分项工程在定额中缺项时，可以编制补充定额，但需要报当地工程造价管理部门或上一级工程造价管理部门审批。在定额应用中，直接套用定额及套用相应定额比较简单，编制补充定额一般由当地的工程造价管理部门完成。

本小节主要介绍定额的换算，常见的六种换算类型：砌筑砂浆换算；抹灰砂浆换算；构件混凝土换算；楼地面混凝土换算；乘系数换算；其他换算，具体内容如下。

① 砌筑砂浆的换算。

a．换算原因。当设计图纸要求的砌筑砂浆强度等级在预算定额中缺项时，就需要调整砂浆强度等级，求出新的定额基价。

b．换算特点。由于砂浆用量不变，所以人工、机械费不变，因而只换算砂浆强度等级和调整砂浆材料费。

c．砌筑砂浆换算公式。

换算后定额基价=原定额基价+定额砂浆用量 ×（换入砂浆基价 – 换出砂浆基价）

② 抹灰砂浆换算。

a．换算原因。当设计图纸要求的抹灰砂浆配合比或抹灰厚度与预算定额的抹灰砂浆配合比或厚度不同时，就要进行抹灰砂浆换算。

b．换算特点。

● 第一种情况：当抹灰厚度不变只换算配合比时，人工费、机械费不变，只调整材料费。

● 第二种情况：当抹灰厚度发生变化时，砂浆用量要改变，因而人工费、材料费、机械费均要换算。

c．换算公式。

● 第一种情况的换算公式为

换算后定额基价=原定额基价+抹灰砂浆定额用量×（换入砂浆基价-换出砂浆基价）

● 第二种情况换算公式为

换算后定额基价=原定额基价+（定额人工费+定额机械费）×$(K-1)$+$\sum$（各层换入砂浆用量×换入砂浆基价-各层换出砂浆用量×换出砂浆基价）

式中，K 为人工费、机械费换算系数，且 K=设计抹灰砂浆总厚÷定额抹灰砂浆总厚。

各层换入砂浆用量=（定额砂浆用量÷定额砂浆厚度）×设计厚度

各层换出砂浆用量=定额砂浆用量

③ 构件混凝土换算。

a．换算原因。当设计要求构件采用的混凝土强度等级，在预算定额中没有相符合的项目时，就产生了混凝土强度等级或石子粒径的换算。

b．换算特点。混凝土用量不变，人工费、机械费不变，只换算混凝土强度等级或石子粒径。

c．换算公式。

换算定额基价=原定额基价+定额混凝土用量×（换入混凝土基价−换出混凝土基价）

④ 楼地面混凝土换算。

a．换算原因。楼地面混凝土面层的定额单位一般是平方米（m²）。因此，当设计厚度与定额厚度不同时，就产生了定额基价的换算。

b．换算特点。同抹灰砂浆的换算特点。

c．换算公式。

换算后定额基价=原定额基价+（定额人工费+定额机械费）×（K-1）+换入混凝土×

换入砂浆基价−换出砂浆用量×换出砂浆基价

式中，K 为人工费、机械费换算系数，K=混凝土设计厚度÷混凝土定额厚度。

各层换入砂浆用量=定额混凝土用量÷定额混凝土厚度×设计混凝土厚度

换出混凝土用量=定额混凝土用量

⑤ 乘系数换算。乘系数换算是指在使用预算定额项目时，定额的一部分或全部乘以规定的系数。

例如，某地区预算定额规定，砌弧形砖墙时，定额人工乘以系数 1.10；楼地面垫层用于基础垫层时，定额人工费乘以系数 1.20。

⑥ 其他换算。其他换算是指不属于上述几种换算情况。

软件中定额换算步骤如下。

a．录入含有标准换算的定额，软件会自动弹出"定额换算"的窗口，勾选需要的换算项即可完成定额量、价的换算，如图 7.32 中①～⑤所示。

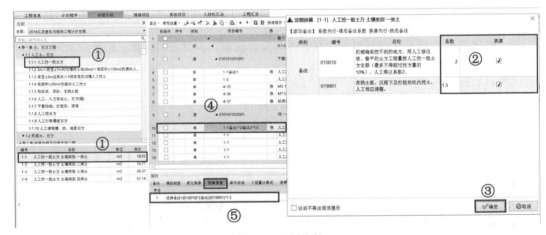

图 7.32　定额换算

b．配比换算，可参照步骤 a 在套定额时换算。或套定额后在"辅助" ➤ "配比换算"界面选中需要换算的配比，双击即可换算，点击"换算信息"即可看到换算内容，如图 7.33 中①～④所示。

c．批量换算：点击"编制"菜单下的"批量换算" ➤ "定额组成换算"，如图 7.34 中①和②所示，弹出定额组成批量转换对话框；

d．左侧是工程中所有的人工、材料和机械费，在右侧填写需要替换的材料信息，点击"确定"即可换算。其中右侧材料信息的填写可以通过右键"取左边材料名称"的功能，如图 7.34 中⑤所示，软件自动把原材料的编号、名称等信息复制到新编号、新名称中，然后手动修改成换算的材料信息，简化材料信息填写的步骤。

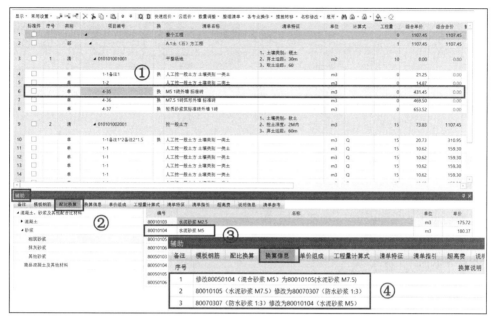

图 7.33 配比换算

e. 点击"确定"，如图 7.34 中④所示，软件则自动根据设置换算。

图 7.34 批量换算

> 注：换算的范围可以选择是当前选中的子目，也可以是整个工程，确定换算前请先选择好换算范围，如图 7.34 中③所示。

（5）快速组价 软件提供了多项功能帮助用户快速组价，如批量调整综合单价、复制和从其他工程中提取，如图 7.35 所示，软件还提供了云组价——可一键自动组价。

下面以云组价为例，讲解其操作步骤：

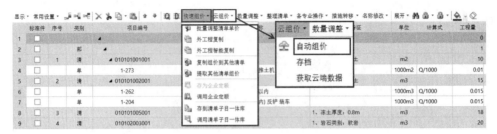

图 7.35　快速组价

① 打开单位工程，在分部分项界面，点击"云组价" ➤ "自动组价"，如图 7.36 中①和②所示，输入账号和密码，登录后弹出"自动组价"界面，如图 7.36 所示；

② 点击"更改配置"按钮可以设置"组价依据""匹配方式""获取组价数据""已有组价处理方式"等，如图 7.36 中③所示；

③ 然后点击"立即组价"，如图 7.36 中④所示；

④ 软件自动组价完成。

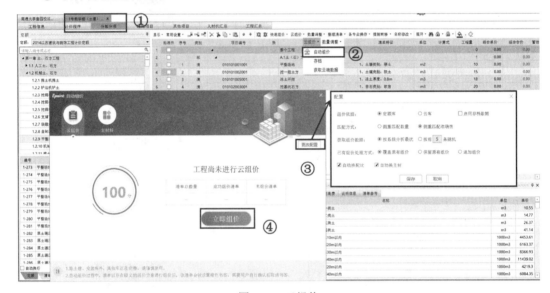

图 7.36　云组价

8 BIM 技术协助施工管理

BIM 技术的价值主要体现在四个方面：沟通、成本控制、质量管理和后期运维，平台软件可在一定程度上协助用户实现部分目标，如下述 6 点，但不限于下述 6 点。本章选用新点管理平台软件为例讲解。

① 四方协同管理，提升工作效率。
② 工程技术管理，查找图纸问题，协调工程变更。
③ 现场动态管理，进行施工安全及施工质量监管。
④ 施工进度管理，指导施工工序，保障项目进度。
⑤ 关注构件信息，协调现场施工。
⑥ 文档的电子化管理，便捷地查询资料。

8.1 四方协同管理

通过基于 BIM 技术的网络协同管理平台，建设单位、设计单位、施工单位、监理单位可快速沟通，确保信息的及时性和一致性，如图 8.1（a）所示。所有资料在线存档，项目各参与方及时快速获取项目信息，快速查阅相关资料，从而缩短沟通时间，提高办事效率，节约时间。项目各参与方可通过计算机、手机等工具在线及时获取相关信息，如会议纪要、通知公告、项目周报等，如图 8.1（b）和（c）所示。

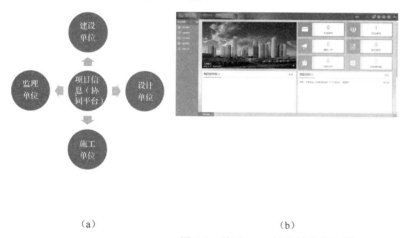 

　　　（a）　　　　　　　　　　　（b）　　　　　　　　　（c）

图 8.1　基于 BIM 技术的信息沟通

项目各参与方可随时查阅项目施工图纸（及各种变更）和模型，如图 8.2 所示；随时了解进度，如图 8.3 所示；现场签证管理，如图 8.4 所示；各种审批管理，如图 8.5 所示。

图 8.2 图纸、模型和变更管理

图 8.3 进度管理

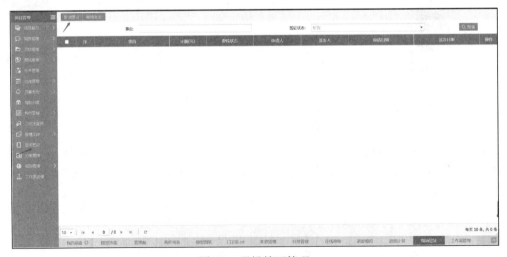

图 8.4 现场签证管理

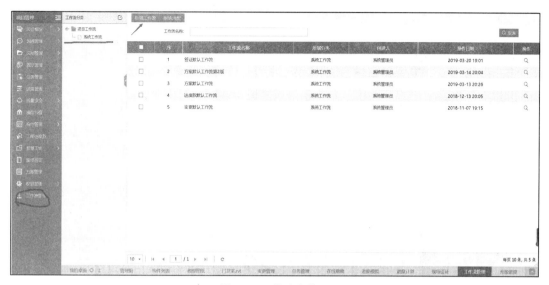

图 8.5　工作流程管理

8.2　工程技术管理

对 BIM 模型进行三维可视化审阅（此处选用前述的 Navisworks 软件），如图 8.6 所示，查找发现问题，罗列各阶段施工技术重点，进行技术管理，三维注释如图 8.7 所示，以及根据设置进行碰撞检查，如图 8.8 所示。汇总至平台数据库，各方迅速一致获取相关信息，协调工程变更，现场管理高效，如图 8.9 所示。

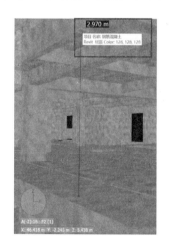 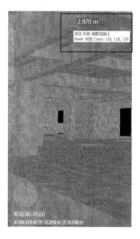 

图 8.6　三维 BIM 查询——距离和构件

8.3　现场动态管理

由建设、监理、施工单位现场管理人员，对项目工程进行质量和安全检查，发现问题并在此模块将问题汇总发给对应的负责人和相关人员进行整改处理，如图 8.10 和图 8.11 所示，对施工单位的整改结果进行及时反馈，如图 8.12 和图 8.13 所示，从根本上消除安全和质量隐患。

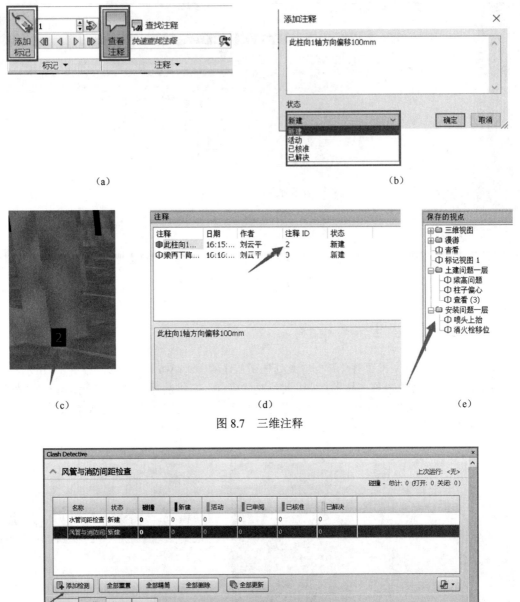

（a）

（b）

（c）   （d）   （e）

图 8.7　三维注释

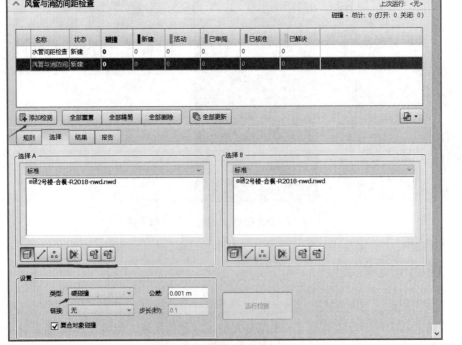

图 8.8　碰撞、间距检查

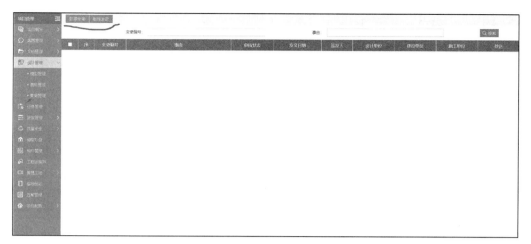

图 8.9　汇总至平台数据库

图 8.10　质量问题上传

图 8.11　安全问题上传

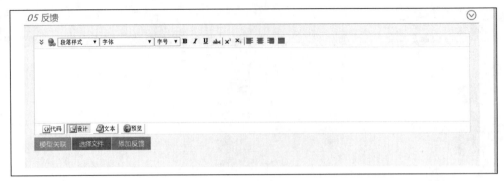

图 8.12　质量问题反馈

图 8.13　安全问题反馈

8.4　施工进度管理

通过把施工计划导入平台，并建立工期与工序、构件间关联，实现对施工的进度模拟，验证施工组织的合理性，如图 8.14 和图 8.15 所示。对现场施工实际进度进行实时反映，发现偏差及时反馈，指导施工工序调整，督促施工单位进行纠偏项目总进度目标。还可对施工单位、监理单位相关人员进行实名登记、查阅和考勤，如图 8.16 所示，通过安装摄像头对工地进行远程监控，如图 8.17 所示。

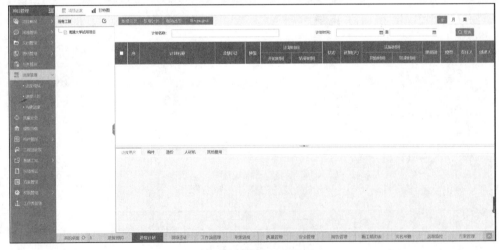

图 8.14　施工进度计划的录入

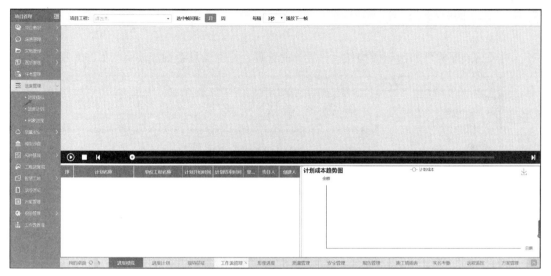

图 8.15　施工进度的模拟

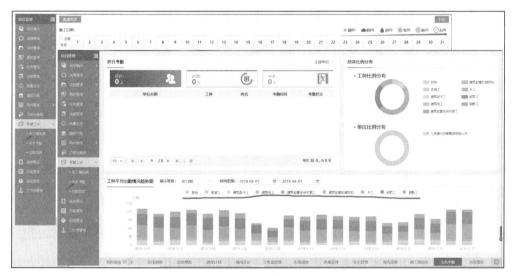

图 8.16　智慧工地

图 8.17　智慧工地过程监控

8.5　关注构件信息

对项目装配构件如预制楼构件（三板）的管理，构件信息查询和展示，如图 8.18 所示。

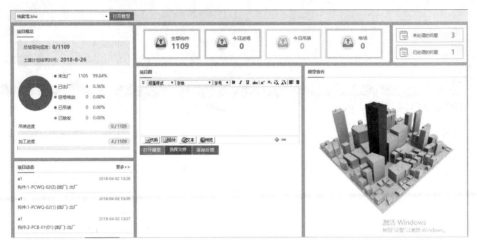

图 8.18　预制楼构件管理仓

- 项目概况：展示工期进度和构件完成数量。
- 项目动态：对实时的构件完成情况进行展示。
- 项目圈：登录人员可以在此区域评论，发布的评论可以互相查看。
- 模型查看：查看当前模型。

随时了解和协调现场施工：吊装进度、加工进度、今日进场、今日吊装、堆场等，如图 8.19 所示。

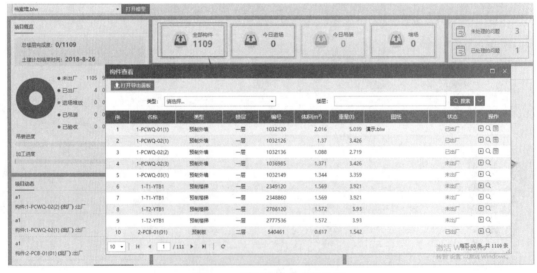

图 8.19　预制楼构件现场情况

8.6　文档的电子化管理

对项目过程中所产生的文件（支持 Revit、Tekla 等模型，Word、Excel、PPT 等 Office 文件，dwg、图片、视频等其他大部分格式）进行电子存档和归类，解决文档分散查阅困难等问题，方便查阅使用，如图 8.20 所示。可设置不同人员查阅和管理的权限，从而实现不同权限人员查看不同文件。

图 8.20　文档管理网址

8.7　基于 BIM 技术的运维应用简介

基于 BIM 技术的运维是 BIM 价值的最大体现，是 BIM 模型信息的再利用。在工业上已普遍应用和相对成熟，如最普遍的家用汽车，仪表盘所监视的车辆数据的显示——汽油量、机油是否要添加、行驶速度等。在民建方面目前软件和硬件还不是很成熟，实际项目应用目前还不够普遍，随着技术的发展，会逐渐成熟和普及。

BIM 技术的作用是创建和收集信息，为决策提供依据。初期可根据创建的竣工模型进行各种数据的查询，如各种隐蔽工程（室内和室外）的空间定位，各种构件的施工和厂家信息及图纸的查询等。

BIM+二维码技术，可把要查询的信息包含在二维码中，张贴在相应的构件上，可通过二维码的扫描快速查询相关数据。

BIM+感应设备+通信技术+运维平台，借助感应设备监控实际设备的运营状态，利用通信技术把运营数据传输给平台，通过平台把 BIM 模型和运营数据建立关联。把运营状态时刻反映到 BIM 模型上，通过运维平台，发送相关指令，控制设备的运行，如能耗监控、电梯运行监控等。除此之外，平台通常还具有三维浏览模型、资产统计管理、制订巡检计划、进行巡检管理和预警分析等功能。

附录

附录 1 BIM 管线综合原则

附录 1.1 总原则

1.1 大管优先，小管让大管。

1.2 有压管让无压管。

1.3 低压管避让高压管。

1.4 常温管让高温、低温管。

1.5 可弯管线让不可弯管线、分支管线让主干管线。

1.6 附件少的管线避让附件多的管线，安装、维修空间≥500mm。

1.7 电气管线避热避水，在热水管线、蒸气管线上方及水管的垂直下方不宜布置电气线路。

1.8 当各专业管道不存在大面积重叠时（如汽车库等）：水管和桥架布置在上层，风管布置在下层；如果同时有重力水管道，则风管布置在最上层，水管和桥架布置在下层；

1.9 当各专业管道存在大面积重叠时（如走道、核心筒等），由上到下各专业管线布置顺序为：不需要开设风口的通风管道、需要开设风口的通风管道、桥架、水管。

1.10 综合管线间距最小值要求，见附表 1。

附录 1.2 结构专业

2.1 结构平面上已经标注为后浇板的区域，若在此区域内留洞，则不另外表示。

2.2 结构平面中，一般对于尺寸小于 300mm×300mm 的洞口，不另外表示。

2.3 对于人防区域顶板上留洞，无论洞口大小，均需要结构专业确认，并在结构图上表示。

2.4 设备管道如果需要穿梁，则开洞尺寸必须小于 1/3 梁高度，而且小于 250mm。开洞位置位于梁高度的中心处。在平面的位置，位于梁跨中的 1/3 处。穿梁定位需要经过结构专业确认，并同时在结构图上表示。

2.5 在剪力墙上穿洞时，一般对于尺寸小于 300mm×300mm 的洞口，不另外表示。但设备专业留洞，需要注意留在墙的中心位置，不要靠近墙端或者拐角处，避免碰到暗柱。现场在墙上留洞时，如果发现洞口碰暗柱情况，需要通知结构专业进行处理。

2.6 在连梁上穿洞时，则开洞尺寸必须小于 1/3 梁高度，而且小于 800mm。

2.7 结构不表示的小洞口，其他专业一定要表示清楚，并确认无误后方可施工。

2.8 结构楼板上，柱帽范围不可穿洞。

附录 1.3 水专业

3.1 管线要尽量少设置弯头。

3.2 给水管线在上，排水管线在下。保温管道在上，不保温管道在下，小口径管路应尽量支撑在大口径管路上方或吊挂在大管路下面。

3.3 除设计提升泵外，带坡度的无压水管绝对不能上翻。

附表 1 综合管线间距最小值要求

项目	强电动照 平行水平	强电动照 平行垂直	强电动照 交叉	弱电1: TX、XH、FAS、BAS 平行水平	弱电1 平行垂直	弱电1 交叉	弱电2: AFC、PIS、监控、门禁、自动化、自动门 平行水平	弱电2 平行垂直	弱电2 交叉	给排水专业（水管外皮）DN≥150	给排水 50<DN<150	给排水 DN≤50	暖通专业（含保温）平行水平	暖通 平行垂直	暖通 交叉
暖通（保温）/mm	150	200	50~100	150	150~200	50~100	150	150~200	50~100	200	150	150	200	200	150
强电动照/mm	100	150	50~100	200	150	50~100	200	150	50~100	150~200	100~150	100			
弱电1/mm	150	100~150	50~100	50~100	100~150	50~100	50~100	100~150	50~100	150~200	100~150	100			
弱电2/mm	150	100~150	50~100	50~100	100~150	50~100	50~100	100~150	50~100	150~200	100~150	100			
给排水/mm	150	150	50~100	150	150	50~100	150	150	50~100	150~200	100~150	100			

备注

- 强电动照：车站公共区原则是尽量采用贴近顶板安装的方式，当电缆明敷交叉时全部采用电缆明敷的方法，当与结构梁交叉时全部采用电缆并固定在梁上的方法。电缆桥架上部距顶板或其他障碍物应不小于150mm。电缆转弯半径一般为6D（D为管或槽径）

- 弱电1：当与结构梁交叉时全部采用电缆明敷的方法，电缆桥架上部距顶板或其他障碍物应不小于150mm。电缆转弯半径一般为15D，明装电缆及线槽的尺寸和材质具体确定（D为管或线槽）

- 弱电2：电缆桥架上部距顶板或其他障碍物应不小于150mm；电缆转弯半径一般为20D，并根据电缆及线槽的尺寸和材质具体确定（D为管或线槽径）

- 给排水专业：给排水管道（管外皮）距墙面、距吊架上皮最小净空不小于150mm；给排水管道90°弯头的拐弯半径（最小值）：管径≤DN50的为200mm；DN100≥管径>DN50的为200mm；DN150≥管径>DN100的为250mm；DN250≥管径>DN150的为350mm

- 暖通专业：矩形风管的弯头一般应采用0.5D，采用直角弯头应参照91SB6-P6，应充分考虑风管和水管的安装与拆卸。分户水管的支、托、吊架应符合91SB6的要求。注意冷冻水管的坡度要求，冷冻水管的最高点设有放气阀或集气罐，故冷冻水管的最高点与上方障碍物或顶板或桥架的距离要大于200mm。风管保温按50mm计算

吊架控制

一般站厅层公共区地装修面至结构顶板高度为4.6m时，左右两端架第一跨柱子及两侧部位净高要求为3.0m以上，中间部位在3.5m以上，建议线路中能抬高；出入口通道净高为2.8m；站台公共区中间部位净高要求在3.4m以上，两端靠近设备区端区域以及楼扶梯与机顶风道之间净高要求在3.0m以上；设备及管理用房区内走廊净高2.5m；各类管井顶面层高度结合装饰方案规划，天花吊顶面高度与支托架高程底部高程应控制在上述高以上。

检修空间

车站内布置的所有管线均应考虑其维修、检修要求；若管线宽度大于1.2m时，应考虑两侧检修，检修空间一般均为0.6m，因难情况下不应小于0.4m

3.4 给水引入管与排水排出管的水平净距离不得小于 1m。室内给水与排水管道平行敷设时，两管之间的最小净间距不得小于 0.2m；交叉铺设时，垂直净距不得小于 0.15m。给水管应铺设在排水管上面，若给水管必须铺设在排水管的下方时，给水管应加套管，其长度不得小于排水管径的 3 倍。

3.5 喷淋管离吊顶间间距应为管外壁离吊顶间距净空不小于 100mm。

3.6 污排、雨排、废水排水等自然排水管线不应上翻，其他管线避让重力管线。

3.7 桥架在水管的上层或水平布置时要留有足够空间。

3.8 水管与桥架层叠铺设时，要放在桥架下方。

3.9 管线不应该挡门、窗，应避免通过电机盘、配电盘、仪表盘上方。

3.10 管线外壁之间的最小距离不宜小于 100mm，管线阀门不宜并列安装，应错开位置，若需并列安装，净距不宜小于 200mm。管道与墙面的净距见附表 2。

附表 2　管道与墙面的净距

管径范围	与墙面的净距/mm
$D \leqslant DN32$	$\geqslant 25$
$DN32 \leqslant D \leqslant DN50$	$\geqslant 35$
$DN75 \leqslant D \leqslant DN100$	$\geqslant 50$
$DN125 \leqslant D \leqslant DN150$	$\geqslant 60$

3.11 注意冷凝水排水管均有防结露层，厚度为 25mm。

3.12 排水管道的坡度控制见附表 3。

附表 3　排水管道的坡度控制

外径/mm	通用坡度	最小坡度	最大设计充满度
50	0.025	0.0120	
75	0.015	0.0070	0.5
110	0.012	0.0040	
125	0.010	0.0035	
160	0.007	0.0030	
200	0.005	0.0030	0.6
250	0.005	0.0030	
315	0.005	0.0030	
管径/mm	通用坡度	最小坡度	最大设计充满度
50	0.035	0.025	
75	0.025	0.015	0.5
100	0.020	0.012	
125	0.015	0.010	
150	0.010	0.007	0.6
200	0.008	0.005	

附录 1.4　暖通专业

4.1 应保证无压管（空调专业仅冷凝水管）的重力坡度，并尽量避免无压管与其他管道交叉及叠加，以控制层高。

4.2 对于管道的外壁、法兰边缘及热绝缘层外壁等管路最突出的部位，距墙壁或柱边的净距应≥100mm。

4.3 如遇到空间不足的管廊，可与设计师沟通，断面尺寸改小，便于提高标高。

4.4 冷凝水应考虑坡度，吊顶的实际安装高度通常由冷凝水的最低点决定，冷凝水管从风机盘管至水平干管坡度不小于 0.01，冷凝水干管应按排水方向做不小于 0.008 的下行坡度。

4.5 空调冷冻水管、乙二醇管、空调风管、吊顶内的排烟风管均需设置保温，风管法兰宽度一般可按 35mm 考虑。

附录 1.5　电气专业

5.1 电缆线槽、桥架宜高出地面 2.2m 以上。线槽和桥架顶部距顶棚或其他障碍物不宜小于 0.3m。

5.2 电缆桥架应敷设在易燃易爆气体管和热力管道的下方，当设计无要求时，与管道的最小净距，符合附表 4 要求。

附表 4　电缆桥架与管道的距离

管道类别		平行净距/m	交叉净距/m
一般工艺管道		0.4	0.3
易燃爆气体管道		0.5	0.5
热力管道	有保温层	0.5	0.3
	无保温层	1.0	0.5

5.3 在吊顶内设置时，槽盖开启面应保持 80mm 的垂直净空，与其他专业之间的距离最好保持在 ≥100mm。

5.4 电缆桥架与用电设备交越时，其间的净距不小于 0.5m。

5.5 两组电缆桥架在同一高度平行敷设时，其间距不小于 0.6m；当电缆桥架边沿距离墙、风管等水平物体侧净距不小于 0.6m 时（局部 1m 以下的柱子可不受影响），该两组电缆桥架的平行间距可按照不小于 0.2m 处理。桥架距墙壁或柱边净距 ≥100mm。

5.6 电缆桥架内侧的弯曲半径不应小于 0.3m。

5.7 电缆桥架多层安装时，控制电缆间不小于 0.15m，电力电缆间不小于 0.25m，当电缆桥架为不小于 30° 的夹角交叉时，该间距可适当减小 0.1m，弱电电缆与电力电缆间不小于 0.5m，如有屏蔽盖可减少到 0.3m，桥架上部距顶棚或其他障碍不小于 0.3m。

5.8 电缆桥架不宜敷设在腐蚀性气体管道和热力管道的上方及腐蚀性液体管道的下方。

5.9 通信桥架距离其他桥架水平间距至少 300mm，垂直距离至少 300mm，防止其他桥磁场干扰。

5.10 桥架上下翻时要放缓坡，桥架与其他管道平行间距 ≥100mm。

5.11 桥架不宜穿楼梯间、空调机房、管井、风井等，遇到后尽量绕行。

5.12 强电桥架要靠近配电间的位置安装，如果强电桥架与弱电桥架上下安装时，优先考虑强电桥架放在上方。

5.13 当有高、低压桥架上下安装时，高压桥架应在低压桥架上方布置，且两者距离不小于 0.5m。

5.14 弱电线槽之间间距不小于 10mm。

5.15 弱电线槽与强电桥架之间间距不小于 300mm。

5.16 如强电采用接地金属线槽，弱电线槽与强电线槽之间间距不小于 150mm。

附录 1.6　管线综合对建模的要求

6.1 建筑专业建模：要求楼梯间、电梯间、管井、楼梯、配电间、空调机房、泵房、换热站管廊尺寸、天花板高度等定位须准确。

6.2 结构专业建模：要求梁、板、柱的截面尺寸与定位尺寸须与图纸一致；管廊内梁底标高需要与设计要求一致，如遇到管线穿梁，需要设计方给出详细的配筋图，通过 BIM 做出管线穿梁的节点。

6.3 水专业建模要求：各系统的命名须与图纸保持一致；一些需要增加坡度的水管须按图纸要求建出坡度；系统中的各类阀门须按图纸中的位置加入；有保温层的管线，须建出保温层。

6.4 暖通专业建模要求：要求各系统的命名须与图纸一致；影响管线综合的一些设备、末端须按图纸要求建出，例如：风机盘管、风口等；暖通水系统建模要求与水专业建模要求一致；有保温层的管线，须建出保温层。

6.5 电气专业：要求各系统名称须与图纸一致。

附录 1.7　管线综合过程中的注意事项

7.1 明确吊顶空间内各位置梁底标高及其吊顶高度。

7.2 检查各专业是否有缺少模型的情况，了解各管廊的复杂位置。

7.3 按设计要求定出风管底标高、水管中心标高。

7.4 按各专业要求分出各自在吊顶空间内的位置。一般施工情况从上至下为暖通专业、电气专业、水专业。

7.5 暖通风专业遇到空间特别紧凑的管廊，但又要保证吊顶高度的情况，需要改变截面尺寸时，应与设计师方面协调。

附录 2　分项工程

分项工程见附表 5。

附表 5　分项工程

序号	分部工程	子分部工程	分项工程
1	地基与基础	无支护土方	土方开挖、土方回填
		有支护土方	排桩，降水、排水，地下连续墙，锚杆，土钉墙，水泥土桩，沉井与沉箱，钢筋混凝土支撑
		地基及基础处理	灰土地基、砂和砂石地基，碎砖三合土地基，土工合成材料地基，粉煤灰地基，重锤夯实地基，强夯地基，振冲地基，砂桩地基，预压地基，高压喷射注浆地基，土和灰土挤密桩地基，注浆地基，水泥粉煤灰碎石桩地基，夯实水泥土桩地基
		桩基	锚杆静压桩及静力压桩，预应力离心管桩，钢筋混凝土预制桩，钢桩，混凝土灌注桩（成孔、钢筋笼、清孔、水下混凝土灌注）
		地下防水	防水混凝土，水泥砂浆防水层，卷材防水层，涂料防水层，金属板防水层，塑料板防水层，细部构造，喷锚支护，复合式衬砌，地下连续墙，盾构法隧道；渗排水，盲沟排水，隧道、坑道排水；预注浆，后注浆，衬砌裂缝注浆
		混凝土基础	模板、钢筋、混凝土，后浇带混凝土，混凝土结构缝处理
		砌体基础	砖砌体，混凝土砌块砌体，配筋砌体，石砌体
		劲钢（管）混凝土	劲钢（管）焊接，劲钢（管）与钢筋的连接，混凝土
		钢结构	焊接钢结构、栓接钢结构、钢结构制作，钢结构安装，钢结构涂装
2	主体结构	混凝土结构	模板，钢筋，混凝土，预应力，现浇结构，装配式结构
		劲钢（管）混凝土结构	劲钢（管）焊接，螺栓连接，劲钢（管）与钢筋的连接，劲钢（管）制作、安装，混凝土
		砌体结构	砖砌体，混凝土小型空心砌块砌体，石砌体，填充墙砌体，配筋砖砌体
		钢结构	钢结构焊接，紧固件连接，钢零部件加工，单层钢结构安装，多层及高层钢结构安装，钢结构涂装，钢构件组装，钢构件预拼装，钢网架结构安装，压型金属板
		木结构	方木和原木结构，胶合木结构，轻型木结构，木构件防护
		网架和索膜结构	网架制作，网架安装，索膜安装，网架防火，防腐涂料

序号	分部工程	子分部工程	分项工程
3	建筑装饰装修	地面	整体面层：基层，水泥混凝土面层，水泥砂浆面层，水磨石面层，防油渗面层，水泥钢（铁）屑面层，不发火（防爆）的面层。板块面层：基层，砖面层（陶瓷锦砖、缸砖、陶瓷地砖和水泥花砖面层），大理石面层，花岗岩面层，预制板块面层（预制水泥混凝土、水磨石板块面层），料石面层（条石、块石面层），塑料板面层，活动地板面层，地毯面层。木竹面层：基层，实木地板面层（条材、块材面层），实木复合地板面层（条材、块材面层），中密度（强化）复合地板面层（条材面层），竹地板面层
		抹灰	一般抹灰，装饰抹灰，清水砌体勾缝，涂料抹灰
		门窗	木门窗制作与安装，金属门窗安装，塑料门窗安装，特种门安装，门窗玻璃安装
		吊顶	暗龙骨吊顶，明龙骨吊顶
		轻质隔墙	板材隔墙，骨架隔墙，活动隔墙，玻璃隔墙
		饰面板（砖）	饰面板安装，饰面砖粘贴
		幕墙	玻璃幕墙，金属幕墙，石材幕墙
		涂饰	水性涂料涂饰，溶剂型涂料涂饰，美术涂饰
		裱糊与软包	裱糊、软包
		细部	橱柜制作与安装，窗帘盒、窗台板和暖气罩制作与安装，门窗套制作与安装，护栏和扶手制作与安装，花饰制作与安装
4	建筑屋面	卷材防水屋面	保温层，找平层，卷材防水层，细部构造
		涂膜防水屋面	保温层，找平层，涂膜防水层，细部构造
		刚性防水屋面	细石混凝土防水层，密封材料嵌缝，细部构造
		瓦屋面	平瓦屋面，波瓦屋面，油毡瓦屋面，金属板屋面，细部构造
		隔热屋面	架空屋面，蓄水屋面，种植屋面
5	建筑给水排水及采暖	室内给水系统	给水管道及配件安装，室内消火栓系统安装，给水设备安装，管道防腐、绝热
		室内排水系统	排水管道及配件安装，雨水管道及配件安装
		室内热水供应系统	管道及配件安装，辅助设备安装、防腐、绝热
		卫生器具安装	卫生器具安装，卫生器具给水配件安装，卫生器具排水管道安装
		室内采暖系统	管道及配件安装，辅助设备及散热器安装，金属辐射板安装，低温热水地板辐射采暖系统安装，系统水压试验及调试、防腐、绝热
		室外给水管网	给水管道安装，消防水泵接合器及室外消火栓安装，管沟及井室
		室外排水管网	排水管道安装，排水管沟与井池
		室外供热管网	管道及配件安装，系统水压试验及调试、防腐、绝热
		建筑中水系统及游泳池系统	建筑中水系统管道及辅助设备安装，游泳池水系统安装
		供热锅炉及辅助设备	锅炉安装，辅助设备及管道安装，安全附件安装，烘炉、煮炉和试运行，换热站安装、防腐、绝热
		自动喷水灭火系统	消防水泵和稳压泵安装，消防水箱安装和消防水池施工，消防气压给水设备安装，消防水泵接合器安装，管网安装，喷头安装，报警阀组安装，其他组件安装，系统水压试验，气压试验，冲洗，水源测试，消防水泵调试，稳压泵调试，报警阀组调试，排水装置调试，联动试验
		气体灭火系统	灭火剂储存装置的安装，选择阀门及信号反馈装置安装，阀驱动装置安装，灭火剂输送管道安装，喷嘴安装，预制灭火系统安装，控制组件安装，系统调试
		泡沫灭火系统	消防泵的安装，泡沫液储罐的安装，泡沫比例混合器的安装，管道阀门和泡沫消火栓的安装，泡沫产生装置的安装，系统调试
		固定水炮灭火系统	管道及配件安装，设备安装，系统水压试验，系统调试

序号	分部工程	子分部工程	分项工程
6	建筑电气	室外电气	架空线路及杆上电气设备安装，变压器、箱式变电所安装，成套配电柜、控制柜（屏、台）和动力、照明配电箱（盘）及控制柜安装，电线、电缆导管和线槽敷设，电线、电缆穿管和线槽敷线，电线头制作、导线连接和线路电气试验，建筑物外部装饰灯具、航空障碍标志灯和庭院路灯安装，建筑照明通电试运行，接地装置安装
		变配电室	变压器、箱式变电所安装，成套配电柜、控制柜（屏、台）和动力、照明配电箱（盘）安装，裸母线、封闭母线、插接式母线安装，电缆沟内和电缆竖井内电缆敷设，电缆头制作、导线连接和线路电气试验，接地装置安装，避雷引下线和变配电室接地干线敷设
		供电干线	裸母线、封闭母线、插接式母线安装，桥架安装和桥架内电缆敷设，电缆沟内和电缆竖井内电缆敷设，电线、电缆穿管和线槽敷线，电缆头制作、导线连接和线路电气试验
		电气动力	成套配电柜、控制柜（屏、台）和动力、照明配电箱（盘）及安装，低压电动机、电加热器及电动执行机构检查、接线，低压电气动力设备检测、试验和空载试运行，桥架安装和桥架内电缆敷设，电线、电缆导管和线槽敷设，电线、电缆穿管和线槽敷线，电缆头制作、导线连接和线路电气试验，插座、开关、风扇安装
		电气照明	成套配电柜、控制柜（屏、台）和动力、照明配电箱（盘）安装，电线、电缆导管和线槽敷设，电线、电缆导管和线槽敷线，槽板配线，钢索配线，电缆头制作、导线连接和线路电气试验，普通灯具安装，专用灯具安装，插座、开关、风扇安装，建筑照明通电试运行
		备用和不间断电源	成套配电柜、控制柜（屏、台）和动力、照明配电箱（盘）安装，柴油发电机组安装，不间断电源的其他功能单元安装，裸母线、封闭母线、插接式母线安装，电线、电缆导管和线槽敷设，电线、电缆导管和线槽敷线，电缆头制作、导线连接和线路电气试验，接地装置安装
		防雷及接地	接地装置安装，避雷引下线和变配电室接地干线敷设，建筑物等电位连接，接闪器安装
7	智能建筑	通信网络系统	通信系统，卫星及有线电视系统，公共广播系统
		办公自动化系统	计算机网络系统，信息平台及办公自动化应用软件，网络安全系统
		建筑设备监控系统	空调与通风系统，变配电系统，照明系统，给排水系统，热源和热交换系统，冷冻和冷却系统，电梯和自动扶梯系统，中央管理工作站与操作分站，子系统通信接口
		火灾报警及消防联动系统	火灾和可燃气体探测系统，火灾报警控制系统，消防联动系统
		安全防范系统	电视监控系统，入侵报警系统，巡更系统，出入口控制（门禁）系统，停车管理系统
		综合布线系统	缆线敷设和终接，机柜、机架、配线架的安装，信息插座和光缆芯线终端的安装
		智能化集成系统	集成系统网络，实时数据库，信息安全，功能接口
		电源与接地	智能建筑电源，防雷及接地
		环境	空间环境，室内空调环境，视觉照明环境，电磁环境
		住宅（小区）智能化系统	火灾自动报警及消防联动系统，安全防范系统（含电视监控系统、入侵报警系统、巡更系统、门禁系统、楼宇对讲系统、住户对讲呼救系统、停车管理系统），物业管理系统（多表现场计量及与远程传输系统、建筑设备监控系统、公共广播系统、小区网络及信息服务系统、物业办公自动化系统），智能家庭信息平台
8	通风与空调工程施工质量验收规范（GB 50243—2016）	送风系统	风管与配件制作，部件制作，风管系统安装，风机与空气处理设备安装，风管与设备防腐，旋流风口，岗位送风口，织物（布）风管安装，系统调试
		排风系统	风管与配件制作，部件制作，风管系统安装，风机与空气处理设备安装，风管与设备防腐，吸风罩及其他空气处理设备安装，厨房、卫生间排风系统安装，系统调试
		防、排烟系统	风管与配件制作，部件制作，风管系统安装，风机与空气处理设备安装，风管与设备防腐，排烟风阀（口），常闭正压风口，防火风管安装，系统调试
		除尘系统	风管与配件制作，部件制作，风管系统安装，风机与空气处理设备安装，风管与设备防腐，除尘器与排污设备安装，吸尘罩安装，高温风管绝热，系统调试

序号	分部工程	子分部工程	分项工程
8	通风与空调工程施工质量验收规范（GB 50243—2016）	舒适性空调风系统	风管与配件制作，部件制作，风管系统安装，风机与组合式空调机组安装，消声器、静电除尘器、换热器、紫外线灭菌器等设备安装，风机盘管、变风量与定风量送风装置、射流喷口等末端设备安装，风管与设备绝热，系统调试
		恒温恒湿空调风系统	风管与配件制作，部件制作，风管系统安装，风机与组合式空调机组安装，电加热器、加湿器等设备安装，精密空调机组安装，风管与设备绝热，系统调试
		净化空调风系统	风管与配件制作，部件制作，风管系统安装，风机与净化空调机组安装，消声器、换热器等设备安装，中、高效过滤器及风机过滤器机组等末端设备安装，风管与设备绝热，系统调试
		地下人防通风系统	风管与配件制作，部件制作，风管系统安装，风机与空气处理设备安装，过滤吸收器、防爆波活门、防爆超压排气活门等专用设备安装，风管与设备绝热，系统调试
		真空吸尘系统	风管与配件制作，部件制作，风管系统安装，管道快速接口安装，风机与滤尘设备安装，风管与设备防腐，系统压力试验及调试
		空调（冷、热）水系统	管道系统及部件安装，水泵及附属设备安装，管道冲洗与管内防腐，板式热交换器安装，辐射板及辐射供热、供冷地埋管安装，热泵机组安装，管道、设备防腐与绝热，系统压力试验及调试
		冷却水系统	管道系统及部件安装，水泵及附属设备安装，管道冲洗与管内防腐，冷却塔与水处理设备安装，防冻伴热设备安装，管道、设备防腐与绝热，系统压力试验及调试
		冷凝水系统	管道系统及部件安装，水泵及附属设备安装，管道、设备防腐与绝热，管道冲洗；系统灌水渗漏及排放试验
		土壤源热泵换热系统	管道系统及部件安装，水泵及附属设备安装，管道冲洗，埋地换热系统与管网安装，管道、设备防腐与绝热，系统压力试验及调试
		水源热泵换热系统	管道系统及部件安装，水泵及附属设备安装，管道冲洗，地表水源换热管及管网安装，除垢设备安装，管道、设备防腐与绝热，系统压力试验及调试
		蓄能（水、冰）系统	管道系统及部件安装，水泵及附属设备安装，管道冲洗与管内防腐，蓄水罐与蓄水槽、罐安装，管道、设备防腐与绝热，系统压力试验及调试
		压缩式制冷（热）设备系统	制冷机组及附属设备安装，制冷剂管道及部件安装，制冷剂灌注，管道、设备防腐与绝热，系统压力试验及调试
		吸收式制冷设备系统	制冷机组及附属设备安装，系统真空试验，溴化锂溶液加灌，蒸汽管道系统安装，燃气或燃油设备安装，管道、设备防腐与绝热，系统压力试验及调试
		多联机（热泵）空调系统	室外机组安装，室内机组安装，制冷剂管路连接及控制开关安装，风管安装，冷凝水管道安装，制冷剂灌注，系统压力试验及调试
		太阳能供暖空调系统	太阳能集热器安装，其他辅助能源、换热设备安装，蓄能水箱、管道及配件安装，低温热水地板辐射采暖系统安装，管道及设备防腐与绝热，系统压力试验及调试
		设备自控系统	温度、压力与流量传感器安装，执行机构安装调试，防排烟系统功能测试，自动控制及系统智能控制软件调试
9	电梯	电力驱动的曳引式或强制式电梯安装工程	设备进场验收，土建交接检验，驱动主机，导轨，门系统，轿厢，对重（平衡重），安全部件，悬挂装置，随行电缆，补偿装置，电气装置，整机安装验收
		液压电梯安装工程	设备进场验收，土建交接检验，液压系统，导轨，门系统，轿厢，平衡重，安全部件，悬挂装置，随行电缆，电气装置，整机安装验收
		自动扶梯、自动人行道安装工程	设备进场验收，土建交接检验，整机安装验收

参考文献

[1] 孙彬，栾兵，等．BIM 大爆炸．北京：机械工业出版社，2018．

[2] 兰迪·多伊奇．BIM 与整合设计——建筑实践策略．张洪伟，等，译．北京：中国建筑工业出版社，2017．

[3] 凯泽．BIM 的关键力量．潘婧，等，译．北京：机械工业出版社，2017．

[4] 李云贵．建筑工程设计 BIM 应用指南．北京：中国建筑工业出版社，2017．

[5] Autodesk Asia Pte Ltd．AUTODESK REVIT 2015 机电设计应用宝典．上海：同济大学出版社，2015．

[6] 刘云平．BIM 软件之 Revit 2018 基础操作教程．北京：化学工业出版社，2018．

[7] 刘云平．建筑信息模型 BIM 应用丛书——BIM 技术与工程应用．北京：化学工业出版社，2020．

[8] 刘庆．Autodesk Navisworks 应用宝典．北京：中国建筑工业出版社，2015．

[9] 益埃毕教育组编．Navisworks 2018 从入门到精通．北京：中国电力出版社，2017．

[10] 谈一评．广厦建筑结构通用分析与设计程序教程．4 版．北京：中国建筑工业出版社，2019．